LEE BEOM JAE · KIM CHANG EON

건축총론

Introduction to Architecture

이범재 · 김창언 공저

기문당

건축총론

2000년 2월 15일 1판 1쇄 발행
2021년 8월 20일 2판 1쇄 발행
2023년 2월 20일 2판 2쇄 발행
2024년 1월 30일 2판 3쇄 발행

저 자 이범재 · 김창언
발 행 인 강해작
발 행 처 기문당
주 소 서울시 성동구 무학봉28길 4-1
전 화 02_2295_6171(代)~5
팩 스 02_6971_8188
출판등록 1976.10.7(1-44)
홈페이지 www.kimoondang.com
I S B N 978-89-6225-919-3 93540

책의 발간에 부쳐

건축을 처음으로 배우려고 할 때 가장 먼저 떠오르는 것은 '건축이 무엇인가'하는 것이다. 저자도 처음 건축을 배우기 시작할 때 건축은 무엇인가? 건축은 어떻게 보아야 하는가? 건축을 이해하려면 어떻게 하여야 할 것인가? 건축은 그리는 것일까? 건축에서 설계는 무엇인가? 집짓는 것인가? 하는 이러한 의문들에 대한 속시원한 대답을 구하지 못하여 곤혹스러워 한 적이 많았다. 그러나 실질적으로 건축이라는 것이 그렇게 확실한 해답을 제시해 줄 수는 없다. 건축은 그야말로 '건축'이다.

그러나 건축이 무엇인가를 어렴풋이나마 듣고 이해하였더라면 졸업하고 실재 설계를 하는 시기에도 그토록 당황하지는 않았으리라고 된다. 수많은 과오와 잘못을 저지르게 되는 것은 최초의 배움에서 명확한 개념을 전달받지 못한 것이 여러 원인 중에서 크게 작용했을 것이라고 느껴진다.

그래서 21세기의 새천년으로 나아가는 길목에 건축을 처음으로 시작하는 사람들에게 기초적이면서도 기본이 되는 길잡이를 하나 만들고 싶었다. 건축은 하나의 특수해가 아닌 일반해로 이해되어야 하는 것이며, 그런 관점에 그동안 10여 년 동안 강의하였던 것들을 모았다. 건축에 입문하는 많은 사람들에게 건축을 이해시키는 방법의 하나로서 건축 속에서 다루어져야 할 것들에 대하여 독립된 여러 분야로 나누어 보았다.

여러 분야로 구분한 이유는 결국 건축이 인간에 대한 여러 가지 해석과 그것에 대한 여러 가지의 탐구일 수밖에 없기 때문이다. 그래서 우리는 건축이 가지고 있는 여러 가지 면과 관련된 부분을 하나하나 검토하고 이해하면서 비로소 건축이라는 본질에 접근해 가야 하는 것이다. 빙산은 얼음으로 이루어져 있으나 그 모양을 한눈에 볼 수 없는 것과 같다.

건축은 단순한 공학과 예술의 결합체 또는 종합예술, 기술과 예술의 혼합물이라고 배우고 가르친다면 이것은 커다란 오해를 가지고 건축이라는 세계로 뛰어 들어간다는 것을 알아야 한다.

근본적으로 건축은 인문적인 차원에서 그리고 하나의 생각과 사상으로서 파악되어야 한다. 물론 시공이나 건설 분야에 진출하려는 사람들이 당연히 갖는 기술적인 완벽함이나 합리적인 처리 등은 과학적 근거를 가지고 있어야 하기 때문에 건축을 인문적으로 파악할 필요가 없다는 말은 아닌 것이다. 기술은 건축이 이루어지게 하는 그 도구와 방편의 하나이다. 결국 건축에서의 목적은 기술에 있는 것이 아니라 건축 그 자체에 있다. 이 속에서 인간의 삶이 이루어져 왔으며, 인간의 삶이 이어가고 있으며, 인간의 의지와 미래가 깊이 묻혀 있는 것이다. 건축 속에서 그림이 있어 왔고 조각이 있었고, 음악이 있었고, 인간의 사랑과 죄와 벌과 그리고 마음과 죽음과 같은 것이 존재하여 왔다. 이런 것은 모두 하나이고, 그것이 별개의 것이 아님을 이해하려는 것이 중요하다. 이 책에서 전하려는 것은 조목조목의 항목이 아니라, 이러한 여러 가지의 것이 모였을 때 나타날 모듬체로서의 건축이다. 그것이 무엇인지는 결국 평생 걸려서 탐구해야 할 일종의 '명제'인 것이다.

건축은 따라서 "인간의 삶" 그 자체라 할 수 있다.

끝으로 어려운 환경 속에서도 이 책을 발간하여 주신 기문당 출판사 강해작 사장님에게 깊은 감사를 드리며, 좋은 책을 만들 수 있도록 격려해 주신 모든 분들에게 진심으로 감사의 말씀을 전하고 싶다.

저자 일동

CONTENTS

1장 건축이란?

2장 건축의 역사

3장 건축의 변화

4장 건축과 공간

5장 건축과 스케일

6장 건축과 조형

7장 건축에서의 설계

8장 건축과 기술

9장 건축과 재료

10장 건축과 조경

1장

건축이란?

1. 건축의 기원

우리는 건축이라는 말을 광범위하게 사용하고 있다. 건축이 언제 생겼다고 할 수 있는 것인지 우리로서는 정의하기 어렵다. 우리는 일상생활에서 어디를 가거나, 무엇을 하거나 간에 집과 연관되지 않은 때가 거의 없다. 우리가 태어난 곳도 병원이나 자기 집이라는 곳이고, 공부하는 곳도 학교라는 건축물 안이나 도서관에서 가능한 것이고, 밥을 먹는 곳도 식당이라는 곳이고, 일하는 곳도 사무실 등등이다. 우리는 이러한 장소의 특징을 볼 때 공통적인 점을 발견할 수가 있는데, 바로 인간이 활동을 하기 위해서는 너무 덥거나 춥거나 하지 않도록 적절한 환경을 갖추고 있다는 점이다. 또한 바깥이 아닌 안쪽이라는 어떤 느낌이 있다는 점도 발견할 수가 있다. 인간의 여러 가지 일상생활이 이루어지면서 실내라는 구분이 되는 이런 것들을 우리는 보통 건물 또는 건축물이라고 말하고 있는 것을 흔히 듣고 있을 것이다.

인류가 태초에 지구상에 출현하였을 때는 그때까지 있었던 모든 다른 동물보다 가장 취약하고 약한 동물이었다고 한다. 따라서 생존을 유지하기 위하여 어떠한 보호기능이 있어야 했

• 매우 추운 곳

• 더운 곳

• 위험한 환경

▸ 인간은 생존하기 위해서 추운 곳, 더운 곳 또는 위험한 환경으로부터의 보호가 요구되었다.

으며, 인간들은 자기가 사는 주위를 둘러보고 합당한 장소를 택하게 되었을 것이라고 쉽게 상상할 수 있다. 물가 주변에서 생활하던 부족들은 물 위에 집을 지으면서 주변에서 쉽게 얻을 수 있는 강의 갈대 등을 엮어서 집을 만들었고, 산에서 살던 부족은 천연적으로 형성되어 있는 동굴을 이용하여 날짐승이나 위험한 공격으로부터 자기의 부족을 보호하려고 하였다. 평지에 살던 사람들은 땅을 파서 그 속에서 생활할 수 있도록 움막을 지었던 것이다.

2. 건축과 인류문명

건축물을 '만드는 것'이라는 의미가 가장 이해하기 쉬운 것은 사실이나 차츰 건축에 대하여 공부를 하여 보면, 단순한 건축물을 만드는 것이라는 것을 떠나서 그것에 숨어있는 의미나 환경에 대한 의미로 사용되는 경우도 많다는 것을 알 수 있다.

인류가 이 지구상에 등장하고 나서부터 사람은 자기와 자신의 종족을 지키고, 자연환경의 혹독한 기후에 살아남기 위해서 주거할 장소가 필요하였다. 정확히 말하자면 은신처*Shelter*가 필요하다고 하겠다. 그럼으로써 인류는 종족을 유지하고 안전을 보장받기를 원했다. 그래서 이러한 목적이 어느 정도 이루어지자 더 나아가 인류는 그러한 장소에 아름다운 치장을

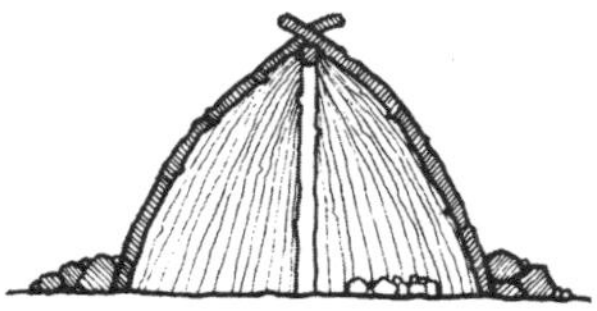

▸ 테라 아마타(프랑스 니스) 주택 복원 평면 및 단면(Lumley, 1969에 따름)

▸ 북경에 있는 Imperial 궁전
• 지붕형태가 도시를 구성했던 우주의 축의 교차점을 의미한다.

▸ 아그라의 타지마할(17세기)
• 터키인 건축가 Mogul이 완전한 조형미를 완벽하게 반사시키기 위해 연못을 설치하였다.

하게 되었으며, 문화가 발전하고 국가가 이루어지자 더욱 많은 종류의 공간이 필요하게 되었던 것이다. 여기에 영향을 끼친 여러 요소가 등장하게 되어 종교, 문화적 습관, 과학적인 기술, 사회적인 요소, 경제적인 배경, 국가적 권력 등이 서로 얽히어서 우리가 오늘날 보는 것과 같은 건축유산이 남아 있게 되고 또한 건축이 이루어지고 있는 것이다.

인류가 이른바 글로써 문명을 기록하기 전부터 오랜 문명이 지구상에 존재하여 왔는데, 세계의 4대 문명발상지라고 말하는 황화문명, 인도문명, 이집트문명, 메소포타미아문명 등이 그것이다.

이집트에서 예수가 태어나기 5000년 전에 이미 찬란한 문명이 꽃피웠으니, 우리가 책에서 많이 볼 수 있는 피라미드가 그 대표적인 건축물이다. 끝이 보이지 않는 사막의 한가운데에 사람들은 어떻게 높이가 140m나 되는 돌덩어리를 쌓아 올렸을까? 그 속에는 무엇이 있기에 그다지 힘든 일을 30년 동안 10만 명의 노예를 부려가면서 만들었을까? 그것을 만들게 한 원동력은 어디에 있는 것일까? 그 많은 돌은 어디서 가져오게 되었는가? 어떻게 운반하였을까? 스핑크스라는 것은 무엇이며, 왜 만들었는가? 불가사의한 일이 아닐 수 없다.

눈을 인도 대륙으로 돌려보면 여기에도 아름다운 역사적 사실과 더불어 멋진 건축물이 나타나게 된다. 15년에 걸쳐 자신의 사랑하는 왕비를 위하여 무덤을 만든 샤 자한의 타지마할 묘지사원이 바로 그것이다. 높이가 103m인 이 붉은 사암의 사원은 앞에 놓여 있는 긴 호수에 그 그림자를 드리우고 있다. "나 이외의 여자는 다시는 사랑하지 말아달라"는 왕비의 유언에 따라 왕은 왕비의 무덤을 만들고 건너편의 왕궁에서 하염없이 이 타지마할을 보고 눈물을 흘렸던 것이다. 결국 나라의 경제가 파탄이 되고 그 자신 역시 사랑하는 왕비의 곁에 묻히게 되었지만….

이미 6000년경에 도시계획이 있었다는 증거가 남아 있는 모헨조다로라는 도시도 역시 인도대륙에 있다. 인류의 문명은 이미 오래 전부터 시작되었으며, 그 문명의 증거인 건축도 이

▸ 기자의 피라미드
• 죽음만의 유일한 실체였던 세계에 인간의 존재를 세우려는 시도

미 오래 전부터 우리의 역사 속에 자리잡고 있었던 것이다.

지금의 이라크에는 바빌로니아라는 나라가 있었고, 그 서울인 바빌론에는 하늘을 뚫고 나갈 정도의 높은 탑이 세워지고 있었다. 그 탑 위에는 당시의 왕인 네부차드네자르 2세가 자기의 왕비를 위하여 공중정원을 건립하였다. 그 정원에는 사막에서 볼 수 없는 아름다운 새, 화려한 꽃, 물이 흐르는 아름다운 연못이 있었고 철마다 아름다운 노래와 음식이 있었다. 중국에는 한 번에 몇 만 명의 신하가 서 있을 수 있는 광장을 가진 대궁전인 자금성이 의연한 자태로 세워져 있는가 하면, 아테네 여신을 위해 세워진 파르테논 신전은 지금도 그리스 아테네의 아크로폴리스 언덕에 남아 있다.

그런가 하면 현대의 아파트라는 것의 시초가 되는 라훈이라는 건축물은 이집트에서 피라미드를 건설하는 노동자와 노예를 위한 주거형태로 지금으로부터 6000년 전에 세워졌다. 인간이 있었던 곳에는 항상 건축이 존재하였고, 단순한 집이 아니라 그 속에는 우리의 꿈이, 우리의 생활이, 우리 선조의 희노애락이 그리고 인간의 사랑과 미움, 승리의 아름다움과 패배의 고통이 스며들어 있다. 아름다운 사랑의 이야기가 전설처럼 묻혀 있는가 하면, 모두 지난 후의 쓸쓸한 폐허로 남아 있기도 하는 경우에서 우리는 인류의 문명 속에서 건축이 형성되어 왔음을 알 수 있다.

▸ 아크로폴리스 내의 파르테논 신전

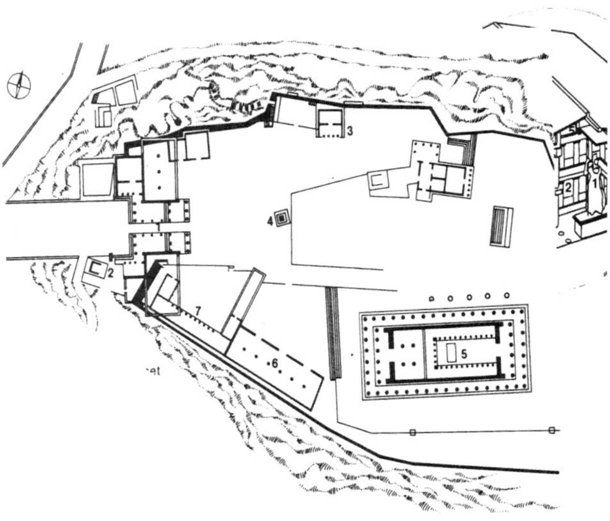

1. 출입문
2. 승리의 신전
3. 에렉테온 신전
4. 무사의 조상
5. 파르테논
6. 무기고
7. 지성소

3. 건축의 발전

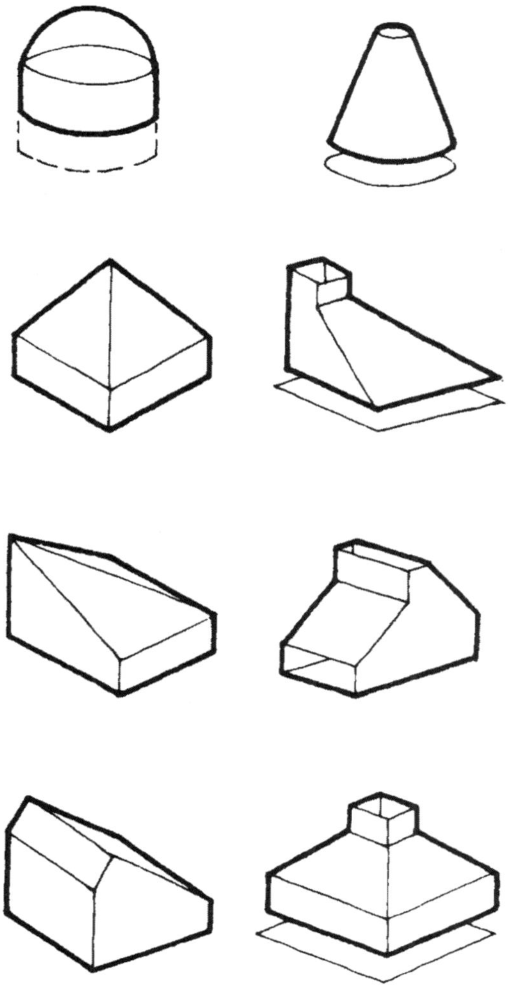

▸ 풍압 및 통풍에 따른 집의 형태(after Donald Watson, Designing and Building a Solar House, 1977)

건축이라는 것은 인류가 발생하였을 때부터 같이 시작되어 왔다. 우리가 지금 알고 있는 건축물의 형태는 아니지만 이미 건축이라는 의미가 부여되었다고 할 수 있다. 지금과 같이 바닥, 벽 또는 기둥, 천장의 세 가지 요소가 있는 것이 아니라 이런 세 가지 요소가 혼합되어 있었다고 생각할 수 있는 것이다. 이것보다 중요한 것은 장소라는 의미의 곳이다. 무엇인지 인간과 관련된 생활이 일어날 수 있는 장소는 일단 건축이라고 정의한다면, 과히 틀리지 않는 것이라 하겠다. 이렇듯 건축은 장소와 소정의 목적을 가지고 있으며 사람들에게 어떤 의미를 부여하는 것이라고 정의할 수 있다. 건축은 사람들이 외부라고 생각되는 바깥과 엄격하게 구분되고 있다.

불을 발견하고부터는 이러한 문명의 이기를 이용하여 집안에서 난방을 할 수 있게 되고 이것을 이용하여 밝은 빛이 생김으로써 밤에도 제한적이나마 활동을 할 수 있으므로 다른 동물들과 엄격한 의미의 구분이 생기게 되었다. 따라서 사람은 낮뿐만 아니라 밤에도 건축의 형태를 이해하는 방법을 알게 되었으며, 밤에 불을 밝힘으로써 건축에는 보호라는 의미에 형태라는 것을 생각하는 차원의 일이 이루어지게 된다. 부족들 간의 생존경쟁이 가열되고 자기과시의 본능이 발휘되자 자기의 집을 가지고 권위와 자기과시의 방법으로 이용하게 되었다. 권력이 많거나 자기의 재력이 증가하게 되면 당연히 자기의 거처를 웅장하게 건립하게 되고, 그럼으로써 자신의 힘과 자기 가족의 안전에 대한 보호적 과시를 함으로써 과시욕의 기능 이외에 어떠한 목적이 표현되게 된다.

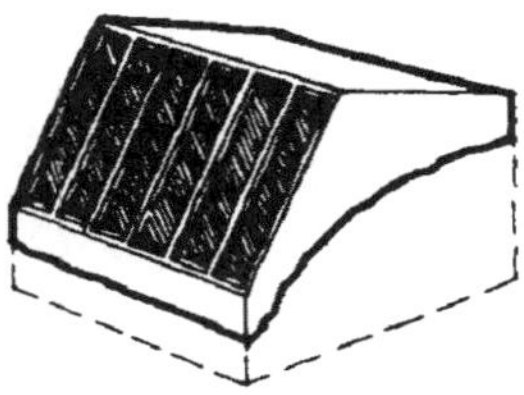

▲ 한대기후
• 최대의 보온, 최대의 태양열 취득, 최소의 풍압

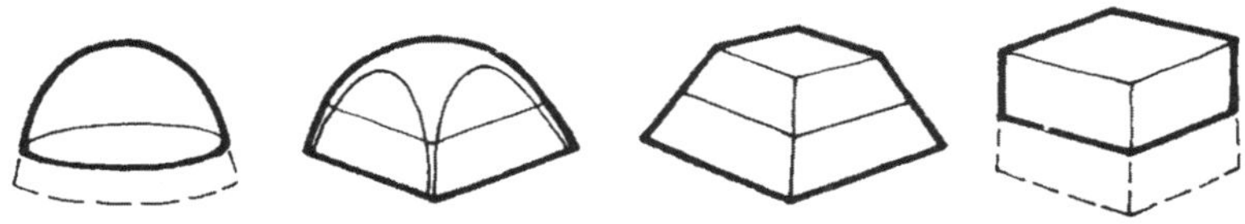

▸ 기후조건에 따른 집의 형태(after Donald Watson, Designing and Building a Solar Home, 1977)

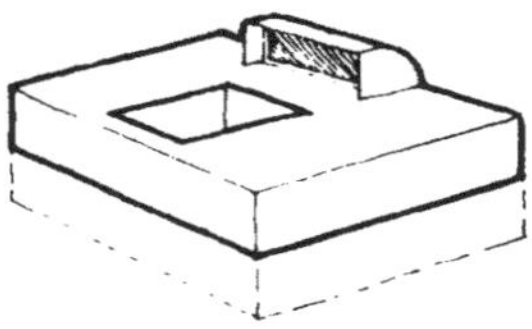

▲ 열대기후
• 바람에 최대의 노출, 최대의 통풍

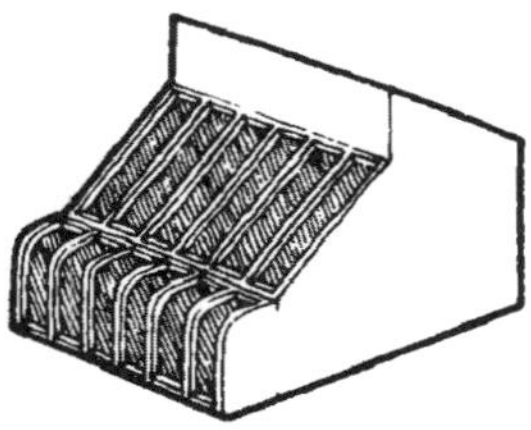

▲ 온대기후
• 적당한 보온, 적당한 태양열 취득, 바람에 약간 노출, 적당한 통풍

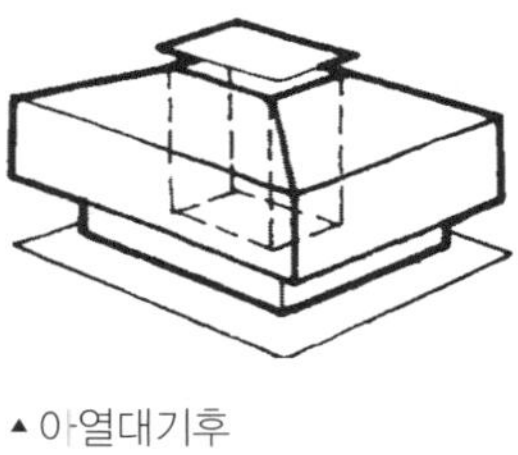

▲ 아열대기후
• 최소의 태양열 취득, 적당한 풍압, 적당한 통풍

한편으로는 집을 아름답게 하고자 하는 본능도 생기게 되는데, 이는 아름다움을 표현할 수 있는 경제적인 여유와 인간이 갖고 있는 원초적 본능중의 하나인 미의 추구를 모두 같이 충족시키는 방법이었던 것이다. 이러한 것들이 웅장한 건축물이나 아름다운 신전을 건립하는 동기가 되었으며, 더 나아가서는 원시시대의 종교적인 이유도 더하여져 종교건축으로도 발전하게 되는 것이다. 이집트 건축에서 가장 중요한 자리를 차지하고 있는 것이 피라미드라는 일종의 무덤인 것도 이러한 의미이다.

나라나 부족들이 서로 다른 문화적인 환경에서 살아왔기 때문에 당연히 각 지역마다 다른 건축의 형태를 지니고 있게 된다. 어느 곳에서는 극히 현실적인 생활이 가장 중요한 건축의 동기가 되기도 한다. 어느 지역은 농경사회이기 때문에 수리나 농토의 경영이 가장 중요한 생활의 터전이 되어 이러한 용도의 건축이 발전하는가 하면, 유목민의 사회에서는 이동성이 중요하므로 간단한 구조의 이동성 구조물의 건축이 발달하게 되는 것이다. 산악이 많은 곳에서는 돌이나 흙 등으로 단단한 건축물을 주로 세웠고, 평야지대에서는 간단한 구조로 하되 일상생활에 적합하도록 보다 편리하게 지었다고 할 수 있다. 또한 그 사회가 가지고 있는 정치적인 형태에 따라서 건축의 의미도 달라진다. 고대의 국가들과 같이 전제절대군주시대에는 이러한 절대군주의 권위와 절대적인 힘을 과시하는 권위적인 건축이 성행하였고, 민주적인 사회에서는 시민의 욕구나 문화생활을 위한 여러 가지 편의적인 시설이 필요한 것과 같이 여러 가지의 변수가 작용한다.

다양한 주변상황이 건축을 변화하게 하는 여러 요소로써 작용하고 있고, 건축이 세워지는 지형적 현황도 건축에 많은 영향을 끼치게 되는 것이다. 기후조건도 이러한 요소 중의 하나로서 비가 많이 오는 지방에서는 지붕이 가파르게 되어 우천시에 비가 잘 빠지고 비의 처리가 잘 되도록 하였다. 비가 오지 않고 건조하거나 무더운 지역의 건축물은 천장이 높고 통풍이 잘 되도록 벽체를 성글게 만들어서 바람이 잘 빠져 나올 수 있게 하거나, 아주 더운 지역에서는 흙 등으로 벽체를 만들어서 외부의 태양열이 집 내부에 필요이상 들어오지 않도록 하고 있다.

건축은 이렇듯 모든 인간생활의 분야와 관련되어 있기 때문에 건축을 알게 되기까지는 이러한 여러 요소에 대한 지식과 경험이 없으면 안 된다. 이런 점이 건축을 한 마디로 정의하기 어려운 점이다.

4. 건축의 어원

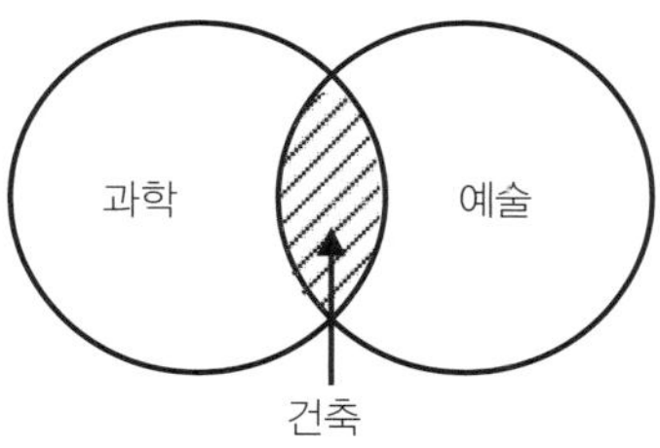

▸건축의 범위

건축은 영어로 Architecture라고 한다. 이 말은 어디서부터 온 것인가? 대부분의 영어가 그러하듯이 이 말도 고대 그리스어에서 유래되었다. 고대 그리스어에서의 Architecture라는 것은 Archi + Tecture 또는 Archi + Teckton의 합성어이다. 여기서 Archi는 '원래의, 원초적인, 근본적인, 무엇보다도 우선되는 …' 등의 의미를 가지고 있다. Teckton은 '기술, 기능'의 의미이다. 즉 오늘날의 현대 영어의 의미로는 Archi = only one, principal, the most important 등이며, Teckton = technique, mechanic 등이 되는 것이다. 건축이라는 말은 다시 말하면 '기술의 으뜸이 되는 것, 기술에서의 가장 원리적인 것, 기술을 초월하는 그 어떠한 것, 기술의 하나뿐인 원리, 가장 원리가 되는 기술의 으뜸' 등으로 정의할 수 있다. 이는 건축이라는 것이 고대부터 우리에게 있어서 얼마나 중요한 의미와 역할을 하였는가를 잘 표현하고 있다. 인간에게 어느 문명의 기구나 도구보다 가장 우선하는 것이 건축 – 집 – 이었다는 것이 명확한 것이다.

지금 동양 3국에서 사용되는 건축이라는 용어는 한자로는 건축*建築*이라고 쓴다. 우리의 옛 건축에서는 건축에 종사하는 사람을 '대목, 도편수'라고 칭하였다. 이는 요즈음의 '건축가'라는 의미보다는 장인으로서의 의미를 갖는다. 장인이라 함은 한 가지의 일을 평생 행하는 일종의 전문인으로서의 뜻을 가지고 있는 것으로 볼 수 있다. 여기서는 건축물을 설계하는 것뿐만 아니라 직접 자신이 만드는 행위도 포함하고 있다. 현대 용어로 말하자면 시공자의 역할도 겸하고 있는 것이다. 이것은 현대적 의미의 건축이라는 용어를 사용하였던 유럽뿐만 아니라 먼 옛날의 이집트나 그리스, 메소포타미아 등 문명의 발상지를 포함하여 중국의 오랜 문명 속에서도 나타나는 현상이다.

5. 건축의 정의

5-1 건축이란 무엇인가?

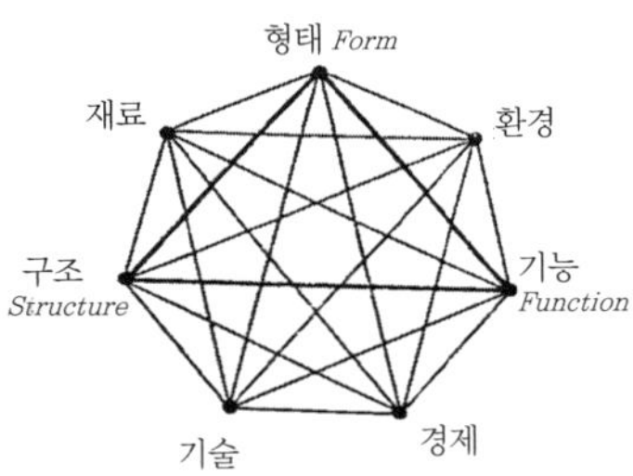

▸ 건축구성요소의 관계

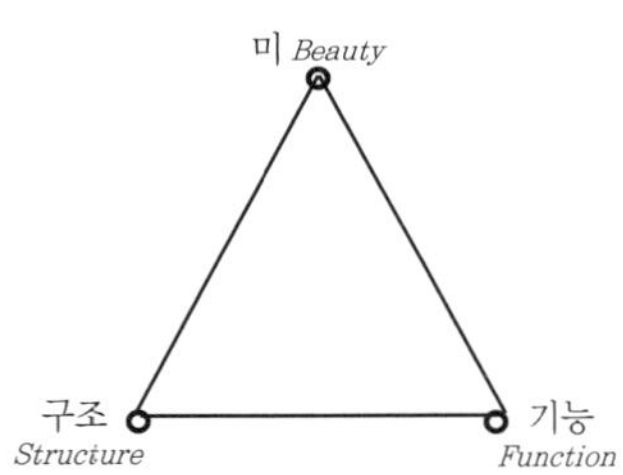

▸ 건축의 3요소

건축은 다양한 요구조건 사이에 효과적인 절충을 제시하는 일이며 또 적절성에 비추어 우선순위를 정하는 것을 의미하기도 한다. 건축은 상호연관성이 있는 여러 분야가 결합되어야 하며, 한 분야에 영향이 미칠 때 다른 모든 분야도 그에 따라 영향을 받는다. 따라서 건축은 자연환경, 역사, 문화에 따라 다른 형태를 띤다.

건축의 목적은 기능상의 요구조건을 충족시키면서 심미적으로 즐거움을 주는 구조물을 만들어내는 데 있다. 건축은 문명이 시작하면서 진화되어 온 역사적 뼈대를 기반으로 이루어진다. 그러면 건축이란 무엇인가? 누구나 건축에 대해서 막연한 지식을 갖고 있다. 학자나 건축가들이 건축에 관해 언급한 내용을 서술하면 다음과 같다.

독일의 지리학자인 이발트 반스*Ewalt Banse*는 학문의 분류에서 "물리학, 화학, 지리학으로 갈수록 순수과학이고, 음악이나 문학으로 갈수록 순수예술이다. 또한 순수과학일수록 분석적이고 순수예술일수록 구성적이다. 따라서 건축이란 과학이나 예술의 중간형태이다"라고 하였다. 마르쿠스 폴리오*Marcus Pollio*는 "하나의 건축물이 건축으로서의 자격을 얻기 위해서는

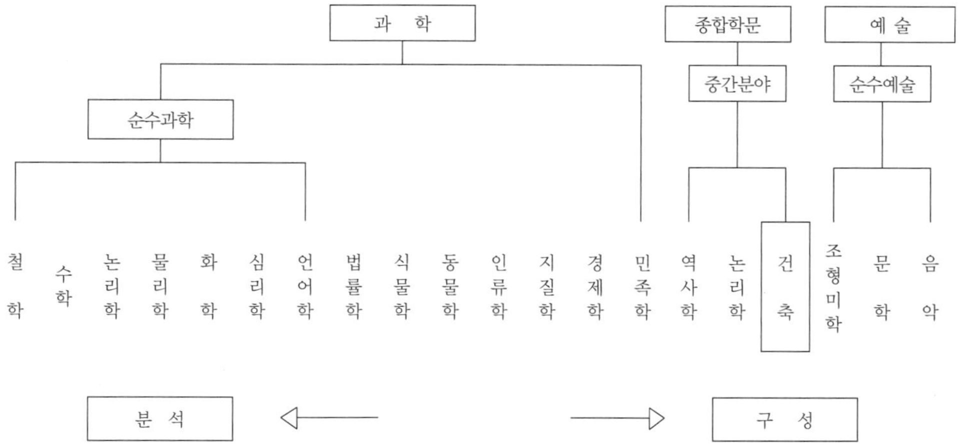

▸ 반스 Banse의 학문 분류 속의 건축

다음과 같은 기준에 맞아야 한다. 즉 그 건축물이 세워진 목적을 용이하게 충족시켜야 하며 구조상 튼튼하고 아름다워야 한다"는 것이다. 조지 하우*George Howe*는 "하나의 건축물은 다음의 세 가지 목적, 즉 생활에 필요한 사회적·경제적 요구를 충족시키는 것, 감각을 즐겁게 해주는 것, 사람들이 지니면서 마음껏 구사하고자 하는 모든 것을 상징화 해주는 것 등에 기여한다"고 하였다. 햄린*Talbot Faulkner Hamlin*은 "훌륭한 건축은 그 건축이 이루어진 시대와 건축예술뿐만 아니라 그 시대의 종교, 그 시대의 정부 심지어는 그 시대의 정치이론과 경제이론까지 항상 완벽하게 표현해 준다."고 하였다.

건축가인 루이스 칸*Louis Kahn*은 "건축은 영감에서 시작해서 영감으로 끝난다"고 하여 건축이 가지는 정신적인 의미를 강조하였으며, 미국의 근대건축가인 루이스 설리번*Louis Sullivan*은 "건축이란 기능적 통합과 구조의 개념, 시대정신이 있어야 하며 환경에 대한 배려가 있어야 한다"고 하여 정신이라는 의미가 건축에 대단한 의의를 가짐을 시사하였다. 또한 미국의 유명한 건축가인 프랭크 로이드 라이트*Frank Lloyd Wright*는 "건축은 시대와 시대, 세대와 세대를 이어 내려오는 위대한 삶의 창조적인 정신이다. 즉 "Architecture is that great living creative spirit which from generation to generation, from age to age, proceeds, persists, creates, according to the nature of man and his circumstances as they change. That is really architecture."("나는 건축이 인생이라고 보며, 최소한 오늘의 세계, 내일의 세계, 과거의 세계의 진정한 기록이라고 본다")라고 하였다. 또한 철학자인 괴테*Goethe*는 "건축은 얼은 음악, 즉 Architecture is the Frozen Music"이라고 말했다.

이것은 음악에 멜로디나 하모니 등이 듣는 사람을 황홀하게 만드는 것과 같이 건축도 예술적 감명을 준다는 것이다. 더욱이 음악은 시간의 경과와 더불어 흐르는 무형의 것이나 건축은 유형의 존재물이라는 것이다. 예를 들면 하늘 높이 솟아 있는 고딕교회의 탑을 바라보면 장중한 오르간곡을 듣는 것처럼 느껴지며, 바로크시대의 궁전에서는 경쾌한 느낌이 느껴지는 경우라 하겠다.

헤르먼 쇼겔*Herman Sorgel*은 "건축은 과학적 요소와 예술적 요소를 어느 정도 포함하고 있는 과학과 예술의 중간적인 존재이다"라고 하였다. 즉 과학과 예술, 이 두 가지는 건축의 양면으로써 단독으로는 그 일면에 지나지 않는다. 이 두 가지 양면을 갖춘 사람이 로마시대의 건축가인 비트루비우스*Vitruvius*이며, 그는 과학자인 동시에 우수한 예술가라는 것이다.

크리스토퍼 워렌 경*Sir Christopher Warren*은 "건축에는 정치적 용도가 있다. 공공건물은 국가의 장식품이다. 건축은 국가의 체계를 확립하며, 사람들을 끌어 모아 상업을 활발하게 하고 또 국민들로 하여금 자기의 조국을 사랑하게끔 만들어준다"고 하였다.

여기서 여러 건축가나 학자들이 이야기하는 것은 건축이라는 것이 단지 하나의 기술적인 분야로 끝나는 것이 아니라 예술이라는 정신과 아름다움을 포함하면서 그 세대의 시대적인 상황과도 관계가 있다는 것을 의미하고 있다.

결과적으로 건축은 예술이면서 또한 과학이라고 할 수 있다. 즉 과학으로서의 건축은 훌륭하게 설계되어 튼튼하며 실질적인 구조물을 만들어야 하며, 예술로서의 건축은 미학적으로 즐거움을 주는 구조물을 의미한다. 그래서 우리는 건축의 양면성이라고도 하는 차원의 의미를 정리할 필요가 있다.

▸ 건축은 건축물을 형성하는 구조와 디자인에서 나타나는 예술성과 과학의 양면성을 지니고 있다.

5-2 건축의 양면성

건축의 예술성을 알기 위해서 예술은 어떠한 것이 있는가를 알아보기로 한다. 예술은 보통 순수예술과 응용예술, 공간예술과 시간예술, 재현예술과 자유예술 등으로 서로 약간씩 다른 의미로 분류할 수 있다.

① 순수예술 : 주관적이며 감동적인 표현을 사용하여 종합적

이며 예술성이 강한 예술이라 하겠다. 예를 들면 소위 고전적인 개념을 가지는 음악, 공연, 미술, 조각, 시 등을 들 수 있다.

② 응용예술 : 일반대중에게 직접적으로 영향을 미치는 실제 생활과 밀접한 관계가 있으며, 실용예술이라고도 한다. 이에 해당되는 예술로 건축, 영화, 그래픽, 현대음악, 배경음악, 대중가요, 현대미술, 환경조각 등이 있다.

③ 공간예술 : 형태가 있어 일정한 장소를 차지하고 사람이 실태를 파악하고 그 실체를 즉시 이해할 수 있는 예술이다. 예를 들면 조각, 건축 등이 이 분야에 속한다.

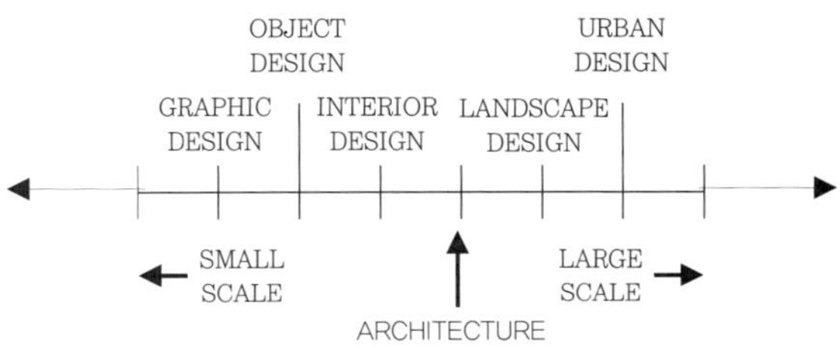

▸ 디자인 분야와 건축의 위치

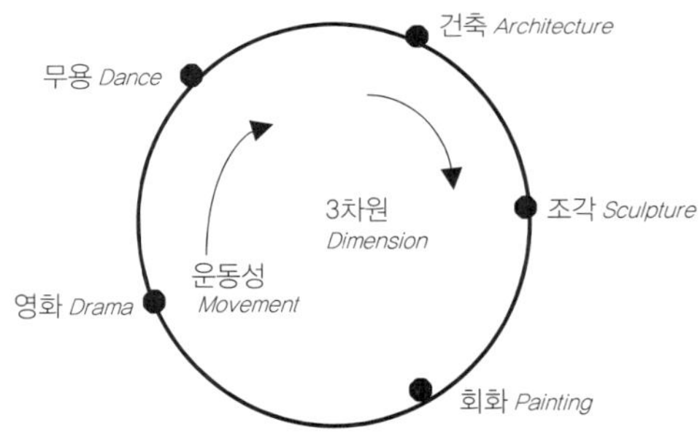

▸ 예술분야와 건축의 위치

④ 시간예술 : 시간의 흐름에 따라 인간이 이해할 수 있는 예술이다. 그러나 20세기 후반에 와서는 이러한 시간적 한계를 깨뜨리려는 움직임으로써 일종의 해프닝 개념이 시간예술 속으로 들어오게 된다. 이에 속한 예술로 문학, 연극, 영화, 무용, 오페라 등을 꼽을 수 있다.

⑤ 재현예술 : 모방예술이라고도 하며, 인간의 행위와 형태에 바탕을 두고 일어날 수 있는 상황을 재현시킨다는 의미를 내포하고 있는 예술이라 하겠다. 여기에는 연극, 영화 등의 예술분야를 포함시킬 수 있다.

⑥ 자유예술 : 감정이 직접적이고 직설적으로 표현되며, 새로운 형태를 창조한다는 의미를 가진 예술로 회화, 조각, 건축 등의 예술이 해당된다.

이상에서 살펴본 바와 같이 이제까지는 건축을 응용예술, 공간예술, 자유예술 등으로 생각하여 왔다. 예술상호 간의 구분도 서로 없어지고 있을 뿐 아니라 현대사회에서는 이러한 구분이 명확하지도 않기 때문에 총체적으로는 포괄적인 의미가 되어가고 있다. 특히 건축물을 시간의 흐름에 따라 변화되어 가는 시간예술로 인식하는 방법이 널리 이해되고 있다.

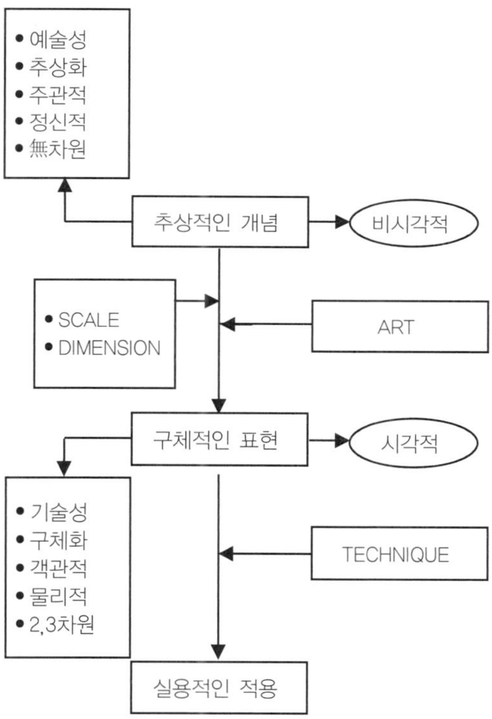

건축은 정신적인 문제와 구체적인 형태로 정리된다. 이때 객관적인 사실과 물리적 개체의 표현, 실용적인 요소를 포함한 시각화 작업을 거치고 실제로 사람의 생활이 적용되는 과정을 거치기 때문에 추상적인 개념작업에는 예술성이 구체적인 형태작업에는 기술적 전문성이 그리고 실용적인 적용에는 총체적인 양면성이 들어간다고 할 수 있다.

6. 건축과 건물 & 인간

6-1 건축과 건물

우리는 좋은 건축물이란 무엇인가를 생각할 때 그 구분을 하는 것은 상당히 어렵다. 좋은 건축물이란 무엇인가? 막연히 그 개념을 말하라고 하면, 이런 것이 되지 않을까? 멋지고 아름다운 외부형태에서 내부로 들어가면 이름다운 돌들이 깔려 있거나 푹신한 양탄자가 있고 우아한 곡선의 의자와 대리석으로 만든 식탁, 황홀한 샹들리에가 비치고 있으며 정원에는 예쁜 꽃들이 화려하게 피어 있고 분수에서는 물이 뿜어 나오고, 거기에 수영장과 테니스 코트가 있는….

건 축	건 물
•디자인/예술성 강조 •건축, 건축예술, 건축학 •미적 감동 충족 •구조물+기능+아름다움을 지닌 공간 •사원, 궁전 등 기능 이외에 예술성이 있는 공간	•공학/기술성 강조 •건축, 건축물, 건축하는 일 •실용적인 목적 충족 •공간을 이루는 단순한 구조물 •차고처럼 단순한 기능으로 만들어진 공간

▸ 건축과 건물의 구분

그러나 이러한 꿈에는 하나의 공통적인 요소가 있는데, 이것은 우리가 건축을 생각할 때 그 집에서 살아가기 위한 기능 이외에 기대하는 바가 또 있다는 점이다. 무엇인가를 아름답게 인식하고 싶고 안락하고 아늑하게 느끼고 싶은 마음인 것이다. 이것이 인간이 만든 기계나 장치와 다른 점이라고 할 것이다. 예술적인 감흥이라고 바꾸어 설명할 수 있는 그 무엇이 있어야 사람은 만족할 수 있다. 그것이 바로 우리가 좋은 건축이라고 할 수 있는 요건이 아니겠는가? 이러한 관점에서 건축과 건물을 구분할 수 있는 몇 가지 말을 인용하기로 한다.

건축가이자 비평가인 니콜라스 페스너*Nikolaus Pevsner*는 "건축과 건물이란 말의 구별에 있어서 건축이란 표현을 갖는 공간이다. 즉 차고와 같이 사람이 들어가는 데 충분한 넓이를 갖춘 것은 건물Building이지만 건축Architecture이란 말은 궁전이나 사원처럼 미적 감동을 목표로 설계된 건물에만 사용된다"고 하였다.

영국의 브리타니카*Britanica* 사전에는 "Building이라는 것은 실용적인 목적을 위해서 세워지는 것이다. Architecture는 단순한 건물*Building*은 아니고 조화에 대한 배려로 미*Beauty*가 만들어지는 것"이라고 쓰여 있다.

로마시대의 건축가이자 비평가이며 사상가인 비트루비우스는 "단순한 생각으로는 어떤 공간을 가지고 있는 구조물을 건물

*Building*이라고 부를 수 있으며, 이 구조물이 적절한 기능 *Function*과 그 기능에 적절한 구조*Structure*를 이루면서 아름다움*Beauty*을 지닌 것을 건축*Architecture*이라 할 수 있다"고 하였다. 또한 프랑스 시인 파울 베어리*Paul Valery*가 건축을 세 가지로 분류하여 이야기한 것을 보면 첫째로 침묵의 건축이 있는데, 이는 단순한 소재의 집적에 지나지 않는 것이며, 둘째로는 이야기하는 건축으로서 건축물의 용도를 만족시키고 그 성격을 명확히 표현하고 있는 것이며, 셋째는 노래하는 건축으로서 예술적 감명이 넘치는 건축 등으로 나누고 있다. 이것은 건축이 단순한 기능적인 해결이 아닌 무엇인가 인간에게 감동을 주어야 한다는 뜻으로 이해할 수 있다. 그러면서 그는 "너는 이 거리를 산책할 때 거기에 즐비한 건축물 속에서 어느 것은 아무 말이 없고 어느 것은 말하고 또 아주 드물기는 하지만 노래한다고 하는 것을 느끼지 못하는가?"라고 하였다.

그 외에 CIAM *Les Congres Internationanx d´ Architecture Moderne*의 아테네의 헌장(근대건축국제회의 제4회 회의)에서는 "인간이 살기 위한 필요한 공간에는 태양, 공기, 녹지 등의 세 가지가 필요하다"고 하였다.

6-2 건축과 인간

"건축에 있어서 중요한 것은 근대적이라든가 전통적이라든가 하는 것도 아니고 기계시대의 상징이라든가 풍토의 표현도 아니다. 무엇보다도 우선 인간적이어야 하는 것이고 인간을 위한 건축이지 않으면 안 된다"고 한 핀란드의 건축가 알바 알토 *Alvar Aalto*의 말은 의미깊은 것이다.

또한 건축의 목적에서 보면 건축이란 인간의 생활을 담는 그릇이라고 할 수 있다. 프랑스의 건축가 코르뷔지에가 "건축은 살기 위한 기계"라고 말한 극단적인 표현으로 옛날의 건축관에 저항을 나타낸 일이 있지만 오늘날의 건축은 인간의 생활을 담는 그릇이라고 말할 수 있다.

이러한 관점에서 보면 하나의 건축물은 인간과 마찬가지라 할 수 있다. 인간들은 스스로를 확장시키는 것으로 여러 가지 구조물을 창출해 왔는데, 그 이유는 자신들의 육체가 여러 가지 요소에 대하여 적절한 방어를 할 수 없었기 때문이다. 인간과 건축물을 비교하면서 유사점과 상이점을 찾는다면 다음과 같다.

인간은 피부를 갖고 있으며, 건축물에는 마감재가 있다. 인간에게는 신체에 골고루 피를 순환시켜 주는 심장이 있으며, 건축물에는 난방장치와 통풍장치가 있다. 인간에게는 신체 각 부분의 기능을 통제시키는 신경이 있으며, 건축물에는 전기배선이 그 역할을 한다. 인간에게는 소화기관과 배설기관이 있으며, 건축물에는 배관과 하수도시설이 있다. 또한 건축물이나 인간 모두는 외부로부터의 극한적인 것, 예를 들면 바람·기온·태양·비·방향·노출상태·표면·개구부 등으로부터의 보호를 목표로 하며, 그것들에 의해 영향을 받기도 한다는 것이다.

7. 건축가와 교육

7-1 건축가

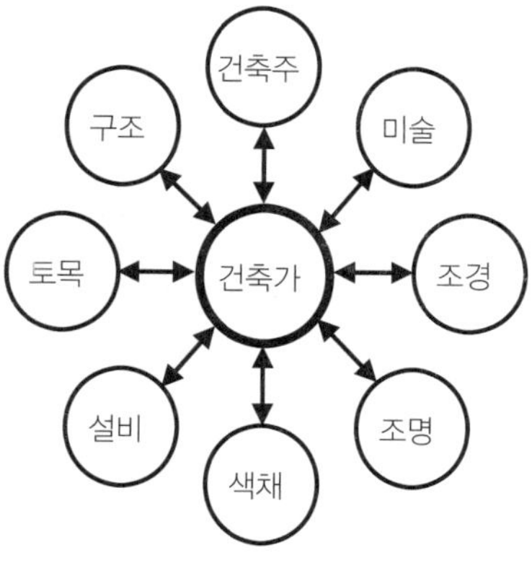

▸ 건축가의 역할

건축을 이루어 가는 사람을 우리는 '건축가'라고 한다. 건축적인 공간을 이루고 건축을 예술적으로 해석하고 건축의 아름다움을 이루어내면서 기술적인 안전성과 편안함을 만들어내는 사람을 일컫는 말이며, 이러한 임무를 수행하는 과정을 '건축설계'라 한다. 따라서 건축가의 일은 인간의 생활공간을 어떻게 생각하는가 하는 것에서부터 출발한다. 그리고 생활에 대한 생각, 다시 말하면 인생관과 세계관이 그 기본이 되는 것이다. 인간에 관련되는 모든 분야의 것을 총괄하여 각각의 힘을 충분히 발휘시키고 하나의 유기적인 공간으로 정리하는 사람, 즉 오케스트라의 지휘자와 같은 직무를 가진 사람이 건축가인 것이다. 건축가는 모든 분야의 사람들과 협력하고 그들을 리드할 수 있어야 한다. 예를 들면 공학기술자, 도시계획 및 지역계획가, 인테리어 디자이너, 인더스트리얼 디자이너, 조경가, 색채 및 조명전문가, 목수, 그래픽 디자이너, 미술가, 구조전문가, 토목기술자, 설비기술자, 그리고 컴퓨터기술자 등과 같은 전문가들이다. 이러한 사람들 외에도 자신에게 일을 맡겨 주는 사람들, 즉 보통 건축주라고 하는 사람들과도 관계를 유지하여야 하며, 건축관계의 관리들과도 원만한 관계를 가져야 한다. 건축현장에서 직접 일을 담당하는 일꾼들과도 협력하고 그들을 지도해야 하는 역할도 수행해야 한다.

7-2 건축가의 자질

건축가의 목표는 다양한 요소가 일관성을 지닌 구조적 합일체를 이루도록 합성시키는 것이다. 이를 위해서 건축가는 추상적 관념과 상징들이 실체화 되도록 돕는 역할을 하며, 그 문제를 해결하는 것이다. 또한 건축의 설계라고 하는 것은 단순한 자연과학적인 것이 아니라고 할 수 있는데, 그 이유는 설계된 건축물에도 건축가의 철학이 반드시 우러나오기 때문이다. 그래서 건축가는 종합자로서의 관점을 지니면서 또한 전문가로서의 전문분야에 통달하고 있어야 하며, 하나의 건축물을 환경적, 인간적 제한 속에서 작업하여 그것의 전체적인 맥락에 따라 창조해내야 한다. 더불어 건축가는 부과된 경제적인 한도 내에서 최적의 건축적 해결책을 찾기 위해서 경제적 프로세스에 대한 이해를 갖고 있어야 한다. 이러한 작업을 수행하기 위해서 건축가는 다음과 같은 폭넓은 자질을 갖고 있어야 한다.

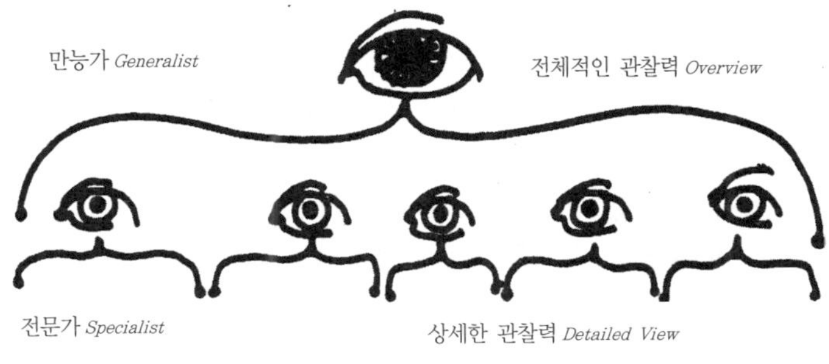

① 자신의 이념과 생각을 표현할 수 있는 스케치와 도면을 작성할 수 있는 능력
② 전체적으로 건축물을 통찰 및 시각화 할 수 있는 능력
③ 건축과정에 대한 이해 능력, 재료의 특성과 기능에 관한 지식 및 디테일을 관찰할 수 있는 좋은 두뇌능력
④ 공간적인 원근감 및 적합성에 대한 판단 능력, 과학적이며 수학적인 사고 능력
⑤ 어려운 환경 내에서 압박을 받으면서도 일할 수 있는 끈기와 인내심
⑥ 훌륭한 상상력과 다른 사람을 감독할 수 있는 동시에 어울릴 수 있는 능력

이상의 능력을 갖춘 건축가는 디자인과정에 있어서 명쾌한 접근방식을 사용하여야 하며, 장기적인 안목을 가져야 한다. 왜냐하면 건축가가 만들어낸 건축물은 여러 해 동안 남아 있기 때문이다.

7-3 건축가의 교육

건축가는 어떠한 교육을 받아야 하는가? 하는 것을 정의하기에는 무리가 있다. 그 이유는 건축이라는 것이 통합적이고 종합적인 성격을 가지고 있고 실제 학교라는 시스템 속에서 건축을 가르치기 시작한 것이 얼마 되지 않기 때문이다. 그런 의미에서 건축가가 되기 위해서는 어떠한 분야의 학문이 필요하고 어떠한 이상적인 내용이 되어야 하는가를 정리해 보기로 하는 것이 좋다고 생각한다.

(1) 비트루비우스의 건축가의 교육

로마인인 비트루비우스*Vitruvius*는 『The Ten Books on Architecture』라는 책의 chapter 1에서 건축가의 교육에 대해서 다음과 같이 언급하고 있음을 볼 수 있다.

① 건축가는 여러 가지 학문과 교양에 대한 지식을 구비해야 하는데, 즉 이론*Theory*과 실기*Practice*를 겸비해야 한다.
② 건축가는 건축 분야의 양면성에 정통해야 한다. 이 양면성

은 의미를 부여받는 대상과 의미를 부여하는 것을 의미하며, 이것은 반드시 과학적 원리에 따라 증명되어야 한다. 이를 위해서 천부적 재능과 후천적인 배움이 있어야 한다.

③ 건축가는 학문적이고 회화에 익숙하며 기하학적인 역사에 능통하고 철학자에 귀를 기울이며, 음악을 이해하고, 의술을 알고 법률가의 견해나 천문이론에 관한 지식도 갖추어야 한다. 다시 말하면 건축가에게는 생각을 오래 기억할 수 있도록 문장력을 겸비하고 의도하는 작품을 표현할 수 있도록 회화에 숙달되어야 하며, 건축의 중요한 기반이 되는 기하학을 알아야 한다는 것이다. 동시에 장식에 대한 적용 동기와 건축의 다양성을 부여하기 위해 역사가 필요하며, 마음을 넓게 하고 성실과 청렴을 위하여 철학을 공부해야 하고, 수학이론과 같이 비례·조화 등을 알기 위해 음악을 알아야 하며, 쾌적한 환경을 위해 인간의 신체적, 정신적 특성을 이해하기 위해서 의학이 필요하다는 것이다.

이상에서 보는 바와 같이 교육과정의 상세한 언급은 없으나 어릴 때부터 광범위한 분야에 걸쳐 관심을 가지고 단계적인 교육을 받아야 함을 알 수 있다. 또한 제한된 분야의 상세한 지식보다는 전체적이고 포괄적인 지식이 필요하며, 이론과 실제가 겸비되어야 한다고 서술하고 있다.

▸프랭크 로이드 라이트가 설계한 Pennsylvania, Bear Run의 Falling Water (1936)
• 매우 낮은 천장은 육중한 무게의 바위 같은 느낌을 느끼게 한다. 외부환경의 조망은 수평면의 길쭉한 창문들을 통해 전망된다.

(2) 프랭크 로이드 라이트의 건축가의 교육

미국의 건축가인 프랭크 로이드 라이트*Frank Lloyd Wright*는 『The Future of Architecture』이라는 저술 중에서 "To the Young Man in Architecture"라는 부분에서 건축가의 자질과 건축가로서 알고 있어야 할 내용으로 다음과 같이 서술하고 있다.

① 그 시대에 있어서 훌륭하다고 생각하는 것들을 제외한 세상의 모든 건축물을 잊어 버려라. 건축 그 자체를 사랑하는 것이 아니라면 누구도 건축을 생계수단으로 삼지 말아라.

② 공학의 설명자로서가 아닌 건축학교는 경계하여라. 더불어 현대적 건축물을 만드는 기구와 방법들이 사용되고

있는 현장으로 가라.

③ 자신을 기쁘게 하거나 또는 불쾌하게 하는 어떤 느낌에 대해서 '왜'라는 의문을 제기하는 습관을 가져라. 이외로 어느 것도 아름답거나 혹은 추하다고 당연시하지 말며 모든 건축물을 분해하고 특징을 찾아라. 아름다운 것과 호기심을 끄는 것을 구별하는 방법을 배워야 하며, 분석하는 습관을 길러야 하는데, 이것은 마음속에서 종합하는 자세로 이끌어 가게 된다.

④ 주변 여건에 따라 쉽게 전직해 버리는 사고를 버려라. 미숙한 상태에서 실무에 뛰어드는 것은 건축가로서의 생존권을 팔아먹을 수 있다. 이를 위해서 준비하는 시간을 가져야 하는데, 실무에 들어가기 앞서 갖는 준비기간으로서의 10년 간은 결코 긴 시간이 아니다.

⑤ 성당을 짓는 것만큼이나 닭장을 짓는 것도 중요하다고 생각하며, 처음으로 건축물을 짓게 되었을 때는 되도록 그 집으로부터 멀리 떠나라. 의사라면 본인의 실수를 덮어 버릴 수도 있지만 건축가는 그 실수를 변명할 여지가 없다.

⑥ 계획된 설계안을 사려는 사람을 경계하라. 자기를 대신하여 아이디어를 찾는 것에 대해 보수를 지불하지 않는 사람은 신용 없는 고객임을 입증하는 것이다. 또한 건축에서는 일이 사람을 찾아야지, 사람이 일을 찾아서는 안 되며, 걸작품을 존경하여야 한다고 이야기하고 있다.

이상과 같이 그는 건축가가 되는 길은 멀고 힘든 수련이 필요하며 근본적으로 건축을 사랑하는 사람만이 가능하다고 말한다.

(3) 월터 그로피우스의 건축가의 교육

독일 건축가인 월터 그로피우스*Walter Gropius*는 『Scope of Architecture』 중에서 건축가의 교육에 대해서 "모든 건강한 사람은 형태를 상상할 수 있는 능력을 갖고 있다고 믿는다. 문제는 창조적인 능력의 존재가 아니라 그 창조적인 능력을 발표하는 열쇠를 찾아내는 데 있다."고 전제하면서 다음과 같이 견해를 밝히고 있다.

▸ 시카고 트리뷴사옥 현상안(그로피우스)

① 건축가는 건축과 관련되어 야기되는 사회적, 기술적, 경제적 및 예술적 문제들을 통합해야 하는 조정가로서의 통찰력과 전문적인 능력을 가진 사람이어야 한다.

② 건축공부를 하는 때는 지식보다는 방법이 더 중요하며, 그 훈련은 부분적인 것보다는 집중적이어야 한다. 항상 인간이 대상의 초점이 되어야 하며, 공동생활에 관련된 문제를 다루어야 한다.

③ 삼차원적인 개념은 건축의 기본적인 훈련이다. 조형예술의 모든 분야에 있어 시각표현의 흥미를 자극시키는 방법으로써 거리를 파악하고 인간이 척도를 포착하게 훈련해야 한다. 이러한 훈련은 구성상의 효율적인 의미에서 방법의 질적인 조화를 갖게 하고 동시에 삼차원적 공간을 조직하기 위한 본능적 확실성을 획득하기 위해서 없어서는 안 되는 것이다.

④ 처음에는 기초적 디자인 및 작업장과 결부된 실습이 필요하며, 현장경험을 쌓도록 한다. 이는 현장주임이나 감독의 조수로서 현장에서 직접 실습하는 것을 뜻하며, 시공*Construction*도 디자인과 마찬가지로 동일하게 알아야 함을 의미한다.

⑤ 관계된 기술을 가진 사람들과 더불어 일할 수 있어야 하며, 역사는 처음으로 건축을 시작하는 시기에 배우는 것보다는 어느 정도의 경험을 가진 후에 배우는 것이 좋다. 왜냐하면 경험과 모방을 적절히 조화시키는 방법이라고 할 수 있기 때문이다.

이상과 같이 그로피우스의 건축교육은 그 창조적인 요인을 개발시키는 데 목적을 두고 있다. 이러한 잠재력이 있는 건축가들은 관찰로부터 발견하고 다시 창조하여 최종적으로는 우리의 현대적 상황을 직관적으로 올바르게 나타낼 수 있다는 것이다.

건축은 인간의 생활에 가장 밀접하게 연결되어 있으므로 인간이 살아가는 데에 관계있는 모든 부문에 걸쳐 영향을 받고 있다. 사회적인 현상과 그 당시의 정치적 상황, 문화적인 여

▸ 아테네 미국대사관(그로피우스)

러 가지의 요인이 건축에 미치는 바가 상당하다. 그러므로 건축가는 이러한 문화적, 사회적, 예술적인 경향과 이에 대한 보다 적극적인 개념을 갖고 있어야 하는 것이다. 특히 건축은 하나의 건축물에만 국한되지 않고 도시의 발전과 생태에 영향을 미치기 때문에 중요하다고 할 수 있다.

이제까지 건축에 대한 일반적인 개념과 의미에 대하여 공부하였으므로 전반적인 건축의 속성을 다소간 파악하였다고 보겠다.

2 장

건축의 역사

1. 우리나라 건축

1-1 우리나라 건축의 특성

오늘날의 건축물은 지난날의 건축에 의해 결정된다. 이전에 이루어졌던 것에 대해 이해하고 있지 않으면 효과적인 건축물을 디자인하기란 불가능하다.

예를 들면 중국건축이 장대하여 웅장한 멋을 내고 일본건축이 기계적이고 날카로워 공예적인 성격이라면, 한국건축은 중용적 입장에서 소박한 멋을 지니고 있으며, 그 특징으로는 목조가구식구조와 공포구조를 들 수 있다.

목조가구식 구조는 우리나라의 자연환경상 풍부한 목재를 건축의 주 재료로 이용한 결과의 구조이며, 목재를 기본적 구조체로 이용하는 한국건축의 기본형식이라 할 수 있다. 이 형식은 삼국시대부터 조선시대까지 시대적 변천에도 불구하고 모든 건축물에 일관되게 적용되어 왔다.

공포구조는 중국계 건축문화의 목조가구식 건축물에 공통적으로 사용된 구조기법이며, 주로 보·도리·기둥을 결구하는 구조기법이라 하겠다. 공포의 기능은 육중한 지붕하중을 기둥에 합리적으로 분배하여 전달하고, 외부로 돌출된 처마를 지지하는 역할을 한다. 이러한 공포의 유형으로는 중국의 영향으로 주심포*柱心包*양식과 다포*多包*양식이 있으며, 조선시대에 독자적으로 개발하여 함께 사용한 익공식翼栱式이 있다.

그 외에 우리나라 건축의 특성으로 먼저 자연과의 조화를 들 수 있는데, 이는 자연환경의 다양한 변화에 적응할 수 있는 건축을 추구하는 데서 기인한다. 즉 자연환경과 지세를 존중하여 건축에 반영함으로써 인위적인 기교보다는 자연상태 그대로를 사용하고자 하였다. 따라서 우리나라 건축은 자연에 순응한 자연미를 표현하였다고 할 수 있다.

두 번째로 인간적 척도를 들 수 있다. 이 형식은 지나치게 장대하거나 위압감을 주지 않는 규모로 건설하여 인간적 척도를 헤아릴 수 있는 적절한 크기와 내용을 지니고자 하는 의도라 할 수 있다. 또한 건축물 외관이 아담하고 순박하여 친근감을 유발하며, 주위 자연환경과의 조화를 도모하였다

세 번째로는 비대칭성을 꼽을 수 있는데, 이는 자연지세에 따라 주요건축물과 부속건축물을 비대칭적으로 배치한 것을 의미한다. 이러한 의도는 비정형적이고 변화 있는 다양한 외부공간을 형성하고자 건물축과 동선축을 일치시키지 않고 약간씩 전이시키거나 분절한 것이라 하겠다.

또한 우리나라 건축에서는 내·외부공간들을 각각의 기능과 용도(회랑, 담장 등의 건축물이나 지형의 고저차) 등에 의해 위계를 부여하여 전체공간을 구성한다. 또는 건축물의 규모, 지붕의 크기, 지형의 고저차 등에 의해 위계를 표현하여 중요한 공간과 부속된 공간을 구분하였다. 이러한 위계성과 더불어 공간구성의 연속성을 도모하였는데, 이 성격은 주공간과 부공간들이 상호유기적으로 중첩되며 연속적으로 상호연결된 것을 의미한다. 이렇게 함으로써 주변환경과 융합시키는 중립적 매개공간의 발달을 도모하였으며, 매개공간은 문, 루, 처마, 마루 등의 요소로 연속되는 공간들을 자연스럽게 연결시키고자 하였다.

1-2 시대별 건축

(1) 원시건축

구석기시대는 기원전 30000년부터 4000년까지의 시기에 수렵과 어로활동을 통해 식량을 채집하던 생활방식에 해당된다. 건축활동으로는 구석기시대의 문화유적이 발굴되었지만 건축발생을 확실하게 단정할 수는 없다. 우리나라의 경우 동굴주거(충북 제원군 포전리의 점말동굴과 제주 빌레못동굴)와 강유역의 주거지(충남 공주 석장리 유적지) 등이 발굴되었다.

신석기시대는 기원전 4000년부터 700년 사이의 시기에 농경생활이 시작되고 집단적인 정착생활을 영위한 시기이다. 이

▸ 원시 수혈주거지(암사동)

시기에는 마제석기를 사용하였으며, 동물의 뼈나 뿔로 간단한 도구를 제작하여 사용하거나 토기를 만들기 시작하였으며 즐문토기를 사용하였다. 건축활동으로는 구석기시대의 주거양식인 동굴주거와 함께 정착생활방식으로 수혈주거를 이용하였다. 수혈주거(서울 암사동, 황해도 봉산군 지탑리, 함북 웅기군 굴포리, 평북 중강군 토성리 주거지)는 진정한 의미의 건축으로서는 최초의 형식이라 하겠다. 수혈주거의 평면형태는 원형 또는 원형에 가까운 방형이며, 지붕은 중앙에 기둥을 세우고 서까래를 방사형으로 걸친 원추형 형태를 유지하고 있다. 크기는 직경이 3.5~6m 정도이며 바닥의 깊이는 지면으로부터 0.6~1.2m 정도의 규모이다. 바닥은 진흙다짐이 대부분이며 바닥 중앙에 취사를 위한 화덕과 식량저장과 작업도구 보관을 위한 저장공을 설치하였음을 볼 수 있다.

청동기 및 철기시대는 기원전 700년부터 기원후 300년 사이의 시기에 해당하며 주로 집단적인 취락생활을 하는 소부족 국가를 형성한 시기이다. 무문토기를 사용하였으며 건축활동으로는 신석기시대의 수혈주거를 지속적으로 사용하였으나 건축형식을 발전시켜 사용하였다. 수혈주거의 평면형태가 타원형을 거쳐 장방형으로 변화되었으며, 지붕은 기둥, 보, 서까래에 의해 형성되는 맞배지붕 또는 우진각지붕 형식을 사용하였다. 바닥은 풀이나 짚으로 덮어 사용하였다. 화덕은 신석기시대와는 달리 수혈중앙이 아니라 한쪽에 치우쳐 설치하였으며, 두 개 설치하는 경우도 볼 수 있다. 또한 저장공은 한쪽 벽 밖으로 돌출시켜 설치하였으며, 신석기시대의 수혈주거에 비해 침식분리기능의 내부공간이 기능별로 점차 분화된 형식이 나타났다. 실례로는 충남 서산군 해미 유적지, 경기 파주 교하리 유적지, 광주 송암동 주거지, 함북 무산군 호곡동 유적지, 황해도 송림시 석탄리 유적지를 들 수 있다.

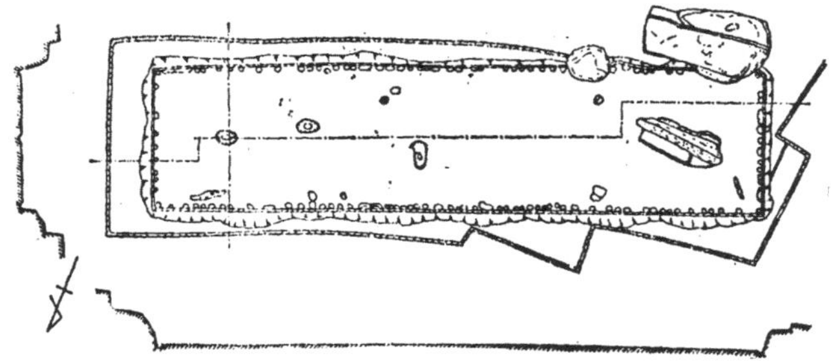

▸ 청동기시대 수혈주거

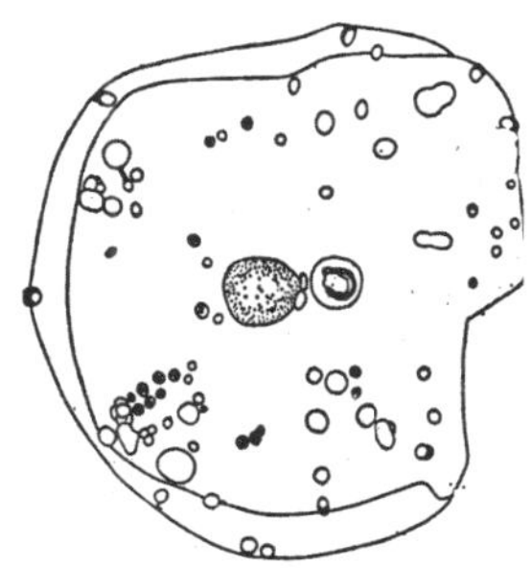

▸ 구석기시대 수혈주거

• 평면 및 외관

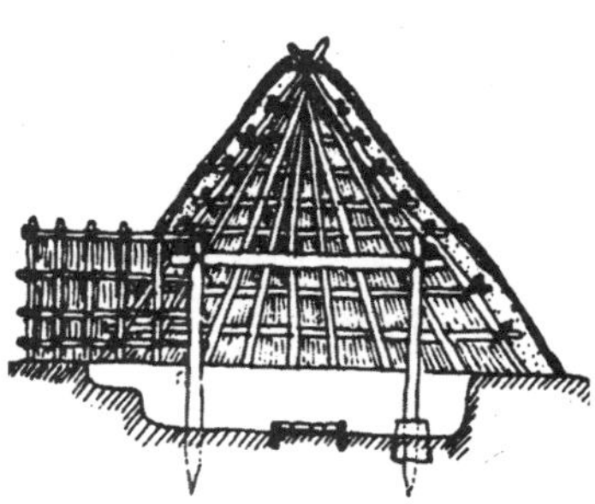

• 단면

▸ 수혈주거 복원

(2) 삼국시대 건축

고구려 건축은 고구려가 강력한 왕권과 국가조직을 갖춘 고대국가로 발전함에 따라 본격적인 건축물의 조성이 대규모 도시 속에 전개되었다. 특히 왕이 거주하는 도성은 정치, 문화, 경제의 중심지 기능을 하였다. 따라서 장대한 도시와 궁궐이 조성되어 고대국가문화의 중심으로 발전하였다.

고구려는 도읍을 졸본성, 국내성, 환도성, 평양성, 장안성 등으로 천도하였다. 이 중에서 국내성(만주 통구지방)은 방형의 성곽으로 사방에 성문을 설치한 것이 특징이다. 또한 586년에 천도한 장안성은 중국 수나라의 도성제를 참고하여 현재의 평양일대에 건설하였으며, 특징으로는 중국식 도성계획기법인 방리제를 최초로 적용하였다는 점을 들 수 있다.

백제 건축은 고구려와 동일한 유사한 점이 있다. 그러나 북방의 웅대하고 장대한 국력의 고구려에 비해 남방의 백제는 온아하고 부드럽고 정에 두터운 느낌을 주는 문화적 특성을 지닌 것이 특징이라 하겠다. 백제는 도읍을 위례성, 웅진(현재 공주), 사비(현재 부여) 등으로 천도하였다. 이 중에서 사비성은 평지에 도성을 건설하고, 부근의 산지에 산성을 독립적으로 건설하는 종래의 도성계획에서 탈피하였다는 점이 특징이다. 즉 중국식 축성법인 시가지포위식 축성법을 최초로 응용하여 우리나라의 산성식과 합하여 축성하였다. 다음으로 성흥산성(임천)이라는 계곡을 포함하지 않고, 산정을 중심으로 방형으로 축성한 방법이 특이하다. 이 축성법은 고구려와 신라에는 유례가 없는 독특한 축성법이라 할 수 있다.

신라 건축은 4C 후반에 국가체제를 형성함으로써 삼국 중 가장 늦게 출발한 국가라 할 수 있다. 건국 당시 경주를 도읍으로 정한 이후 1000년 간 이도하지 않고 지속하였다는 점이 고구려와 백제와의 차이점이라 하겠다. BC 37년 금성을 건설하고 101년 월성을 건설하여 도시를 확장하였으며, 고구려의 장안성 백제의 사비성과는 달리 도시 전체외곽을 둘러싸는 나성을 축성하지 않았다. 대신에 주위의 산성을 쌓아 나성의 역할을 대신하여 도성을 축성하였다.

▸ 경주의 방리제

건국 초부터 고구려, 백제 및 중국 당나라의 영향을 받은 궁궐건축은 비교적 검소한 규모였다. 초기에는 금성에 궁궐을 건축하였다가 후기에 월성을 건설한 후에 이주하였다.

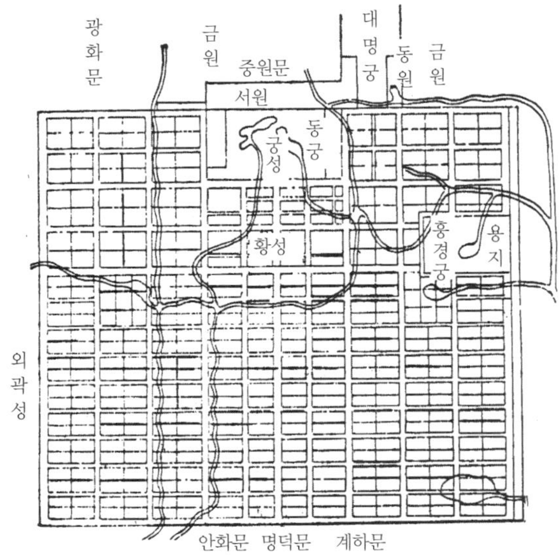

▸ 당나라 장안성도

(3) 통일신라시대 건축

통일신라의 공적은 민족의 호국사상을 바탕으로 삼국시대의 소박성을 벗어나서 외래문화를 흡수동화하는 동시에 전통적인 고유의 특성을 잘 발전시킨 점이라 하겠다. 특히 독자적인 문화와 예술의 독창적인 경지를 성취함으로써 그 맥락이 후에 고려시대와 조선시대를 거쳐 현재까지 계승되어 온 점이 중대한 의의를 갖고 있다 하겠다.

신라시대 이래 경주를 지속적으로 도읍으로 하였으며, 695년에 황룡사를 중심으로 도시를 수차례에 걸쳐 확장하였다. 특히 초기에는 도시를 확장하는 과정에서 당시 중국의 수, 당나라에서 사용되던 방리제를 적용하였지만 후기에는 자연지형에 따라 가로망을 확장하였다. 왜냐하면 방리제기법은 중국의 기하학적이고 정형적인 도시형태에는 적합하였지만 자연지형에 따라 불규칙적으로 형성된 경주에는 적합하지 않았기 때문이다.

(4) 고려시대 건축

고려시대는 정치와 문화의 발전과정에 따라 고려 초기, 중기, 후기로 구분할 수 있다. 고려 초기는 신라의 예술문화를 계승하며 송·요 나라의 영향을 받아 많은 발전을 도모한 시기이며, 중기는 중국 송나라 건축형식의 영향과 종래의 목조건축형식이 발전한 시기라 할 수 있다. 반면에 후기는 강대한 원나라의 영향으로 문화의 순수성이 저하되고 국세가 기울어짐에 따라 쇠퇴기를 맞이하였다.

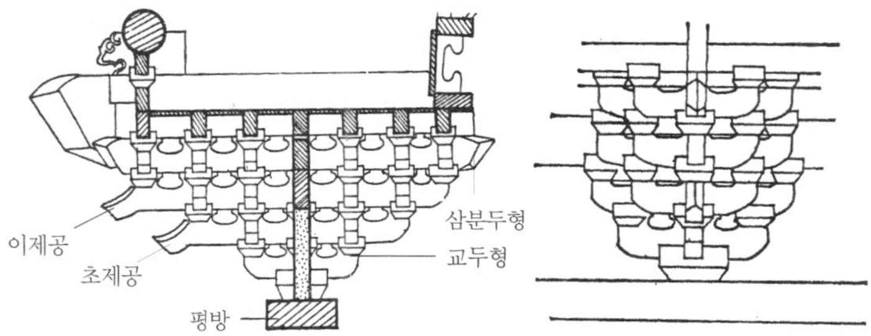

▸강릉 객사문

초기에 궁궐 및 불사건축에 보편적으로 사용된 목조건축양식은 통일신라의 건축수법을 계승하였을 것으로 추측된다. 그러나 후에 중국의 송문화와 요나라의 영향을 받아 고려 중기에 주심포양식으로 변화하였으며, 후기에 다포양식으로 발전되었다. 이러한 두 가지 공포양식은 이후에 우리나라 목조건축양식의 주류를 형성한다고 하겠다.

▸부석사

주심포양식은 고려시대 중기 중국 송나라로부터 전래되었으며 고려시대의 주류를 이룬 공포양식으로 당시의 주요건축물에 사용되었다.

대표적 실례로는 봉정사 극락전(경북 안동, 12C말), 부석사 무량수전(경북 영주, 13C초), 수덕사 대웅전(충남 예산, 1308년), 성불사 극락전(황해 해주, 고려말), 강릉 객사문(강원 강릉, 14C)의 경우를 들 수 있다. 다포양식은 고려시대 말기 중국 원나라로부터 전래되는데, 중국의 기둥 상부에만 공포를 배치하는 주심포양식과는 달리 기둥 사이에도 공포를 배치하였다는 것이 차이점이다. 이렇게 주간에 공포를 배치하기 위해서

▸봉정사 대웅전

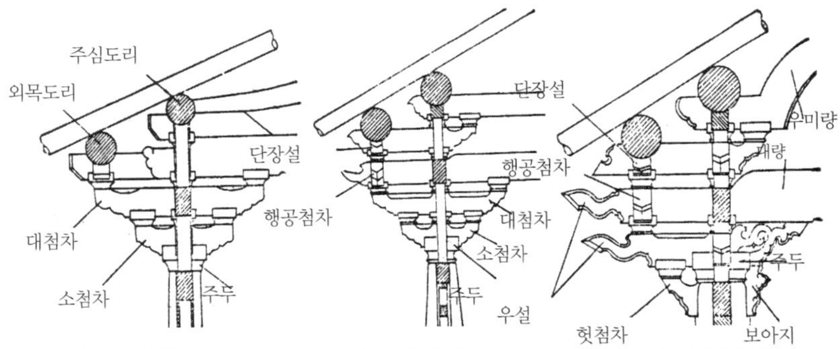

▸ 고려의 주심포 공포양식

창방 위에 다포양식 특유의 부재인 평방을 덧대어 구조적으로 보강한 것이 특징이라 하겠다. 실례로는 심원사 보광전(황해도 해주, 다포양식 특유의 부재인 평방을 덧대어 구조적으로 보강한 것이 특징이라 하겠다. 실례로는 심원사 보광전(황해도 해주, 1374년), 석왕사 응진전(함남 안변, 1386년), 경천사 10층 석탑(서울, 1349년)을 들 수 있다. 경천사 10층 석탑은 탑신의 옥개석 하부에 다포양식의 공포구조를 조각하였다는 점이 다른 경우와 다르다.

▸ 수덕사 대웅전

(5) 조선시대 건축

조선 초기의 정치 및 문화는 고려의 문화를 계승하였으며, 유교를 지도이념으로 명나라의 영향을 받아 융성한 문화발전과 경제를 향상시켰다. 조선 중기에 들어서는 두 번의 전란(왜란, 호란)으로 국력이 소모된 반면에 청나라의 영향이 줄어듦에 따라 고유의 건축형식과 학문(실학사상)예술의 발전을 맞이하게 된다. 후기에서는 실학사상에 의한 새로운 민족사상이 고취되었지만 점차로 이에 대한 탄압으로 시대흐름에 역행하게 되며, 이는 건축형식이나 예술분야에 많은 변화를 주게 된다.

▸ 화엄사

고려시대의 목조건축수법을 계승발전시킴으로써 고려시대에 사용되었던 주심포양식과 다포양식을 지속적으로 사용하였으며, 이후에 독자적으로 익공양식을 개발하였다. 이 중에서 다포양식은 조선시대에 널리 사용된 공포양식으로 궁궐의 정전이나 사찰의 주불전 등의 주요건축물에 사용한 공포양식이라 하겠다. 이러한 다포양식은 조선시대 후기로 갈수록 공포

▸ 덕수궁 중화전 측면

▸ 창경궁 명정전

▸ 경회루

양식이 장식적이고 화려해지는 경향을 띠고 있다. 주요건축물의 실례로는 남대문 근정전, 창덕궁 인정전, 창경궁 명정전, 덕수궁 중화전, 화엄사 각황전, 금산사 미륵전, 통도사 대웅전, 봉정사 대웅전 등을 들 수 있다. 주심포양식은 조선시대 초기에만 주로 사용되고 중기 이후로는 널리 사용되지 못하였다. 대표적인 실례로는 은해사 거조암 영산전(경북 영천), 송광사 국사전과 하사당(전남 승주), 무위사 극락보전(전남 강진) 등의 건축물이 해당된다. 익공양식은 주로 향교, 사당, 서원 등의 유교건축물에 사용하였으며 주요건축물에 다포양식을 사용한 반면에 궁궐이나 사찰의 침전, 누각, 회랑 등의 부차적인 건축물에 주로 사용하였다. 실례로는 오죽헌(강원 강릉), 경복궁 경회루(서울), 청평사 회전문(강원 춘성), 종묘 정전 및 영령전(서울) 등의 건축물을 꼽을 수 있다.

(6) 근대건축

서구식 근대건축의 유입경로를 보면 외국공관계통의 건축물과 외국인 선교사를 통한 종교 관련의 건축물, 외국인 상사의 건축물 및 주택, 일제강점기 때 일본인에 의한 관청 및 공공건축물 등이다.

▸ 서울 성공회 성당

• 1890년 내한한 초대 코프 주교의 발의로 건축계획이 시작되었으며 영국인 아더 딕슨이 설계하고 브로크가 감독하여 1922년 제3대 주교 마크 트롤로프 때 착공, 1926년 5월 2일 헌당식을 가진 이 건축물은 3층 건축물로 면적이 909m²이다.

▸ 러시아 공사관

• 조선 말기 고종 27년(1890)에 건축된 르네상스식 건축물로 설계는 러시아인 사바틴이 했다고 하는데, 6.25동란 때 불타고 탑 부분과 지하2층이 남아 있다가 1973년 현재의 모습대로 복원되었다.

우리나라 근대건축의 전개과정을 세 부분으로 나누면, 구한말의 근대건축(1910 이전)과 일제강점기 때의 근대건축(1910~45), 그리고 해방 이후의 근대건축(1945 이후)으로 나눌 수 있다.

한말의 근대건축은 1910년 이전의 시기로 우리나라 전통건축양식으로부터 근대건축으로의 과도기이다. 주로 일본과 서구의 외교 및 종교시설이 다수 건립되었으며, 이 중에서 종교건축물은 고딕양식을 공관건축물은 르네상스양식을 각각 모방하였다. 종교

건축물로는 삼랑식 고딕양식의 약현성당(서울, 1892), 우리나라 유일의 순수한 고딕양식 건축물로서 우리나라 최초의 본격적인 벽돌 교회당인 명동성당(서울, 1892~98), 단순화된 고딕양식의 건축물인 정동교회(서울, 1895~98), 붉은벽돌 고딕양식의 천주교 원효로성당(서울, 1970) 등이 있다. 외국공관의 대표적인 건축물로는 벽돌조 2층의 조지안*Georgian* 양식 건축물인 영국 공사관(서울, 1891), 제정 러시아 르네상스양식 건축물인 러시아 공사관(서울, 1892), 벽돌조 프랑스 바로크양식 건축물인 프랑스 공사관(서울, 1896) 등이다. 또한 의료시설로는 영국의 르네상스 건축물인 세브란스병원(서울, 1904)과 대한의원 본관(서울, 1907~08)을 들 수 있다.

▸ 프랑스 대사관

• 지붕의 곡선 등 우리나라의 얼을 표현하려고 애썼고 프랑스다운 엘레강스를 나타내려고 최선을 다한 건축물로 평가받고 있다. 1961년 봄에 착공하여 이듬해 봄에 완공되었으며 1962년 서울시 문화상을 받았다.

일제강점기 때의 근대건축은 한일합방(1910) 이후로부터 해방(1945)까지의 건축을 일컬으며, 한일합방 후 조선총독부 주관하에 관청, 학교, 은행 등이 건설되었다. 초기에는 르네상스양식이 후기에는 절충주의양식의 건축물이 다수 건설되었다. 박동진, 박길룡 등의 우리나라 근대건축의 선구적 건축가들이 활동하였다.

이들의 대표적인 건축물로서 고딕양식의 현 고려대 본관인 보성전문학교 본관 및 도서관(서울, 박동진 1937), 근대 합리주의적 경향의 건축물인 화신백화점(서울, 박길룡 1937), 문예진흥원 청사인 경성제대 본관(서울, 박길룡 1931)이 있다. 공공건축물로는 중앙에 대형 돔*dome* 을 가설한 르네상스양식 건축

▸ 자유센터

• 6.25동란 참전 16개국의 반공정신을 기리고 그에 대한 한국민의 감사를 표시하기 위해 한국반공연맹에서 세운 건축면적 10,725㎡의 건축물이다.

▸ 한국 문화예술진흥원 청사

• 일제강점기 때 경성제국대학 건축물로 지어진 것으로서 해방 후에는 국립서울대학교 본부로 사용되었다. 1974년 서울대가 관악캠퍼스로 이전한 뒤로는 문예진흥원에서 사용하고 있는데, 면적 1,493㎡, 지상3층 규모로 타일 마감의 근대식 건축물로서 세련되고 우아한 형태를 지니고 있으며 1981년 사적 278호로 지정되었다.

▸ 덕수궁 석조전
• 덕수궁은 조선 성종의 형인 월산대군의 사저로 지었던 것인데 임진왜란으로 왕궁이 소실되자 1593년부터 선조가 승하할 때까지 15년간 행궁으로 사용했다.

물인 경성역사(현 서울역, 1925), 현재는 철거된 돔을 가설한 르네상스양식의 국립중앙박물관, 철근콘크리트조의 절충주의 양식을 나타낸 경성부청(현 서울시청, 1926) 건축물을 들 수 있다.

해방 이후의 근대건축은 한국건축가들이 본격적으로 활동을 시작하였으며, 1950년 이후 합리주의*Rationalism*적 경향의 국제양식*International style* 건축이 성행하였다. 대표적인 건축가를 중심으로 살펴보면 우선 김중업을 들 수 있다. 명보극장(서울, 1957)과 프랑스 대사관(서울, 1960), 서강대학교 본관(서울, 1960), 제주대학교 본관(제주, 1964), 서산부인과(서울, 1965), 삼일빌딩(서울, 1969)을 대표적 작품으로 볼 수 있다. 김수근의 작품으로는 자유센터(서울, 1964)와 세운상가(서울, 1967), 국립부여박물관(부여, 1969)이 있다. 기타 박동진 설계의 석조건축물인 영락교회(서울, 1950)와 이천승의 국제극장(서울, 1957), 이희태의 절두산 복자기념성당(서울, 1967)이 있다.

2. 서양건축

2-1 원시건축

지구상에서 인류문명이 발생한 이후 단순한 보호막으로서 기능을 지닌 주거건축을 중심으로 구석기시대, 신석기시대 등의 원시*Primitive* 시대 동안에 전개된 건축양식이다. 대표적인 건축으로는 주거건축과 거석건축이 있을 뿐이다.

주거건축은 동굴주거, 점토주거, 수상주거, 수혈주거, 천막주거로 구분할 수 있는데, 이 중에서 동굴주거는 인류가 최초로

동굴주거 *The Cave*

비히브 허트 *Beehive Huts*

비히브 허트 *Beehive Huts*

쉴링스 *Shielings*

돌멘 *Dolmen*

스톤헨지 *Stone Henge*

초가주거 *The Hut*

텐트주거 *The Tent*

장석입주
Monolith

▸ 원시시대의 주거형식

이용한 주거라 할 수 있다. 이 주거는 구석기시대에 수렵생활과 이동생활이 주생활인 관계로 천연동굴을 주거로 이용한 데서 기인한다. 그 후에 신석기시대에는 농경생활, 정착생활의 생활양식으로 인해 인공적으로 동굴을 파서 주거로 이용하기도 하였다. 점토주거는 벽은 점토, 지붕은 점토와 원목 또는 갈대 등을 혼합하여 건설한 주거양식이다. 이 주거는 서아시아의 메소포타미아 지역에서 주로 사용되었으며, 건축 실례로는 야르모*Jarmo*의 점토주택(메소포타미아 야르모), 히로키티아*Khirokitia*의 돔형 주택(히로키티아) 등이 있다. 수상주거는 스위스, 이탈리아, 핀란드, 오스트리아에 분포된 형식으로 주로 호수, 하천, 습지대 등에서 이용한 주거양식이다. 이 형식은 해빙기와 강우기의 침수나 적이나 야수의 침입 등을 방지하기 위한 주거양식으로 이동식의 뗏목주거와 고정식의 갱상주거로 구분할 수 있다. 천막주거는 유목민족의 이동생활에 적합한 주거양식으로 주로 해체조립이 가능한 간단한 목구조를 기본으로 하였다. 그리고 목구조 위에 동물가죽을 덮어 원추형 형태로 이룬 양식이라 하겠다.

거석건축의 종류로는 장석입주, 열석군비, 단환군석주, 복환군석주, 탁자석이 있다. 장석입주는 한 개의 긴 자연석을 땅에 꽂아 세운 비로서 태양신을 상징하기 위해 건설하였다.

또한 장석입주의 기능은 제사를 지내는 장소나 부족의 정기적인 집합장소로서 이용되었다. 이러한 장석입주는 세계 각지에 있는데, 특히 서유럽에 많이 분포되어 있음을 볼 수 있다. 우리나라의 경우는 전남 구례를 비롯한 서해안에 다수 분포되어 있다.

2-2 고대건축

(1) 서아시아 건축

티그리스 강과 유프라테스 강 사이의 메소포타미아 지방에서 발생한 고대 메소포타미아 문명을 배경으로 형성된 건축이다. 시기적으로 BC 330년 사이로 분류되며 구바빌로니아, 앗시리아, 신바빌로니아, 페르시아 등 중동지역의 중심지역인 서아시아의 여러 국가에서 전개된 건축양식이다.

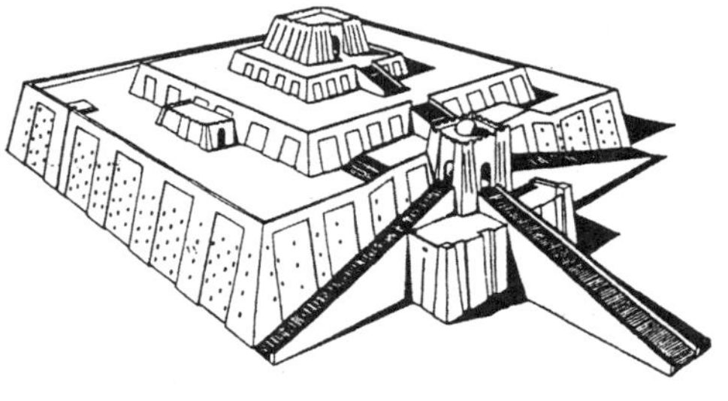

▸ 우르의 지구라트 개념도

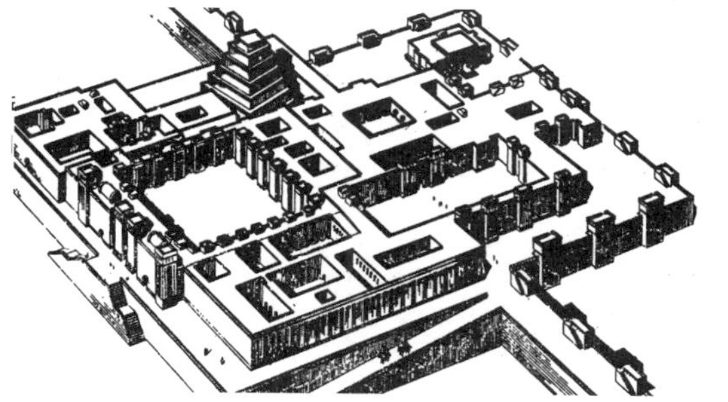

▸ 앗시리아의 사르곤왕 2세 궁전(코르사바드시)

▸ 이라크의 우르에 있는 지구라트
• 슈메르 문명에 의해 세워진 피라미드 형태를 향한 최초의 도약

구바빌로니아*Babylonia* 건축은 BC 4000~1200년경 사이에 바빌로니아에서 원주민인 수메르 인들을 중심으로 전개된 건축양식이며 수메르 건축, 메소포타미아 건축이라고도 한다. 바빌로니아는 도시국가로서 함무라비왕 시기가 가장 전성기를 이룬 시기로서 건축재료로는 진흙·벽돌·갈대 등을 사용하였다. 대표적인 건축물로는 지구라트*Ziggurat*를 들 수 있는데, 주요 기능은 신에게 제사를 드리는 신전의 기능과 천문관측대로서의 기능을 동시에 지녔다고 할 수 있다. 평면은 장방형, 내부는 밀적체, 외관은 계단형 형태로 이루어졌으며, 최상부에는 신이 거주하는 곳이면서 천체관측소의 기능을 하는 사당이 있다.

앗시리아 건축은 BC 1200~626년 사이에 앗시리아인들이 BC 1200년경에 바빌로니아를 정복한 앗시리아제국에서 전개되었던 건축양식이다. 앗시리아는 BC 700년경 이집트와 힛타이트를 정복함으로써 국가적으로 최절정기를 맞이하며, 테라코타 장식의 사용으로 메소포타미아 건축의 완성기라고도 한다.

신바빌로니아 건축은 앗시리아가 패망 후 바빌로니아가 다시 집권한 BC 626~538년 사이에 신바빌로니아제국에서 전개되었던 건축양식이다. 즉 BC 626년에 구바빌로니아 문명을 계승한 신바빌로니아가 등장하여 서아시아지역을 지배한 이후 페르시아에게 정복될 때까지인 BC 538년까지 지속된 양식이다. 양식상의 특성으로는 다양한 색채의 유약벽돌을 이용한 벽면 장식기법을 들 수 있으며, 바빌론시 도시계획(BC 626~538년)이 대표적이다.

▸ 바빌로니아의 님로드 궁전

페르시아 건축은 BC 538년 페르시아가 신바빌로니아를 정

▸ 페르시아의 페르세폴리스 건축

▸ 이집트의 분묘건축 (계단식 피라미드)

• 사카라의 계단식 피라미드는 세계 최초의 마스타바로 시작되어 4단, 그리고 6단 피라미드로 발전되었다. 그 후 100년 뒤의 BC26세기에 나일강 상류의 Meydum에 있는 8단의 피라미드 면이 평탄한 피라미드로 바뀌었으나, 곧 뒤이어 나타난 "True" 피라미드는 처음부터 면이 평탄하게 설계되었다.
Giza에 있는 피라미드 내의 2개는 사카라에 있는 계단식 피라미드보다 2배 이상 더 높다.

복하고 서아시아의 강대국으로 등장하여 그리스의 알렉산더 대왕에게 멸망한 BC 330년 사이에 전개되었던 건축양식이다. 다리우스왕(BC 522~486년) 시기에 이집트, 중앙아시아, 메소포타미아, 지중해 연안을 포함한 세계 최대 제국을 형성하였다. 양식상의 특징은 서아시아의 다른 지역과는 달리 석재와 목재가 풍부하여 가구식과 조적식 구조를 병용하여 사용하였다. 대표적 건축물로 페르세폴리스*Persepolis* 궁전, 테시폰*Tesiphon* 궁전 건축물을 꼽을 수 있다.

(2) 이집트 건축

분묘 건축물과 신전 건축물로 유명한 이집트 건축은 이집트 통일왕조가 세워진 BC 3200년경부터 고왕국, 중왕국, 신왕국 과정을 거쳐 페르시아에 의해 정복된 BC 530년경까지 나일강유역에서 형성된 이집트문명을 배경으로 전개된 건축양식이다. 건축재료는 기후가 매우 건조하여 목재가 귀했으므로 자연환경상 풍부한 흙과 돌에 의존하였다. 초기에는 갈대, 파피루스, 점토 등의 천연재료를 이용하다가 후기에는 나일강 상류 산악지대의 석재를 채석하여 가공한 후 나일강 하류지역으로 운송하여 사용하였다. 건축구조는 조적식 구조와 가구식 구조를 주로 사용하였는데, 조적식 구조는 흙벽돌이나 단위석재를 이용한 조적식 기법을 이용하였다. 이 기법은 조적식 벽체가 자체 중량이 크므로 벽체의 상부는 좁고, 하부는 넓게 쌓는 경사벽 구조로 하여 구조적 안전성을 확보한다는 점에서 많이 활용하였다. 가구식 구조는 석조가구식 구조가 발달하였는데, 주로 기둥은 석재, 보는 석재나 목재를 이용하였다.

(3) 에게시대 건축

에게시대는 본격적인 그리스문화가 형성되기 이전의 시기로서 개략적인 시기는 BC 3100~1100년에 해당되며, 에게문화는 그리스 헬레니즘문화의 선구적 역할을 한 문화이다. 에게시대는 미노아시대와 미케네시대로 구분되며 미노아시대(BC 3100~1600년)의 건축을 미노아*Minor* 건축, 미케네시대의 건축을 미케네건축이라 한다.

▸ 크노소스Knossos, 열주(BC 15세기에 복건)
• 그리스의 색 사용은 크레타까지 거슬러 올라 갈 수 있다.

▸ 사자문, 미케네Mycenae (BC 13세기)
• 돌 지주와 상인방이 구조적으로 부조*relief*에 의해 올려졌다.

미노아 건축은 지중해의 크레타*Crete* 섬에서 발생하여 이집트와 문화교류가 활발했으며 바다에 의해 천연적인 방어망이 구축된 해양국가인 관계로 개방적인 건축형식을 표현했다. 이러한 미노아건축은 미케네인들에 의해 그리스 본토에 전래되었으며, 실례로 크노소스*Knossos* 궁전(BC 1600~1400년)을 들 수 있다. 이 궁전은 중정형 평면의 궁전으로 주신이 하부로 갈수록 가늘어지는 독특한 기둥을 사용한 점이 특이하며, 주거건축으로는 카마이지*Chamaizi*의 타원형 주거가 해당된다.

미케네 건축은 그리스 본토에서 발생하여 미노아를 점령하고 미노아 문명을 그리스 본토에 도입한 양식이다. 건축 실례로는 티린스 궁전(BC 1400~1200년)을 들 수 있는데, 이 궁전은 중앙에 왕의 거실인 메가론*Meagaron*을 중심으로 모든 실을 배치하였다. 이외로 미케네*Mycene*궁전, 아트레우스의 보고*Treasury of Atreus*(BC 1300년), 사자문(BC 1250년) 등이 있다.

(4) 그리스 건축

그리스 건축은 에게시대의 미노아와 미케네가 붕괴된 후 그리스문화가 본격적으로 형성되어 로마제국에 의해 정복될 때까지의 시기로 그리스에서 서양문화의 근원인 그리스의 헬레니즘문화를 배경으로 전개된 건축양식이다. 특히 로마건축과 함께 고전주의건축의 원형적인 양식이다.

그리스인들은 온난한 기후를 즐기기 위해 야외생활에 치중한 관계로 활발한 야외활동을 수용하는 개방적인 외부공간이 발달하였다. 따라서 건축물 자체의 내부공간보다는 건축물에 의해 형성되는 외부공간 등에 관심이 많았다. 형태적인 측면은 외부공간 구성요소로서의 건축물기능을 중시함으로써 조각적 형태의 건축물을 추구하였다.

건축재료는 지중해 연안의 풍부한 석재를 주재료로 이용하였으며, 특히 양질의 대리석을 정교하게 가공하여 사용하였다.

이러한 석재 가공기술의 발달에 따라 독특한 주범양식을 개발하여 고전건축의 규범으로 발전시켰으며 여기에는 도리아식, 이오니아식, 코린트식 주범이 있다.

• 그리스 • 로마 • 그리스 • 로마 • 그리스 • 로마

• 도리아식 주범 • 코린트식 주범 • 이오니아식 주범

▸ 그리스와 로마의 오더 비교

▸ 아칸서스 식물 잎사귀

▸ 코린트식 기둥 주두

도리아식 주범*Dorian Order Style*은 가장 오래된 주범양식으로 고대 이집트 베니핫산의 아멘-엠-헤트*Amen-Em-Het* 암굴분묘의 16각 석주에서 유래되었다. 이 주범은 가장 단순하고 간단한 양식으로 직선적이고 장중하며 남성적인 느낌을 주며, 주신에는 착시현상의 교정을 위해 배흘림*Entasis* 기법을 적용하였다. 기둥에 골줄을 새김으로써 입체감과 수직성을 강조하고, 주초가 없다는 점이 특이하다.

이오니아식 주범*Ionian Order Style*은 소용돌이 형상의 주두*Capital*가 특징이며, 도리아식 주범과는 달리 우아하고 경쾌하며 유연감을 주며 곡선적 여성미를 주는 양식이다. 특히 주초가 있고 배흘림이 약하며, 주신에 골줄을 새긴 점들이 특이하다.

코린트식 주범*Corinthus Order Style*은 주두를 아칸서스*Akanthus* 나뭇잎 형상으로 장식하였으며, 세 가지 주범 양식 중 가장 장식적이고 화려한 느낌을 준다는 것이 다른 주범양식과 다른 점이라 하겠다.

(5) 로마 건축

로마제국이 최초로 건국된 BC 753년부터 동로마와 서로마로 분리될 BC 365년까지 이탈리아반도와 유럽, 북부아프리카, 서아시아 등의 로마식민지에서 전개되었던 건축양식이다. 이 양식은 그리스의 기둥양식 및 의장양식, 이탈리아 원주민

▸ 로마의 콜로세움

• 콘크리트로 가능했던 많은 거대한 구조물 중의 하나이며, 석재 벽을 콘크리트로 마감하였다.

▸ 에트루스칸Etruscan 아치(바렐 볼트, 크로스 볼트)

인 에트루스칸의 아치 및 볼트 등의 구조양식을 합한 양식이다. 특히 에트루스칸양식은 BC 10C경 에게해 북쪽 해안에서 국가를 형성하여 BC 8C경 중부이탈리아로 이주하여 문화를 형성한 건축구조기술이 매우 발달한 양식이다. 또한 아치기법을 최초로 사용하였으며, 아치를 발전시켜 볼트기법을 개발하여 사용하였다. 따라서 에트루스칸의 발달된 건축구조기술은 로마건축에 직접적인 영향을 미쳤다.

건축재료의 특성으로는 화산재와 석회를 혼합하여 콘크리트를 발명한 것을 들 수 있다. 이와 더불어 구조 및 시공기술의 발달, 건축물의 대규모화를 도모하였으며, 석재 및 벽돌을 이용한 조적기술이 발달하여 아치, 볼트 등의 다양한 구법이 활용되었다. 이러한 구조기술의 발달과 로마인의 정치적·군사적 강대함을 과시하기 위한 의식으로 인하여 대규모 건축물을 추구함으로써 최초로 본격적인 내부공간을 형성하였다.

주범양식은 그리스건축의 도리아, 이오니아, 코린트식의 세 가지 주범과 더불어 터스칸식 주범, 복합식 주범 등 다섯 가지를 사용하였다. 먼저, 터스칸식 주범양식은 그리스의 도리아식 주범을 단순화시킨 양식이며, 복합식 주범은 이오니아식 주범과 코린트식 주범을 복합시킨 주범양식이다. 이에 따라 매우 장식적이고 화려한 느낌을 주며 개선문과 같이 화려한 건축물에 주로 이용하였다.

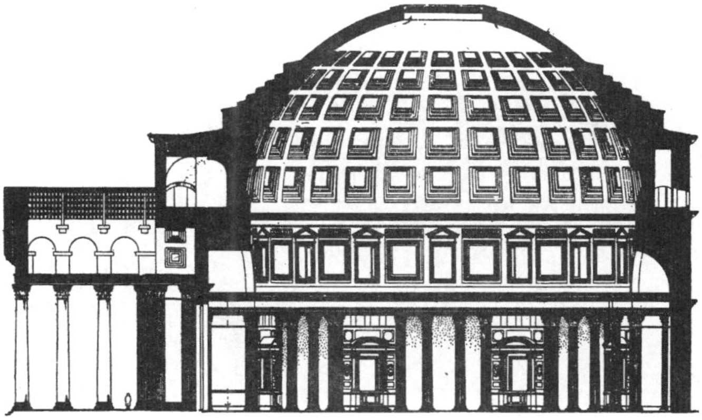

▸ 로마의 판테온 신전 단면

• 판테온은 아치와 콘크리트가 개발된 점에서 로마건축의 우월성을 보여준다. 인근에 있는 성 피터사원의 돔보다 더 넓고 큰 돔으로 덮여져 있는 이 건축물은 콘크리트로 지어졌으며, 벽들로 보이지 않게 지지되고 있다.

2-3 중세건축

(1) 초기 기독교 건축

고전과 중세 사이의 과도기이며 중세의 출발점으로서 중앙 이탈리아를 중심으로 교회건축이 발전한 양식이다. 이 건축은 로마의 콘스탄티누스 황제의 밀라노 칙령이 시작된 9C경 사이에 유럽지역에서 전개된 기독교적 건축양식으로 새로운 수법은 없다.

재료나 구조에 있어서는 새로운 기술이 개발되지 못하여 로마의 건축양식을 계승하였다. 즉 로마에서 사용되었던 기둥과 보에 의한 가구식 구조와 기둥과 아치에 의한 아케이드구법의 두 가지 구조방식을 지속적으로 사용하였다. 대부분의 건축활동이 기독교 건축*Christian Architecture*에 집중되어 교회, 세례당 등의 건축물이 발달하였으며 이에 따라 교회건축양식의

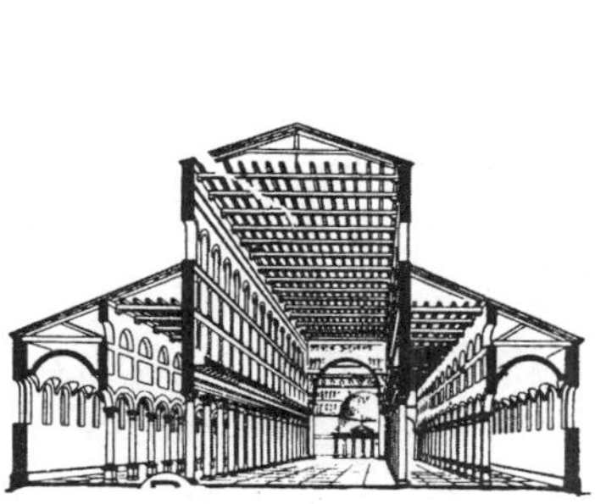

• 내부투시도

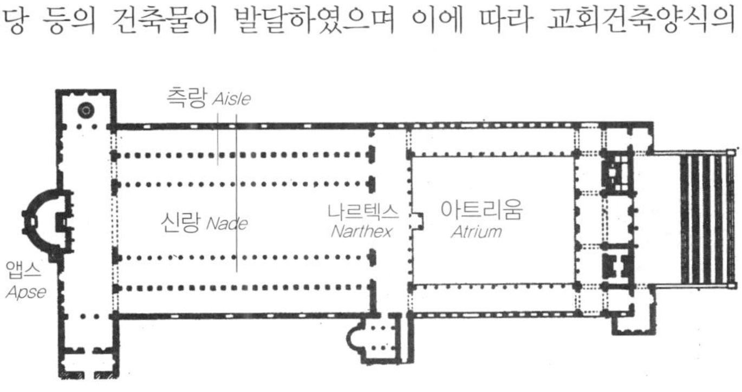

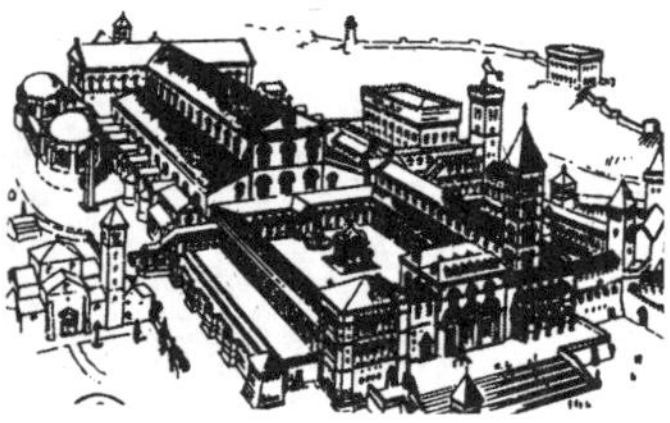

• 전경
▸ 성 피터 바실리카 성당(로마)

정립을 이루게 되었다. 특히 로마시대의 공공건축물인 바실리카*Basilica*를 교회건축물로 전용하였는데, 이는 급속한 교세확장에 비해 교회재정이 빈약하여 새로운 건축물의 건설이 곤란하고 교회에서 요구되는 집회공간, 제단, 사제석 등의 기능과 기존의 바실리카의 기능이 유사하였기 때문이다. 이러한 이유로 바실리카식 교회가 출현하는데, 이 교회양식이 중세 교회건축의 원형*Prototype*으로서 로마네스크양식을 거쳐 고딕양식에 이르러 완성을 이루게 된다.

(2) 비잔틴 건축

비잔틴*Byzantine* 건축은 로마의 콘스탄티누스 황제의 기독교 공인 후 수도를 콘스탄티노플로 환도함으로써 로마가 동로마와 서로마제국으로 분리됨에 따라 콘스탄티누스 황제가 동로마제국을 건국한 330년에 발생한 양식이다. 이후에 오토만 터크족의 침입으로 콘스탄티노플이 함락된 1453년까지 로마건축에 동양적인 건축요소를 혼합된 건축양식이다. 즉 동서교류가 활발했던 비잔틴문화를 배경으로 동양의 사라센 건축양식의 영향을 받음으로써 서양의 열주식 구조에 동양적인 돔구조를 혼용한 양식이다.

건축재료는 목재가 귀한 지역이었으므로 벽돌과 콘크리트를 주재료로, 석재를 부재료로 사용하였다. 다시 말해서 벽, 아치, 볼트, 돔 등은 벽돌과 모르타르를, 기둥처럼 하중을 많

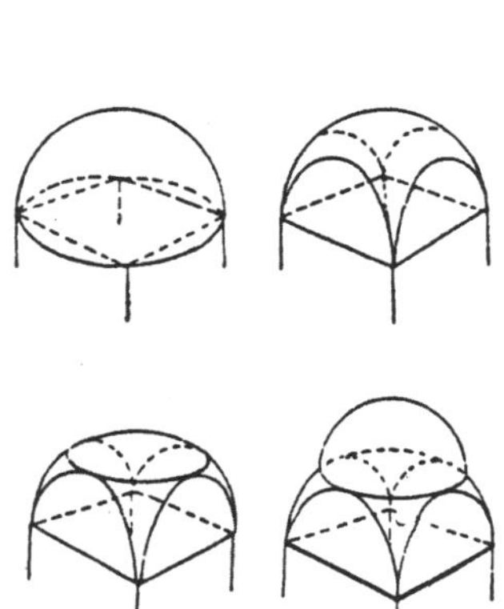

▸ 펜던티브 돔 형성과정

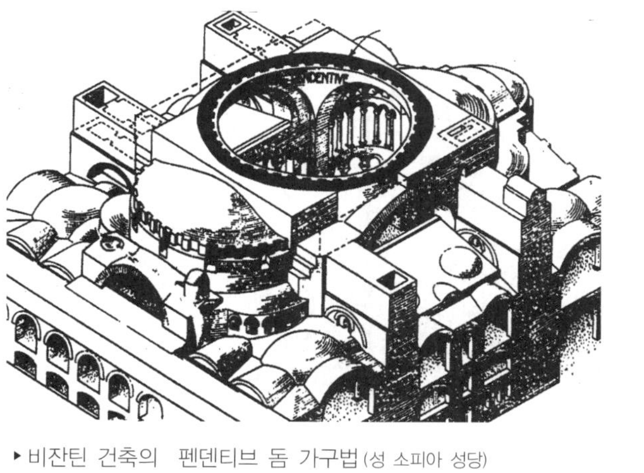

▸ 비잔틴 건축의 펜덴티브 돔 가구법(성 소피아 성당)

이 받는 곳에는 석재를 사용하였다. 또한 실내는 얇은 대리석판, 색유리 등을 이용한 화려한 모자이크장식으로 구성되었다.

구조는 로마의 영향으로 아치, 볼트와 열주에 의한 아케이드 구법과 부주두 구법이 널리 사용되었다. 특히 비잔틴건축의 구조기법 중 독특한 기법의 하나로 펜덴티브 돔*Pendentive Dome*을 꼽을 수 있다. 이 기법은 페르시아지방에서 사용한 스퀸치*Squimch*기법을 발전시켜 개발한 것으로서 사각형 평면 위에 원형 평면의 돔을 가설하는 기법이다.

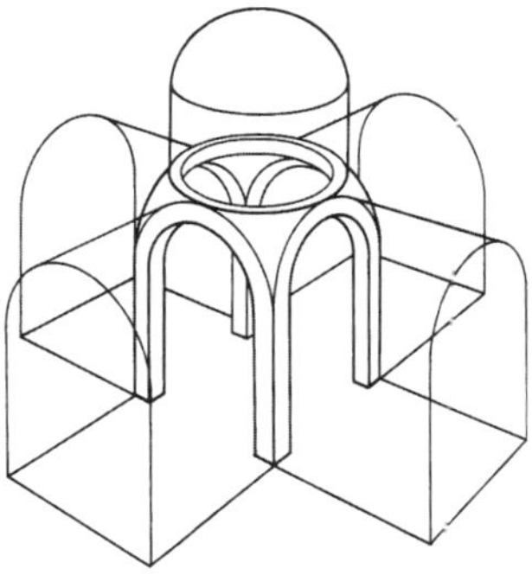

▸ 펜덴티브 돔 구조
• 그리스 십자형에서는 펜덴티브에 의해 원형 위의 돔과 드럼이 지지되고 있다. 돔이 팔각형 위에서 스퀸치에 의해 형성된다.

(3) 사라센 건축

이 건축은 아라비아의 유목민족의 사라센족에 의해 정복된 서아시아, 북아프리카, 스페인 등을 포함한 사라센*Saracen*제국에서 회교를 배경으로 회교사원인 모스크*Mosque*에 집중되어 전개된 건축양식이다. 따라서 이 건축은 회교건축 또는 이슬람 건축, 모스크 건축이라 한다. 이 시대의 건축양식상의 특징으로 먼저 소성벽돌, 석재, 콘크리트 등이 구조체로서 사용되었으며, 마감재료로는 유약타일, 석재패널, 금속패널, 테라코타 등이 모자이크*Mosaic*기법으로 사용된 점을 들 수 있다.

▸ 다마스커스의 그레이트 도스크
• 이슬람 건축가들은 파사드*Facade* 장식보다는 로마나 비잔틴의 건축학적인 발견에 관심이 덜 했다.

대표적인 건축양식이 모스크 건축이라 할 수 있는데, 사라센제국 정복지역 곳곳에 건설하였다. 이 건축물은 회교사원을 지칭하며, 아랍어로는 마스지드*Masjid*라고 하며 대형 홀, 중정, 분수 등으로 계획되어 있다. 대형 홀은 연속적인 아케이드에 의한 다주실 형식으로 모스크의 주공간으로서 신도들의 예배공간이며, 중정은 대형홀 전면에 열주랑으로 둘러싸여 구성된다. 그리고 중정의 중앙에는 예배전 몸을 청결케 하는 분수가 위치해 있다.

이러한 모스크는 3대 요소라 일컫는 키브라, 미하랍, 미나렛 등으로 이루어진다. 키브라*Kibrah*는 모스크의 주축을 기도방향인 메카로 향하도록 하는 방향축이며, 미하랍*Miharab*은 교회건축의 앱스*Apse*에 해당되며, 내부의 벽에 메카를 향해 설치된 벽감Niche으로 신도들은 이곳을 향해 기도하는 곳이다. 그리고 미나렛*Minaret*은 기독교 교회의 종탑에 해당하는 첨탑으로서 모스크의 상징탑의 기능을 지니고 있는 요소이다.

▸ 이탈리아의 로마네스크

▸ Compostela의 Santiago 대성당의 정문 (스페인)

• 순수한 로마네스크 양식을 따른 극히 보기 드문 건축물중의 하나다.

(4) 로마네스크 건축

게르만 민족의 프랑크 왕국이 로마양식을 서로마제국의 멸망 후에 문화 수준이 낮은 게르만인들의 중세문화에 적합하게 발전시킨 양식이다. 시기적으로는 동유럽을 지배한 8C말부터 고딕양식이 발생된 13C초까지 이탈리아를 중심으로 프랑스, 독일, 영국 등의 유럽에서 교회건축을 중심으로 전개된 건축이다. 내용적으로는 교회건축의 초기양식인 초기 기독교양식으로부터 완성양식인 고딕양식에 이르기까지의 과도기적인 건축을 주도한 양식이다.

먼저 초기 기독교시대의 바실리카식 교회*Basilica Church*의 장축형 평면을 기본형으로 구성하였으며, 또한 교회를 중심으로 도시가 형성됨에 따라 교회 주변의 토지 부족과 이에 따른 지가상승현상으로 인하여 교회 전면의 중정을 없애는 대신에 교회 전면 양측에 고탑을 세웠다. 동시에 종탑을 개발함으로써 본당과 분리하여 구성한 점이 초기 기독교시대와의 차이점이다.

재료 및 구조는 거석보다는 운반과 취급이 용이한 석편, 연와 등의 단위석재를 주로 사용하였다. 로마네스크*Romanesque* 교회의 내부공간은 바실리카식 교회의 장축형 평면에서 형성되는 긴 수평축에 의한 방향성을 지니고 있으며, 입구에서 제단에 이르는 이러한 방향성이 내부공간의 특성이라 하겠다.

(5) 고딕 건축

십자군의 영향으로 국제적 통상이 활발해지고 도시의 발전과 더불어 정신생활의 향상이 이루어짐으로써 그 당시에 강대국인 프랑스에서 발생하였다. 정신생활의 향상은 기독교의 신본주의적 사상에 입각한 신세계를 건설하려는 정신에서 출발하며, 이러한 정신은 후에 하늘을 향한 종교적 신념을 표현하고자 수직성을 강조하였다. 시기적으로는 13C초부터 르네상스건축이 발생된 15C까지 프랑스, 독일, 영국 중북부 유럽에서 전개된 건축양식이다. 특히 과도기인 로마네스크시대에 걸

▸ 고딕성당의 구조 (샤르트르 성당)

1. Nave (신랑)
2. Aisle (측랑)
3. Nave arcade
4. 트라이포름
5. 클리어스토리
6. 피어
7. 주두
8. Shaft of Column (주신)
9. Molding on arch (아치 위의 몰딩)
10. Vaulting ribs
11. Vaulting Panels
12. Buttress
13. Flying Buttress
14. Wooden roof (목재 지붕)

▸ 시에나 *Siena* 성당 (C.1226~1380)
• 고딕과 로마네스크양식의 조화로 고딕 형태의 다양함을 보이고 있다.

▸ 샤르트르 성당의 플라잉 버트레스 (13세기)
• Flying Buttress의 발달은 스타일의 위대한 혁신이다.

쳐 중세 교회건축을 완성함으로써 역사상 종교건축의 최절정기를 이룩한 종교건축의 완성기이다.

구조체계는 역사상 구조적, 역학적 문제를 가장 완벽하게 합리적으로 해결하였다는 점이다. 내부공간은 이전시대의 장축형 교회의 내부공간에서 형성된 수평축에 수직축을 첨가하여 구성한 것이 특징이다. 즉 높은 천장과 첨두형 아치, 리브볼트에 의해 각 구조단위마다 수직방향의 수직축을 형성하고, 이러한 수직축이 입구에서 제단에 이르는 수평축과 공간적으로 통합되었다. 또한 벽체가 하중으로부터 해방됨으로써 고측창을 넓게 형성하고, 넓은 면적의 착색유리 고측창을 통한 빛의 충분한 채광으로 내부공간에서 상승감과 신비감을 느끼도록 하여 내부공간의 종교적 분위기를 고조시키고 있다. 형태적 측면에서는 신에 대한 종교적 열망을 표현하고자 내·외부 입면의 첨두형 아치, 플라잉 버트레스, 종탑, 첨탑 등이 수직성의 형태로 사용되었다.

2-4 근세건축

▸ 플로렌스 *Florence* 성당의 전경
• 이중 쉘*double-shell* 구조의 돔은 정신추구시대의 훌륭한 구조물 중의 하나이다(Brunelleschi 설계).

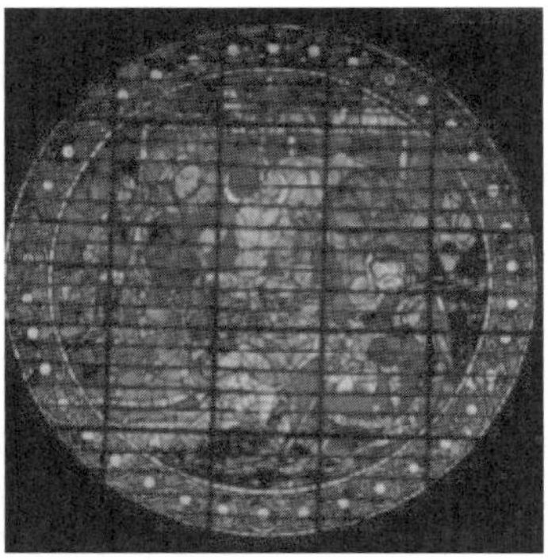

▸ 플로렌스 *Florence* 성당의 내부 천장
• Paolo Uccello에 의해 제작된 Nativity (그리스도 탄생)을 나타내는 둥근 천장의 "eye(동공)" 창문들 중의 하나이다.

(1) 르네상스 건축

봉건제도와 기독교정신 위주의 중세시대가 붕괴되고 상공업 위주의 시민사회가 성립된 15C초 이탈리아의 플로렌스를 중심으로 인본주의의 근본인 그리스와 로마의 정신을 부흥하고자 하는 고전주의적 경향의 건축양식이다. 르네상스*Renaissance*인들은 중세의 지나친 세계관으로부터 벗어나 인간을 세계의 중심으로서 고려하고자 하는 인본주의를 동경하였다. 이에 따라 르네상스 예술도 중세와는 달리 신이 아닌 인간을 주제로 하였으며, 건축도 교회가 아닌 공공건축물, 궁전, 주택 등 다양한 분야에 걸쳐 이루어졌다. 또한 감성적·낭만적 경향에 염증을 느끼고 고전주의 예술의 복고주의적 경향에 따라 고전주의 건축에 관심이 많았다.

이러한 새로운 이념의 정립에 따라 고전건축의 구성원리를 이론화, 체계화하여 이용하였다. 즉 고전건축의 핵심적 건축 구성원리는 주범양식이며, 고전건축미의 근원은 주범에 의한 비례·질서·조화임을 인식하였다. 이러한 인식은 합리적·과학적 사고방식의 르네상스 예술가들에게 수학적 비례체계가 우주의 질서를 표현한다는 인식으로 발전함에 따라 건축물의 기본적 구성원리로서 르네상스양식 건축물의 평면과 입면에 수학적 비례체계를 적용하게 된다. 따라서 양식상의 특성으로는 주관적·임의적·감상적 양식이 아닌 일정한 규범에 의한 객관적·합리적·수학적인 건축양식을 추구한 점이라 하겠다.

형태상의 특징으로는 고전건축의 질서와 형태미를 건축의 기본적 요소로서 수학적 관계에 바탕을 둔 조화와 질서, 균형과 통일에 의한 형태미를 추구하게 됨을 들 수 있다. 다시 말해서 건축의 각 구성요소가 상호 관련성에 있어서 완벽한 비례와 조화를 이루는 건축형태를 구성하게 된다. 재료는 주로 석재, 벽돌, 콘크리트 등을 주재료로 이용하였으며, 구조는 조적식 구조와 가구식 구조를 사용하였다.

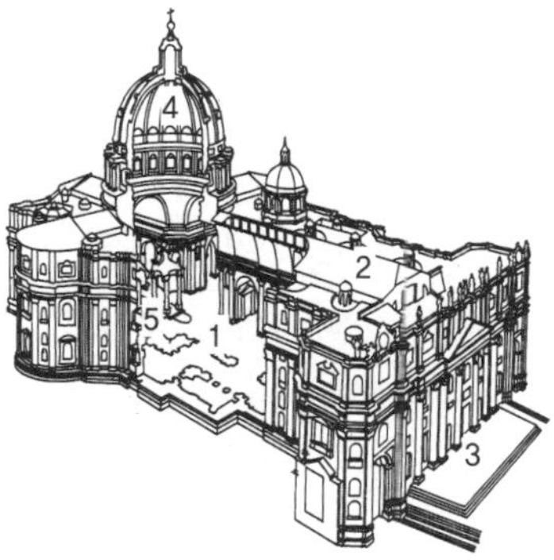

▸ 성 베드로 *St. Peter's* 성당
1. 미켈란젤로의 중앙 그리스 십자형 *central Greek Cross*
2, 3. Maderna의 측랑*nave*과 정면
4. Giacomo clella Porta의 돔(1586~90)
5. 베르니니의 *Baldachino*

바로크 건축은 성 베드로 대성당 건축물과 함께 이탈리아에서 출현하였다. 성 베드로 대성당의 건축은 르네상스시대에 시작되었고, 바로크시대에 완성되었다. 바로크의 모든 요소들은 베르니니에 의해 추가된 부분들이다.

▸ 성 베드로 *St. Peter's* 성당 내부

▸ Würzburg에 있는 Residenz의 중앙 계단

• Teipolo의 그림에서 뻗어 있는 조각된 수족의 trompe-poeil은 건축, 조각 그리고 그림 사이의 관계에 대한 로코코의 표현이다.

(2) 바로크 건축

르네상스의 고전주의적·합리주의적 경향에 반대하여 17C 초 이탈리아의 로마를 중심으로 프랑스, 독일, 영국 등의 유럽국가에서 전개된 양식으로 감각적, 역동적, 장식적 경향이 강한 건축이라 하겠다. 이러한 경향은 고전주의 양식 즉, 고전주의양식의 대칭, 비례, 질서, 조화 등의 정적이고 2차원적인 건축구성원리를 무시한데서 비롯된다. 르네상스가 이지적이고 대상의 법칙을 구하는 반면에 바로크*Baroque*는 열정적이고 대상을 관찰하는 사람의 주관을 중요시한 것이 차이점이다.

바로크 건축은 구조, 실내장식, 문양 등 모든 것이 전체의 효과를 위해 사용되었으며, 르네상스에 비해 양식의 스케일이 크며 전체와 부분의 취급이 양감적이며 감각적이라 할 수 있다. 예를 들면 광선과 음영의 강한 대조, 큰 것과 작은 것, 복잡한 것과 단순한 것의 대조, 궁극적인 클라이막스의 제시 등으로 동적인 감각과 극적 감정변화를 추구한 것이 특징이다. 또한 비대칭, 대비, 과장 등의 3차원적인 건축기법으로 형태나 공간의 극적인 효과를 창출하고자 하였다. 이를 위해서 음영의 대비, 투시화법, 척도의 변조, 화려한 장식 등의 수법을 이용하였다. 이와 더불어 회화, 조각, 공예 등을 장식적 수단으로서 건축에 적용함으로써 일련의 곡선과 곡면에 의한 장식을 통해 주범의 변형, 곡선형 코니스, 파동벽면 등을 이용하여 화려하게 장식하였다.

(3) 로코코 건축

루이 14세의 죽음으로 바로크양식의 소멸과 루이 15세의 등장으로 바로크적 성격을 계승한 로코코*Rococo*양식이 파리에서 발생함으로써 시작된다. 이러한 로코코 건축양식은 18C초부터 1770년까지 프랑스를 중심으로 종교와 절대왕권을 배경으로 공적생활 위주로 전개된 바로크양식과는 대조적으로 개인의 사적생활을 위주로 전개된 양식이다. 따라서 섬세하고 우아하며 개인생활에 쾌락을 주는 개인 위주의 소규모 공간과 곡선과 곡면을 이용한 우아하고 화려한 실내장식을 추구한 점

▸ Vierzehnheiligen의 Pilgrimage 교회(1743~72)의 높은 제단
• 로코코 구조는 장식적인 세부묘사, 구름 같은 형상의 대리석, 색과 금박치장으로 용해되었다.

이 특징이다. 즉 개인의 프라이버시를 중요하게 생각하여 내부공간을 실질적이고 아름답게 장식하고자 특수한 실내장식을 발전시킴으로써 단순한 외부와는 대조적인 느낌을 주었다.

로코코 건축은 경제적이고 기능적인 공간계획을 하였으며, 동서교역의 확대로 진귀한 중국의 풍물을 장식으로 많이 사용하였다. 특히 주범양식은 거의 그 형상을 상실하고 모든 돌출부와 몰딩*Moduldinng*은 가늘고 약하게 처리하였으며, 벽면은 회화로 장식하였다. 이러한 기법은 기하학적 형태가 아닌 일련의 수직선을 강조한 역동적인 공간을 구성함으로써 주거건축의 발전에 많은 공헌을 하였다.

2-5 근세 과도기 건축

18C 중엽에 이르러 바로크 및 로코코 건축양식이 퇴폐, 사치화에 대한 반감으로 부각된 고전주의 부흥이 싹튼 18C말부터 현대건축이 발생한 19C말 이전까지의 과도기적인 건축양식이다. 이러한 양식적 혼란기인 과도기적 양식은 신고전주의 건축, 낭만주의 건축, 절충주의 건축의 세 가지 경향으로 전개되었다.

▸ 파리 팡테옹 내부(수플로 설계, 1757~90)

(1) 신고전주의 건축

18C초에 고대유적에 대한 발굴과 고고학적 연구가 활발하여 고전건축에 대한 이해와 관심이 높았다. 특히 독일의 요한 빙켈만*Johann Winckelman*은 고대예술을 객관적으로 연구한 『고대예술사(1764)』를 저술함으로써 고전부흥운동의 촉진제를 제공하였다. 빙켈만의 이론적 근거는 시대를 초월하는 절대적인 미는 그리스와 로마의 건축이라는 인식을 주었으며, 그리스와 로마 건축 주범*Order*양식의 정확한 복원과 모방에 열중하도록 하였다. 특히 신고전주의*Neo-classic* 건축은 그리스와 로마의 건축을 정확하게 복원하는 데 주력한 반면에 르네상스 건축은 로마 건축을 규범으로 부흥을 도모한 점이 차이점이다.

영국의 신고전주의 건축은 산업혁명의 발달로 유럽대륙보다 높은 문화와 번영을 누림으로써 신고전주의의 중심지 역할을 하게 되었다. 그리스양식과 로마양식으로 대별되는데, 주로

▸ 베를린 국립극장(싱켈 설계, 1819~21)

▸ 파리 에투알 개선문 (샤르글랭 설계, 1806~35)

주범, 열주랑, 박공*Pediment*, 엔타블레처*Entablature* 등을 이용한 그리스 복고양식이 성행하였다. 대표적인 건축물로 해밀턴*Hamilton*의 에딘버러 중학교, 스머크*Smirke*의 대영박물관이 해당되며, 로마양식으로는 손*Soane*의 잉글랜드 은행 등을 들 수 있다. 실내장식으로는 로버트 아담*Robert Adam*, 리젠시*Regency* 양식이 인테리어나 가구디자인 발전에 큰 업적을 남겼다. 이 중에서 고전주의 건축가인 로버트 아담은 간단한 곡선형태, 특히 원형, 타원형을 사용하여 특색 있는 고전적 공간을 창출하였다. 반면에 토머스 쉐라턴*Thomas Sheraton*은 세틴목으로 베니어를 댄 가구양식인 루이 16세 양식을 적용함으로써 가볍고 우아한 형태, 섬세한 장식 및 비례감각으로 디자인하였다. 리젠시 양식*Regency Style*은 보다 고전에 유사해지고자 그리스와 로마의 실내장식과 유물을 모방하였다. 로마의 청동과 대리석으로 만든 형태를 나무로 변형하였으나 가구의 독창성은 저하되었다. 또한 이집트양식과 중국양식을 모방하여 실내를 장식하기도 하였다.

프랑스의 경우는 신고전주의 건축의 발상지로서 유럽에 전파하며, 대표적 양식으로 앙피르양식*Empire Style*이 있다. 이 양식은 프랑스 대혁명 발발 후 즉위한 나폴레옹 1세 시기에 로마양식을 모방한 신고전주의 건축양식이다. 즉 로마문화를 동경하고 숭배한 나폴레옹 1세가 로마건축을 모방하여 장엄하고 웅장한 건축물을 건설하고 정치적, 군사적 강대함을 과시하기 위해서 주로 로마의 신전과 개선문을 모방한 기념건축물을 건립한 것을 말한다.

(2) 낭만주의 건축

낭만주의*Romanticism*는 고전주의를 추구한 신고전주의 건축이 당시의 생활과 시간상으로 먼 이국적 양식을 도입하고 건축물 외관의 피상적 형태를 추구하는 데 반발하여 시작되었다. 고전주의보다는 시간적으로 가까우며, 자신들의 국가와 민족의 기원으로 삼고 있던 중세의 고딕양식 정신을 이상적으로 하였

▸ Twickenham의 Strawberry Hill (1748~)
• 고딕을 포함한 낭만주의가 혼합된 양식

다. 즉 예술의 중심을 당시의 자신들의 민족, 신화 등의 전설에 두었음을 알 수 있다. 또한 국가민족의 기원을 중세로 간주하고 산업사회의 비인간적인 경향을 고딕의 도덕성으로 회복하고자 노력함으로써 영국을 중심으로 전개되어 독일, 프랑스 등 유럽 각국으로 전파되었다. 특히 오거스투스 퓨긴*Augustus Pugin*은 『고딕건축 실례집』을 출판하여 고딕건축을 전파하는 데 기여하였다.

영국은 낭만주의 건축의 발상지로서 후에 19C말의 현대건축운동인 미술공예*Arts and Crafts*운동을 유발시켰으며, 선구자로서 찰스 베리 경*Sir Charles Barry*을 들 수 있다. 대표작으로 고딕양식을 재현한 영국 국회의사당(런던, 1860년)을 꼽을 수 있다.

프랑스는 신고전주의 건축이 활발했으므로 낭만주의 건축은 상대적으로 저조하였다. 대표적 건축가로 비올레 르 뒥*Viollet Le Due*이 있는데, 주로 중세건축의 연구를 통해 고딕건축의 구조적 합리성과 우수성을 지적하였다. 또한 모든 건축형태는 재료와 구조의 논리적 사용에 의해 결정된다는 구조합리주의 이론을 주장함으로서 후에 현대건축에 크게 영향을 주었다.

▸ 영국 국회의사당
(찰스 베리 설계, 1840~65)

(3) 절충주의 건축

절충주의*Eclecticism*는 자유주의적 정치사상의 발전으로 보다 현실적인 면을 추구하고자 신고전주의와 낭만주의 건축을 통해 과거의 건축양식 복원에 의한 새로운 건축양식의 접근방법을 습득한 데서 기인한다. 이러한 배경으로는 활발하고 광범위한 역사의 연구를 통하여 과거 건축양식의 전반에 관한 지식이 증대하였으며, 또한 자연과학의 발달로 기계에 의한 대량생산방식이 등장한데서 찾을 수 있다. 또한 새로운 산업사회의 도래로 한정된 과거 양식의 재현에서 벗어나 과거의 양식 전체를 절충함으로써 새로운 형태를 창출하고자 하였다. 특히 일정한 기준 없이 예술가 각자의 주관에 의해 자유롭게 과거 양식의 선택이 가능했기 때문이다. 따라서 과거 양식에 대한 객관적 이해로 사라센, 비잔틴, 바로크 등의 건축양식 범위가 확대되었다.

3장 건축의 변화

1. 미술공예운동 건축

▸ 모리스의 장식 도안

미술공예운동*Art and Crafts Movement*은 19C 중반에 산업혁명 이후 기계생산에 의한 공예품이 범람하고 사회전반의 예술성이 저하됨에 따라 미술 전반의 질적 향상과 예술성 확보의 필요성에 의해 대두되기 시작하였다. 이에 러스킨*Rurskin*과 푸킨의 영향을 받은 모리스*William Morris*는 이러한 사회적 현실을 인식하고 대중적, 실용적 예술을 주장하였다. 그는 영국의 예술가들을 자극함으로써 미술공예운동을 유발시켰으며, 1888년 미술공예전시협회가 창립되어 '미술공예'라는 명칭이 유래되었다.

이론 및 사상은 사회학자이면서 예술평론가인 존 러스킨 *John Ruskin*이 배경을 마련하였다. 그것은 예술의 질적 향상과 대중성, 대량생산제품으로 인한 질적 저하를 방지하여 예술적으로 높은 수준으로 향상시키는 것으로 예술창조의 수단으로서 수공업의 부흥을 주장한 것이라 하겠다.

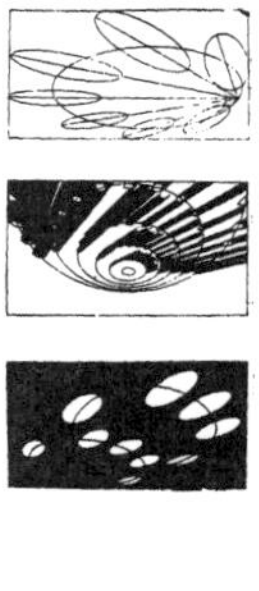

▸ 존 러스킨의 형태 연구

이러한 수공업의 부흥운동은 수공업제품의 가격상승으로 다수가 소유할 수 없음에 따라 대중성의 현실이라는 목적을 달성하지 못하고 영향력을 상실하게 된다. 이에 따라 예술가들은 기계생산의 활용이라는 시대적 조류에 의해 공업기술을 예술창조의 수단으로 수용하게 되는데, 이것은 공예의 실용성과 사회성을

▸모리스의 붉은 집 전경

▸붉은 집 평면

맺게 하는 계기가 되었다. 이후에 이 운동은 앙리 반 데 벨데 *Henry Dan De Delde* 등의 아르누보*Art Nouveau* 건축가들에 영향을 미쳤으며, 독일의 무테지우스*Muthesius* 에게 영향을 주어 독일공작연맹의 창설을 초래하였다.

2. 시카고학파 건축

시카고학파의 사상은 19C말에 산업혁명 이후 경제활동이 도시에 집중되면서 도시규모가 팽창되었으며, 상공업의 중심지였던 시카고가 대화재(1871) 이후 도시재건사업으로 급속히 팽창되면서 전개되었다. 전반적으로 1875~1910년 사이에 미국 시카고에서 토지부족, 지가상승 현상, 구조기술의 발달, 승강기의 발명으로 건축활동이 고층 사무소건축물에 집중되어 전개되었던 활동을 지칭한다.

사상적인 주요 이론은 불필요한 장식을 배제하고 매스*Mass* 와 프로포션*Proportion* 에 대한 본질적인 추구와 새로운 시대정신에 따른 예술형태를 추구한 것으로 요약된다. 즉 강철구조를 사용하여 구조적 성능을 개선하였고 골조구조를 그대로 외관에 노출하고 대규모의 창을 형성하였다. 또한 실용건축을 추구하는 현대적인 건축언어를 사용하였으며, 전통적인 고전주의와 절충주의 건축을 거부한 것이라 하겠다.

이러한 시카고학파의 사상은 고층건축물의 가능성을 예시하였으며 건축형태에 있어서 수직선, 수평선에 의해 기능적인

▸ 오디토리움 빌딩(아들러 및 설리번 설계, 1889)

▸ 시카고 도시 전경

구조를 분명하게 표현함으로써 현대건축을 예고하였다. 이 사상의 창시자는 윌리엄 바론 제니*William Baron Jenny*로서 강철구조를 이용하여 구조적 성능을 개선하고 벽돌과 돌로 피복하여 방화성능을 확보하였다. 또한 다니엘 번함*Daniel Burnham*은 노출된 강철구조와 유리창에 의한 외관을 구성함으로써 20C 마천루의 미학을 예고하였으며, 루이스 설리번*Louis Henry Sullivan*은 "형태는 기능을 따른다*From Follows Fuction*"라는 기능주의 이론을 주장하였다.

3. 아르누보 건축

아르누보*Art Nouveau* 사상은 19C말 벨기에에서 발생되어 전 유럽에 퍼진 낭만주의적 예술운동이다. 이 사상은 1881년 전위예술가들이 『근대예술』이라는 잡지를 발간하여 "예술에는 일정한 형식이 없다"라고 주장하며 예술가의 주관성과 창작력에 의한 새로운 예술양식의 창조를 주장함으로써 전통 및 절충주의를 반박한데서 기인한다.

▸ 바르셀로나 밀라 주택
(가우디 설계, 1905~07)

이를 계기로 주관적이고 낭만적인 예술사조가 회화, 공예, 건축분야 등에서 활발히 전개된 사상이다. 즉 역사적 절충주의와 결별하고 새로운 예술양식을 추구하였으며, 예술가 개인의 창의성에 의한 자유로운 예술을 주장하였다. 예를 들면 건축과 인테리어의 구성요소의 간소화와 자연 속에서 유추된 자유곡선

▸릴라이언스 빌딩
(버남 및 루트 설계, 1890~95)

에 의한 곡선장식을 주된 표현언어로 사용함으로써 기계적인 속성에 대항하고자 하였다.

벨기에의 건축가인 빅터 호르타*Victor Horta*는 아르누보 건축의 선구자로서 노출의 철골구조와 철제의 곡선장식, 유리 커튼월 등의 건축수법을 주로 사용하였다. 또한 앙리 반 데 벨데*Henry van de Velde*는 아르누보 건축을 유럽 각국에 전파하는 데 공헌한 건축가로서 1907년 독일공작연맹의 창립회원으로 참여하여 기계화, 공업화는 인정하되 규격화, 표준화를 거부하고 예술가 개인의 창조적 권리와 자유로운 예술을 주장하였다. 안토니오 가우디*Antonio Gaudi*는 단순한 곡선장식에 의한 2차원적인 아르누보 건축을 초월하여 파동의 곡선과 곡면에 의해 역동적인 형태와 공간을 창조함으로써 3차원적인 아르누보건축을 독자적으로 전개하였다.

4. 세제션/비인 분리파 건축

▸비인 제세션관(올브리히 설계, 1898)

▸슈타이너 저택(로스 설계, 1910)

19C말 오스트리아에서는 과거 양식을 모방하는 신고딕, 신고전주의, 신바로크 등의 역사주의 건축양식이 성행하였다. 이때 비인*Wien*에서는 요셉 마리아 올브리히*Joshep Maria Olbrich*와 요셉 호프만*Joshep Hoffman* 등이 주도하는 분리파가 설립되었으며, 이후에 근대건축의 아버지라고 일컫는 오토 와그너*Otto Wagner*가 참가하여 비인 분리파의 이론적 토대를 제공하였다. 그는 "건축은 인간의 필요를 만족시키고 여기에 활동력을 부여하는 구조물이며, 사회생활의 영구적인 기록이며, 또한 인간생활을 바탕으로 한 인지 최고의 표현이다"라고 하였으며, 근대건축의 원칙으로 합리적인 건축, 적합한 재료, 구조의 합리성 등의 세 가지 요소로 만들어지는 형태가 필연적인 양식이라고 주장하였다.

주요 이론은 역사주의 양식으로부터의 분리와 해방을 목표로 하여 실용적, 기능적, 합리적 건축을 추구한 것이라 하겠다. 이는 산업혁명 이후 당시의 시대상황에 적합한 새로운 양식의 건축이 요구된 데서 기인한다. 즉 현대의 새로운 시대정신을 표현할 수 있는 새로운 건축재료와 기술에 의한 새로운 양식의 건축이 대두되었으며, 기능에 대한 구조 및 재료의 적정한 통일에 의한 질서를 부여코자 하였다. 이는 복잡한 사회생활의 요구에 적합할 수 있도록 재료를 적절히 사용하고 재료의 성질과 가구표현을 합리적인 의장으로 통일시키고자 함이다.

요셉 호프만은 올브리히의 동료로서 오토 와그너의 합리주의 건축이론에 많은 영향을 받았으며, 후에 독일공작연맹 전시회에 참여하였다. 또한 아돌프 로스*Adolf Loos*는 평론지인 『건축과 죄악』을 발표하여 건축에 있어서 장식은 죄악이라고 규정하였다. 즉 장식이 없는 단순하고 효율적인 실용적인 건축을 주장하였으며 20C의 기능주의, 합리주의를 추구한 국제주의양식 건축에 영향을 주었다.

5. 합리주의 건축

▸ 베를린 AEG 터빈 공장 (베렌스 설계, 1909~10)

1907년 독일제품의 질적 향상을 목적으로 독일 뮌헨에서 독일공작연맹을 창설하였다. 무테지우스*Muthesius*가 주도하여 피터 베렌스*Peter Behrens*, 앙리 반 데 벨데, 요셉 호프만, 요셉 올브리히 등의 건축가들이 창립회원으로 참여하였다. 1914년 이후 각종 공작연맹이 개최되었으며, 1927년에는 공동주택전시회가 열렸다. 이 전시회에서는 철근콘크리트구조와 철골구조 등 신재료와 신공법에 의한 일반대중을 위한 공동주택을 건설하고자 하였으며, 규격화 및 표준화에 의한 공장생산과 현장조립방식을 도입하고 건축물은 장식이 없는 평탄한 벽면으로 구성된 기하학적인 형태가 선보였다.

이 사상은 규격화와 표준화의 도입으로 대량생산에 의한 제품의 질적 향상과 경제성을 추구하였다. 이에 따라 기계화와 공업화를 예술의 질적 향상의 수단으로 이용함으로써 근대 디자인과 20C초 현대건축의 합리주의*Rationalism* 건축의 출발점을 제공하였다.

대표적 건축가 중의 한 사람인 무테지우스는 영국의 미술공예운동의 전개과정을 직접 경험하며, 건축과 공예를 연구한 후에 독일공작연맹의 창립을 주도하였다. 또한 미술공예운동의 실패원인인 공업기술의 거부를 부정하고 기계화와 공업화에 의한 규격화, 표준화를 디자인에 도입할 것을 주장하였다. 피터 베렌스는 공업화와 기계화라는 시대적 요구를 건축에 수용하여 건축적 형태로 발전시킨 건축가로서 독일공작연맹의 이념을 실제적인 작품을 통해 구체화시켰다. 또한 앙리 반 데 벨데는 기계화나 공업화는 수용하되 표준화와 규격화에 대해서는 반대하였으며, 예술가 개인의 창조적 권리에 의한 자유로운 예술을 주장하였다.

6. 미래파 건축

▸ 지하철 역사 및 아파트 건축물계획안 (산텔리아, 1914)

미래파*Futurism*는 1909년 이탈리아에서 시인인 마리네티*Marinnetti*와 화가 겸 조각가인 보치니*Boccini* 등의 전위적인 예술가들이 조직한데서 그 출발점을 찾을 수 있다. 1914년 미래파 건축전시회를 개최하고 안토니오 산텔리아*Antonio Santelia*와 마리오 키아토네*Mario Chiattone*가 미래파 건축선언문을 발표하였으며, 1916년 산텔리아와 보치니의 사망으로 영향력을 상실하였다.

미래파의 주요 사상은 역사를 거부하고 새로운 시대의 상징으로 기계를 예술에 도입한 공업기술의 이용을 바탕으로 한 이상향적 이념을 추구하였다. 예를 들면 사선과 타원형을 이용하여 운동감과 속도감을 표현하는 등 최초로 기계시대의 이미지를 인지하기 시작하였다. 또한 동시대에 발생된 러시아 구성주의의 출발점으로서 작용하였으며, 후대에 유토피아의 이미지를 지속적으로 반영하였다. 대표적인 건축가인 안토니오 산텔리아는 1914년 건축전시회를 통해 미래파의 이념을 건축분야에 도입하였으며, 마리오 키아토네는 산텔리아와 함께 미래파 건축전시회(1914)에 참여하였다.

7. 구성주의 건축

넓은 의미로의 러시아 구성주의*Constructivism*는 1910~30년에 입체파와 미래파의 영향으로 러시아에서 발생된 다양한 전위예술운동을 포괄적으로 지칭한다. 1915년 러시아의 화가 말레비치*Malevich*가 입체파의 개념을 발전시킨 절대주의*Suprematism* 이론을 발표함으로써 러시아 구성주의운동의 출발점을 제공하였다. 이후에 1917년 타틀린*Tatlin*과 로드첸코*Rodchenko*를 중심으로 실용적, 효율적, 기능적 기술과 대량생산을 예술에 도입할 것을 주장하였다. 또한 철, 유리 등의 신재료를 이용한 공간구성을 추구함으로써 공간의 3차원성을 표현하였다. 1920년 후반 이후 건축가 단체인 ASNOVA(신건축가협회)와 OSA(현대건축가동맹)이 러시아 구성주의 건축을 주도하였다. 1922년 베를린전 사회와 1925년 파리 국제장식미술전람회에 러시아 구성주의 예술가들이 참여함으로써 유럽국가에 구성주의 이념이 널리 소개되었다. 그러나 1930년대 중반 이후에 현실과 유리된 급진적 사상으로 인해 영향력을 상실하였다.

▸ 모스코 노동관 계획안(1923)

구성주의의 기본적 사상은 기계미의 적극적인 수용을 통하여 새로운 사회에 대응하는 새로운 건축형태의 미학을 확립하는 것이며, 노동의 표현으로 상징적 표현주의를 강조한 점이다. 즉 기능을 최우선으로 고려하였으며, 형태는 단지 창작과정에서 적용되는 요소들의 결과로 간주함으로써 건축을 구성하는 과정에 있어서 과학적, 기술적, 합리적 방법을 적극 사용하였다. 또한 공업기술을 새롭고 기능적 형태를 산출하는 수단으로 하는 기술로의 지향을 강조하고 새로운 형태를 창조하는 것은 기술공학자들이라고 주장하였다. 이에 따라 단순하고 기하학적 형태의 건축물을 구성하여 공간 속에서 기능에 따라 상호관입하는 비대칭의 형태와 사선의 도입을 통해 역동성을 표현하고자 하였다.

8. 데 스틸 건축

▸ 몬드리안 구성

▸ 유트레히트에 있는 슈뢰더주택
(리트벨트 설계, 1924)

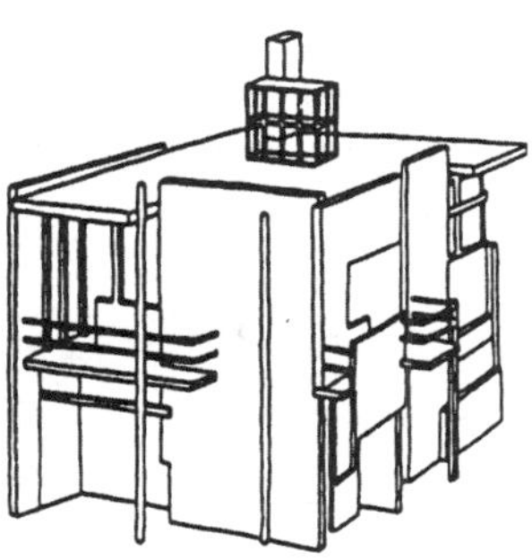

▸ 슈뢰더주택의 개념

1917년 네덜란드에서 반 되스버그*Dan Doesburg*와 몬드리안*Piet Mondrian*을 중심으로 건축가, 화가, 조각가, 시인 등의 예술가들이 참여한 가운데 데 스틸*De Stijl*그룹을 결성하였다. 화가인 몬드리안의 신조형주의 이론을 조형적 기본원리로 삼아 회화, 조각, 건축 등의 조형예술 전반에 걸쳐 전개하였다. 1921년 이후 유럽 예술계에 지대한 영향을 미쳤으며, 입체파의 영향을 받아 독일의 바우하우스, 러시아 구성주의 등과 교류하면서 20C초 기하학적 추상예술의 성립에 결정적인 역할을 하였다. 그러나 1931년 되스버그의 사망으로 영향력을 상실하고 해체되었다.

데 스틸의 기본적인 사상은 수직, 수평의 직선에 의한 기하학적 질서를 건축구성의 최우선적 기본원리로 삼았다는 점이다. 즉 종래의 폐쇄적이고 육중한 매스를 바닥, 벽, 천장 등의 평면적 요소들로 분해하고, 이 요소들이 공간 속에서 수평이나 수직의 기하학적 질서에 따라 개방적인 볼륨을 구성하는 입체파의 4차원적 공간개념과 조형개념을 현대건축에 도입하여 완성하였다. 또한 바우하우스, 구성주의와 함께 20C 기하학적 추상예술의 기반을 형성함으로서 현대건축의 합리주의 건축에 지대한 영향을 끼쳤다.

피에트 몬드리안은 20C 기하학적 추상회화의 선구자로서 입체파에서 나타난 단순화, 순수화, 추상화의 개념을 발전시켜 기하학적 추상이론을 정립하였다. 몬드리안은 네덜란드의 철학자인 쉰메커*Schoenmaeker*의 영향을 받았는데, 그는 우주를 수직선과 수평선에 의한 직각의 수학적 체계로 분석하고 적*赤*, 청*靑*, 황*黃*을 우주의 세 가지 기본색이라고 주장하였다. 그래서 몬드리안은 수직, 수평의 기하학적 구성에 의한 비대칭적 균형과 조화를 추구하고자 조형수단을 적*赤*, 청*靑*, 황*黃*의 삼원색과 흑*黑*, 백*白*, 회*灰*의 무채색 등 여섯 가지 기본색을 한정하였다.

데오 반 되스버그는 초기에는 화가로, 후기에는 건축가로

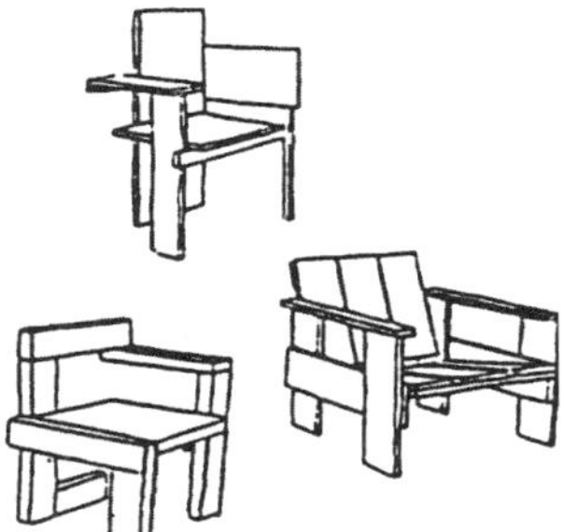

▸ 게리트 리트벨트의 가구디자인

활동하였다. 1921년 이후 독일, 프랑스 등에서 활동하였으며 데 스틸의 이념을 해외에 전파하였다.

게리트 리트벨트*Gerrit Rietvelt*는 초기에는 가구업자였다가 후에 건축가로 활동하였다. 몬드리안이 회화에서 확립한 2차원적인 신조형주의 이론을 3차원적으로 표현함으로써 데 스틸 건축에 결정적인 역할을 하였다.

9. 표현주의 건축

▸ 독일 공작연맹 전람회, 유리의 집 (타우트, 1914)

제1차 세계대전 이후 독일에서는 정치적, 사회적, 문화적, 혼란기를 배경으로 표현주의 예술이 발생하였다. 그 배경으로는 패전의 절망감 속에서 예술을 통해 새로운 이상향을 추구하고자 하였으며, 현실에 대한 개인적인 표현과 기존의 규범에 대한 반발로 감정적인 경향이 강해진데서 찾을 수 있다. 1920년대 후반부터 표현파의 강렬한 표현에서 점차적으로 합리성을 추구하는 태도로 변모하였다.

표현주의의 주요 사상은 개인의 주관적이며, 감성적인 내부 감정을 건축에 표현하고 건축을 통해 환상적이고 이상향적인 세계의 건설을 시도한다는 것이다. 이에 따라 합리주의와 규격화, 표준화를 추구하는 기능주의 건축의 정적인 기하학적 형태와 공간을 거부하였다. 이러한 거부는 자유롭고 비정형적인 공간과 형태를 추구한 것으로 재료의 가소성을 이용한 조각적인 조형을 표출하였다. 또한 예각, 사선, 곡선, 곡면 등을 건축에 이용한 역동적인 형태를 추구함으로써 새로운 재료와 구조를 낭만적인 방법으로 사용하였다. 이러한 결과에 따라 새로운 철근콘크리트건축의 가능성을 찾는 길을 개척하였다.

대표적인 건축가로 곡선과 곡면의 강조에 의한 철과 콘크리트구조의 탄성적 성질을 표현하는 조각적 형태의 건축을 추구한 에릭 멘델존*Eric Mendelsohn* 등을 들 수 있다.

10. 바우하우스 건축

▸ 뎃사우 바우하우스 전경

▸ 바우하우스 뎃사우
(그로피우스 설계, 1926)

1919년 월터 그로피우스*Walter Gropius*가 독일 바이마르시 *Weimar*에서 기존의 수공예학교와 예술학교를 통합하여 응용미술 교육기관으로서 바이마르 국립 바우하우스*Bauhaus*를 설립하였다. 개교 초기에는 표현주의적 경향을 지녔으나 1921년 데 스틸과 구성주의의 영향으로 초기의 표현주의적 경향을 벗어나 합리주의적 교육이념을 확립하였다. 1925년 뎃사우 *Dessau*로 학교를 이전하여 1928년 한네스 마이어*Hannes Meyer*가 2대 교장으로 취임하고 도시계획가인 힐메르자이머 *Hilberseimer*를 초빙하여 건축학부를 개설하였다. 1930년 미스 반 데 로에*Mies Van der Rohe*가 3대 교장에 취임하였으나 1933년 독일 나치정권에 의해 폐교되었다. 폐교 이후 바우하우스의 교수진은 각국에서 활동하며 바우하우스의 교육이념을 세계 각국에 널리 전파함으로써 현대건축의 국제양식, 합리주의, 기능주의 건축에 영향을 미쳤다. 여기서 바우*Bau*라는 의미는 건축물을 구성하기 보다는 유능한 디자이너를 육성하고자 하는 의미를 담고 있다.

바우하우스의 목적은 모든 공예부문, 예술적 창조행위를 건축과 결합시켜 구성요소로의 불가분의 관계를 이룸으로써 통일감을 얻는 데 두었다. 교과과정은 조형적 실습과 이론적 교육 두 영역을 포괄하는 것으로 공작교육에는 공장에서 직접 실기교습을 하였고, 형태교육은 관찰법, 표현법, 조형론이 있다. 교육과정으로는 도제과정, 직인과정, 준마스이터과정 등 세 가지 과정으로 분류하였다. 공업과 예술을 결합시켜 새로운 건축과 공예의 창조를 시도하였는데, 이는 표준화와 공업화를 통해 대량생산방식의 예술을 도입하고자 함이었다.

월터 그로피우스*Walter Gropius*는 1919년 바우하우스를 설립하고 초대교장으로 재직하며 중심적 역할을 하였고, 예술과 공업의 통합이라는 바우하우스의 교육이념을 확립하였다. 1926년 뎃사우에 디자인학부동, 공작실동, 기숙사동 등 3개동의 바우하우스 교사를 완성하였다. 유리 커튼월과 장식이 없는 평탄한 벽면, 개방적 볼륨에 의한 형태구성, 비대칭적 평면구성 등의 건축수법을 이용하여 국제양식 건축의 수법을 선구적으로 예시하였다. 1937년 미국으로 이주하여 1938~52년 하버드대학 건축학부장에 재직하며 바우하우스의 교육이념을 미국에 널리 전파하였다.

미스 반 데 로에는 바우하우스의 3대 교장으로 재직하였으며, 1937년 미국으로 이주 후 I.I.T대학 건축학부장으로 재직하며 자신의 건축이념과 바우하우스의 교육이념을 미국에 전파하였다.

이외로 마르셀 브로이어*Marcel Breuer*, 루드비히 힐베르자이머*L. Hilberseimer*, 한네스 마이어*Hannes Meyer*, 칸딘스키*W. Kandincky*, 폴 클레*Paul Klee*, 모홀리 나기*Moholy Nagy*, 요하네스 이텐*Johannes Itten* 등의 건축가, 화가, 조각가들이 참여하였다.

11. 국제주의 건축

국제주의*International* 건축은 1920년대 후반 이후 1956년 C.I.A.M*Congres International Architecture Modern*붕괴 전까지의 건축을 일컬으며 기능주의 또는 합리주의 건축이라고 한다. 발생 배경으로는 첫째로 교통수단의 발달로 각 민족, 국가, 지역 상호간의 문화적 교류가 활발해짐에 따라 고유의 문화가 붕괴되어 전 인류에 공통적인 세계문화를 형성하게 되었다. 둘째로 1차 대전 이후 국제연맹의 설립과 공동체 의식을 형성하게 되었고 산업혁명으로 기계화, 공업화를 적극적으로 생활에 수용하는 기능주의적, 합리주의적 생활관이 형성되었다. 셋째로 철, 유리, 콘크리트 등 공통적 재료의 사용과 공법으로 인해 상호 유사한 건축으로 발전한데서 찾을 수 있다.

▸ 사보아 저택 전경
(르 코르뷔지에 설계, 1923~30)

이러한 국제주의 양식은 1925년 월터 그로피우스의 저서 『국제건축』에서 재료, 구조, 기술, 기능의 조건이 공통적인 근대사회의 건축은 필연적으로 국제적인 공통성을 지닌 양식이 될 것

▸ 오우드의 2층 연립주거
(오우드, 1924)

▸ 존슨왁스 회사 사옥
(프랭크 로이드 라이트, 1937~39)

이라고 주장한 것에서 출발한다. 1927년 르 코르뷔지에와 월터 그로피우스, 미스 반 데 로에, 힐베르자이머, 오우드 등을 비롯한 유럽의 선구적 건축가 16명이 참가한 독일공작연맹 공동주택 전시회가 열렸다. 이 전시회를 계기로 국제주의양식 건축이 실질적으로 가시화되었는데, 철근콘크리트구조와 철골구조 등 신재료, 신공법에 의한 공동주택의 건설과 공업화를 전제로 한 규격화, 표준화의 공장생산과 현장조립방식이 도입되었다. 이후에 1932년 건축양식에 관한 최초의 전시회로서 『현대건축 : 국제전시회』가 히치코크와 필립 존슨의 주관하에 뉴욕 현대미술관에서 개최되었다. 더불어 공동저서 『국제양식 : 1922년 이후의 건축』를 발표하기도 하였는데, 이로써 국제양식 건축이 세계적으로 널리 알려지고 인정받기도 하였다. 그들은 볼륨으로서의 건축과 배제된 장식, 규칙성을 국제양식 건축의 특성이라고 정의하였다.

1928년 르 코르뷔지에와 월터 그로피우스 등이 주도한 세계 각국 현대건축가들의 공동체 조직인 현대건축국제회의*C.I.A.M*가 조직되어 1956년 제10차 회의까지 지속되며 활발한 교류를 통해 국제양식 건축을 세계 각국에 널리 전파하였다. 이 국제회의는 현대건축의 핵심적인 추진단체로서 현대건축과 도시이론을 세계 각국에 전파하였다. 특히 국제적인 성격이 강한 기능주의, 합리주의 건축을 널리 보급하였는데, 10차 회의까지의 내용은 다음과 같다.

제1차 회의(스위스, 1928) : '라 사라*La Sarraz*선언'을 낭독하였는데, 내용은 국제적인 계획에 따라 우리들의 정신적, 물질적인 희망을 실현시키기 위해 상호 제휴하고 지원할 것을 선언하였다. 제2차 회의(독일 프랑크푸르트, 1929) : 주제발표로는 '저소득층 주택건설계획'에 대한 것이었으며, 이외로 동일한 축적Scale과 표현기법을 사용하기로 하였다. 제3차 회의(벨기에 브뤼셀, 1930) : 주제발표는 '주택단지의 합리적인 배치계획'에 관해서 논의하였다. 제4차 회의(그리스 아테네, 1933) : 주제발표로는 '기능적 도시'을 설정하였으며, 현대도시계획의 여러 원칙을 '아테네헌장'으로 규정하였다. 즉 기능위주의 조닝에 의한 도시계획과 고층 주거단지내 녹지대, 인동간격의 확보 등을 규정하였다. 제5차 회의(프랑스 파리, 1937) : 주제발표로는 '주택과 여가'에 관한 것이었으며, 제6차 회의(영국 브리지워터, 1947) : 주제발표는 '유럽의 부흥'에 대해서 논의하였다. 제7차 회의(이탈리아 페르가모, 1949) : 주제발표로 '주택의 연속성'에 관한 주제를 설정하였다. 제8차 회의(영국 런던, 1951) : '도시의 핵'에 대한 주제발표를 하였다. 제9차 회의(프랑스 프로방스, 1953) : 주제발표로 '인간의 거주지'에 대해서 논의하였으며, 제10차 회의(체코 드브로프니크, 1956) : 주제발표로 '하비스트 헌장*Charte d'Habitat*의 형식의 요약'에 관해서 회의를 개최하였다. 이 10차 회의를 마지막으로 젊은 건축가들의 그룹인 팀-텐*Team-X*과 원로 건축가들과의 대립으로 현대건축 국제회의는 붕괴되었다. 왜냐하면 젊은 건축가 그룹은 전체보다는 부분을, 고정보다는 변화를, 조직보다는 개인을, 고정된 미학에서 열린 미학을 추구하자고 주장하였기 때문이라 하겠다.

12. 포스트모더니즘 건축

12-1 의미와 현상

우리나라에서 1980년대에 들어오면서 소위 포스트모더니즘*Post-Modernism*이라는 건축적인 용어를 사용하기 시작하였다. 이것은 건축에 국한된 용어라기보다는 문화와 예술, 철학에 걸친 모든 분야에서 20C 후반을 강하게 타격한 사상과 사회적 배경을 전반적으로 일컫는 개념의 표현으로 보아야 할 것으로 생각된다.

어쨌든 이 포스트모더니즘이라는 용어는 건축계에 강한 매력과 새로운 돌파구를 찾으려는 하나의 움직임으로 인식되어 그후 현재에 이르기까지 많은 건축작품에 이 경향의 특질이라고 생각되는 요소를 포함하는 것들이 나타나게 되었다.

포스트모더니즘의 중요한 요소를 과연 어디서 이해를 해야 하는가에 따라 이를 일시적인 유행*Fashion*의 과정으로 이해하는 비판적 입장이 있을 수 있겠고, 하나의 새로운 정신의 결정체로 보아 양식적 특성을 가진 사상*Ism* 체계로 판단하여 긍정적인 견해를 가지는 측면도 있는 것이다.

따라서 이 포스트모더니즘을 소위 근대 기능주의 또는 근대의 아방가르드*Avantgarde* 적인 형태구성의 논리와 이외의 다른 건축 모두를 포스트모던 건축이라고 포괄적으로 정의하는 부류도 있고, 좀더 협의로 보아 고전적인 모티브*Motive* 가 수사학적으로 적용된 일종의 고전 복고의 건축으로 국한하여 설명하는 부류도 있다.

대체로 이러한 혼돈에도 불구하고 우리가 부정할 수 없는 하나의 움직임(또는 이즘)으로서의 의미를 갖는 것이다. 더욱이 이 포스트모더니즘이라는 것이 미국에서의 상업적이고 활기찬 문화적 바탕과 또는 역사적으로 짧은 그들은 일종의 콤플렉스를 보상하기 위한 것이라는 시각도 있음으로 해서 자못 흥미롭기까지 한 것이 사실이다.

포스트모더니즘의 주류를 요약하면 알도 로시*Aldo Rossi* 의 유럽의 고전주의 건축을 현대에 접목시키고자 하는 신합리주의 건축가들과 로버트 벤츄리*Robert Ventury* 에 의한 미국의 건축활동을 세계의 건축역사 속에 부각시키고자 하는 대중적이고 상업주의적인 건축가로 분류할 수 있다.

▸ H. Jahn의 Liberty Place

▸ Mies의 Seagram 빌딩

▸ SOM의 South Ferry 플라자 계획안

▸ 타이페이의 장개석 기념관

포스트모더니즘은 근대건축의 모순으로부터 시작되었다고 하지만, 보는 관점에 따라서는 진정한 포스트모더니즘이 아니고 포스트모더니즘으로 가고 있는 근대건축의 한 과도기적인 몸부림에 지나지 않는다는 시각도 있다. 이는 포스트모더니즘의 출발원리가 역사적 영속성에 기반을 둔 원리가 아니라 단지 상업주의적인 대중의 취향에 치우치고 있으며, 건축의 가치와는 무관한 건축언어의 표현으로 나타나고 있으므로 지속적인 생명력을 기대하기 어렵다는 견해로 풀이할 수 있다.

12-2 포스트모더니즘의 특징

▸ 서울대학교 의과대학 생화학관
• 지극히 단순한 기능에도 불구하고 풍부한 어휘구사, 출입구의 다양한 이미지, 정면의 세련된 위장, 오묘한 기둥 및 공간구성 등을 통해 장식성을 표현.

▸ Vichael Granes의 San Juan Capistrano에 있는 공공도서관

포스트모더니즘의 특징으로서 르 코르뷔지에의 원칙이나 최소주의를 거부하고 건축이 사회문제를 해결할 수 있는가에 회의적이다. 또한 범세계적 모형추구에 대한 거부와 새로움에 가치를 더 두려하였던 건축행위 태도에 대하여 부정적인 점을 꼽을 수 있다. 특히 설계목표가 복합적이며 역사주의적임을 공언한다는 점을 들 수 있다.

이러한 논리적인 결과로서 우리는 역사주의적 입장에 선 포스트모더니즘은 투명성에서 불투명성으로, 유동적 공간에서 정적인 공간으로, 비대칭에서 대칭으로, 불분명한 입구처리에서 분명한 입구처리로, 중심성의 부정에서 중심성의 회복 등으로 그 관심의 초점을 변화됨을 볼 수 있다.

따라서 이러한 변화로 인하여 나타난 포스트모더니즘의 현상을 정리하여 보면 역사성의 회복, 즉 단절된 역사의 사용을 회복하고 역사를 총체적으로 파악하려는 점과 문화의 다양성과 각각의 문화가 지니는 독자성을 새롭게 인식하려는 데 있다. 또한 건축구성을 위한 논리적 전개수단의 하나로서 여러 관련 학문에 눈을 돌리고 이를 포괄적으로 해석함으로써 언어학, 사회학, 문화인류학, 환경심리학 등에서 논의되는 사항들이 건축형태구성을 위하여 다양하게 도입되기 시작하였다. 또한 이론적인 체계가 갖추어지지 않은 것이지만 단순히 이론이나 경향이라고 할 수 있는 맥락주의*Contextualism*, 구조주의*Structuralism*, 지방주의*Localism* 등이 받아들여지고 이를 통해서 건축의 형태

구성에 정당성을 부여하는 현상들을 꼽을 수 있다.

이러한 포스트모더니즘이 지닌 건축형태 구성상의 특성으로 먼저 부조화에 의한 조화*Disharmonoius Harmony*를 들 수 있다. 이는 알베르티*Alberti*의 미에 대한 고전적인 정의인 '부분과 전체와의 관계에 있어서의 완벽한 조화' 대신에 매너리즘적이고 복합화된 조화를 추구하고 비대칭적인 대칭, 생략되고 왜곡된 비례관계, 완벽하지 않은 전체성 등을 지닌 것을 의미한다. 둘째, 문화적이며 정치적인 다원주의*Pluralism*에서 파생되는 급진적 절충주의와 표현의 애매모호성과 불명료성을 들 수 있다.

셋째로 회화성과 장식성을 가지며, 수사학적*Rhetoric*인 특성을 가지게 되고 기능성과 상징성을 모두 갖춘 건축으로 보는 특성을 지니고 있다. 마지막으로 도시성*Urbanism*을 회복하기 위해 맥락적인 접근과 동시에 공간의 위계성, 그리고 역사적인 도시공간의 회복을 추구하며, 근대주의의 도시구성방식 대신에 대지*site*구성적인 도시공간의 구성방식을 선호하는 경향을 갖고 있다고 볼 수 있다.

12-3 포스트모더니즘의 평가

1950년대부터 시작된 포스트모더니즘에 대한 평가는 대체로 긍정적인 평가와 부정적인 평가로 나누어 살펴 볼 수 있다. 먼저 긍정적인 견해에 따른 평가로서 포스트모더니즘은 건축의 기능성 대신에 상징성을, 기계적이며 무미건조한 양식 대신에 형태를 통한 표현성과 상징성을 추구하고 있다는 점이다. 헉스터블*Huxtable*의 말에 의하면 이 건축은 풍요롭고 다양한 모든 가능성을 가지려는 탐구와 욕구의 표출이며, 역사와 기술 모두를 근거자료로 이용하는 실험정신을 가진 새로운 작업이라고 평가하고 있음을 볼 수 있다.

부정적인 평가로서 쵸니스*Tzonis*와 르 파브*Le Faivre*의 의견에 따르면 건축설계에 있어서 순수하게 시각적인 요소만을 강조하는 형식주의*Formalism*와 그림과 모델의 힘을 과시하는 그래픽적인 경향*Graphism*과 동시에 디자인을 단지 즐거움으로만

요소 / 세부내용 / 대상건축물	고전/한국			고전/서양			형식성		장식성		지역/풍토	형태속성			다의성			표현							공간			상징	
	총체성	양식	형태요소	이미지	3부양식	형태요소	대칭/중심	비정형성	건축요소	부가요소	풍토환경	원형	형태외곡	단순성	절충양식	표현이중성	요소의혼성	잠재이미지	온유	지각성	급진성	비합리	조각적수법	소재대비	장소성	내부체계	배치/외부공간	추상	기념성
독립기념관		○	○							○																			○
이화여대 도서관				○		○	○		○	○					○														
국립국악당			○							○					○										○		○		
두손화랑					○		○									○				○	○	○							
청주박물관			○								○														○		○		
국립현대미술관							○				○																	○	
세종문화회관	○	○	○																										
전주시청사			○				○			○		○				○	○								○			○	
남부청소년회관							○							○			○					○		○					
한국은행본점				○		○												○											
파리공원관리사무소					○	○	○			○																			
서울의대 화학관						○									○		○												
여전도회관						○				○					○														
사랑유치원						○	○						○					○	○	○									
대우건축사옥									○	○									○										
그룹가사옥												○																	
도시선언									○	○							○												
파라오 의류전문점								○												○	○			○					
경동산업사옥																		○		○			○						
서원빌딩																○					○			○					
서교빌딩						○				○																			
코트론빌딩						○				○								○											
합정동 주택																										○			

▸우리나라 건축물의 포스트모더니즘 요소 분석

보는 쾌락주의*Hedonism*, 건축가가 환경의 질을 평가하는 최고의 위치에 있다고 보는 엘리트주의*Elotism*, 즉 그들 자신의 아이디어가 가장 특이하고 독창적이라고 믿는 아방가르드적인 생각*Avantgardism*을 내포하고 있다는 점에서 부정적인 견해를 피력하였다. 또한 피터 블레이크*Peter Blake*는 이 포스트모더니즘을 모순과 무질서의 회화성*Pictures-queness*과 재미 또는 즐거움을 부여하는 매너리즘*Manalism*이라고 비평하였다.

12-4 우리나라의 포스트모던

1960년대는 전후 복구사업의 혼란 속에서 특징적 양식의 정착 없이 소수의 건축가들에 의해 몇 가지의 부르탈리즘*Brutalism* 식의 건축물이 성행하였다. 70년대에 들어서는 다양해진 디자인에 의해 모더니즘*Modernism* 건축에 대한 적극적인 수용의지가 충만한 시기였다. 고층의 모더니스트 건축물과 콘크리트와 유리라는 건축재료로 구성된 건축물이 얼마나 비대칭적으로 현대화 되었는가가 가장 중요하였다. 60년대 중반에 서구에 있었던 아키그램*Archigram*과 메타몰리스트*Metabolists*들의 거대한 구조물들이 유행되었으며, 필립 드류Philip Drew의 "건축의 제3세대"가 최신의 건축이론서가 되었다. 우리나라에서는 중동건설 붐이 일어나고 서울 강남지역의 개발과 대규모 아파트단지의 건설이 생겨났다.

80년대의 경우는 정보의 홍수시대로 우리나라 건축의 외형이 일대변혁을 일으켰다. 복고풍의 유행이 생기고 세련된 여피*Yuppi* 문화가 생겼으며 포스트모더니즘이 소개되어 건축물

▸ 합정동주택
• 전통의 외적인 문제뿐만 아니라 내적인 문제까지를 해결하려고 모색한 점이 특징

▸ PARAO의류전문점
• 파사드 디자인에서 마치 용암 분출물이 차가운 유리면에 접촉하면서 극적인 분위기 연출

▸ 예술의 전당
• 우리나라 문화예술의 집약적 장소로서 상징적 매체와 전통성 및 한국성 등의 문제가 부각

▸ 경동산업사옥
• 사옥으로서의 강렬한 이미지를 부각시키고자 하는 노력으로서 재료의 선정에서부터 교묘하게 매스의 분할을 시도하였으며, 미래지향적인 선택을 통하여 상징화를 추구

▸ 여전도회관
• 서구적인 경향을 띤 건축물로서 전통적인 석조양식을 현대화시킨 점이 특징

표피에 포스트모던풍의 디자인이 도입되었다. 즉 70년대 중반부터 일기 시작한 우리나라 전통에 대한 인식이 나타나기 시작하였던 것이다. 이러한 인식은 탈춤, 농악, 사물놀이 등과 기와곡선, 처마의 외형적인 요소로써 전통의 표피적인 인용에 타당성을 부여하였다. 또한 대규모 현상설계를 통해 민족적 자긍심에 관한 건축물(독립기념관, 예술의 전당, 각종 문화시설 등)과 올림픽 관련시설물(86아시아 선수촌과 기자촌, 88올림픽 선수촌과 기자촌 등)등의 건축물을 탄생시켰다. 예를 들면 독립기념관은 현상설계의 공모에서부터 전통성의 문제, 국가행정과 시공기간의 문제, 디자인에 대한 해석도구로서의 포스트모던에 관한 다양한 논쟁들이 쟁점화되었다.

예술의 전당은 우리나라 문화예술의 집약적 장소로서의 상징적 매체와 전통성 등의 문제가 부각되었다. 올림픽 평화의 문의 경우는 거대한 매스와 애매한 곡선들로 이루어져 있는 점이 논의의 대상이었다. 결과적으로 이러한 포스트모던의 논쟁은 우리나라의 포스트모던풍의 건축물들이 서양의 고전 건축물들의 박공지붕, 아치 열주, 3분법적인 입면, 삼각형의 천장, 정방형 창 등의 단편적인 요소들이 그대로 복사되었다는 점이다.

90년대는 포스트모던의 신선감이 상실되고 해체주의*Deconstruction* 건축이 각광을 받았다. 포스트모던에 대한 새로운 시도와 근원적인 분석과 시도, 한국적 수용 가능성을 찾는 움직임이 시작되었다.

▸ 전주시청사
• 인습적인 어휘 사용, 전통 어휘의 장식화, 대립적인 스케일·형태, 절충적 복고주의의 표본

▸ 국립국악당
• 공간의 위계를 설정하는 수법이 고전적인 감을 주며, 전통에 대한 향수를 현대성과 조화

▸ 국립청주박물관
• 신풍토주의의 성격을 띤 건축물로서 지붕 형태의 변형, 전형적인 전통의 외부공간을 의식한 경사지의 건축물 배치

▸ 독립 기념관
• 역사적인 모티브 중 전통적인 것을 표현한 건축물로서 지붕의 거대한 형태가 위압감을 주는 권위주의적 건축물

13. 데리다와 해체주의

▸ Morphosis : 공연전시관 모델

▸ Coop Himelblan : 지붕개조, 비인

고대 그리스부터 서구의 철학은 진리탐구를 1차 과제로 생각하였다. 예를 들면 스토아학파는 수련과 연마를 통하여 자신을 정결하게 하고 명상을 함으로써 영혼을 깨끗하게 하여야 한다고 생각하였다. 현상계에 대한 지식이 필요성과 자신의 독립성을 깨닫기 위하여 자신에 대한 성찰을 이루어야 한다고 주장하였다.

중세 기독교시대에서의 철학은 인간이 신의나 진리를 터득할 수 있는 길을 연구하는 학문이다. 진리는 즉 신의 참뜻을 아는 길이며 따라서 육체적, 정신적 수련과 고행이 선행되어야 한다고 하였다.

근세의 철학은 데카르트의 인식론이 분기점이 되었다. 동시대의 파스칼*Pascal*과 몽테뉴도 "지식이란 자신의 연마와 수련과 불가분의 관계에 있다"고 생각하였다. 즉 데카르트*Rene Descartesd*의 명상록에서 진리란 수련을 통해서 얻는 것도 아니고 신의 뜻을 읽는 것도 아니며 인간이 오로지 인지자*認知者*로서 세상을 있는 그대로 이해하는 것이다. 진리를 터득하기 위해서는 내게 주어진 것을 있는 그대로 볼 줄 아는 사람이라는 사실만으로도 충분하다고 하였다.

반면에 데이비드 흄*David Hume*은 회의론에서 데카르트 이후의 서양철학이 물질세계와 인간 사고의 사이에 필연적인 연결점을 찾는 데 실패하였음을 시인하였다. 따라서 철학, 특히 논리학이 단지 인간의 머릿속에서 벌어지고 있는 사고의 틀일 뿐 바깥의 실제 세상과는 아무 연관이 없다는 결론을 내리고 상대주의와 회의론에 빠졌다. 근세 이후 흄까지의 철학은 인간이 실체를 어떻게 객관적으로 왜곡시키지 않고 있는 그대로를 접할 수 있는가 하는 것이 논쟁의 연속이었다.

칸트*Kant*는 이러한 회의론에서 돌파구를 모색하여 현대 미국의 분석철학으로 계승하였으며, 헤겔은 데카르트의 인식론적 방법론을 비판하였다. "인식론이란 어떤 지식이 가장 객관적인 지식인가를 우리에게 가르쳐 줄 수 있는 기준을 연구하

▸ Gehry House, Santa California : Frank Gehny, 1978

는 것인데 이것은 기준을 설정하기 위한 기준을 가져야 되므로 끝없는 소급논리에 빠지게 된다. 그 모순을 극복하는 방법이 '현상학'이다."라고 하였다.

그리고 니체는 앞서 데카르트로부터 헤겔의 철학에 이르기까지 지식의 절대적인 기준은 더욱 실현 불가능하다며, 그는 "인간은 인간 자신을 알 수 없다"라고 선포하였다. "이성제일주의는 지식론적 모순에 봉착하게 되고, 인식론에 바탕을 둔 세계관을 버리지 않으면 그러한 모순은 회의주의를 낳게 된다" 소크라테스의 "너 자신을 알라", 성 아우구스투스의 "신이여, 제발 내가 나 자신을 알 수 있게 하여 주소서", 데카르트의 "나는 생각한다. 고로 나는 존재한다" 등의 이성주의와 인식론의 전통에 쇄기를 박았다.

해체주의에 영향을 끼친 니체*Niche*의 니힐리즘*Nihilism*은 서구의 사고방식이 형이상학, 인식론, 이성주의의 전통에서 벗어나지 않으면 회의주의로 전락한다는 경고의 뜻이다. 이는 보다 긍정적이고 생명력 있는 사고방식으로의 전환을 시도하는 작업이다. 형이상학과 인식론에서의 탈피를 도모하며 서양의 사고체계에 근본적인 전환을 시도하였다. 또한 철학과 문학, 이성과 언어의 구분이 불가능하다고 설파하였다.

이러한 니체의 니힐리즘철학은 절대적으로 쟈크 데리다*Jacques Derrida*, 미셸 푸코*Michel Foucault*, 쟈크 라캉*Jacues Lacan*, 질르 델루즈*Giles Deleuze*, 폴 도만*Paul de Man* 등의 후기구조주의자*Late-structuralist* 또는 탈구조주의자*Post-structuralist*라든가, 신니체주의자*Neo-Nietzscheans*에 지대한 영향을 주었다.

▸ California Aesrospace Museum(LA, california : Frank Gehry, 1984)

4 장

건축과 공간

1. 공간의 의미

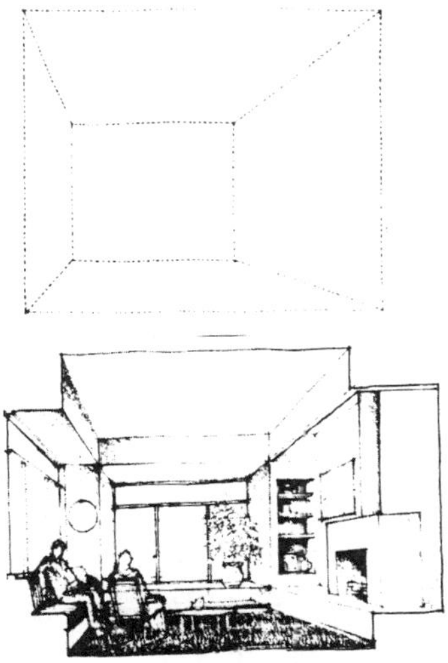

▸ 장소적·입체적 여유의 공간

우리가 보통 공간이라고 말하는 것은 무엇을 이야기하는 것인가? 우리는 "야, 여기는 공간이 충분하다. 내 책상을 놓을 수가 있다" 또는 "공간이 충분하니까 얼마든지 들어 올 수 있다" 등으로 말하고 있다. 공간이라는 것은 이렇게 무엇을 집어넣을 수 있을 정도의 충분한 장소적인 여유를 말하고 있다. 또는 "이 방은 천장이 높으니까 위에 선반을 걸 수 있도록 공간이 충분하다." "책상 밑에도 충분한 공간이 있으므로 얼마든지 책을 쌓아 놓을 수가 있다"와 같이 입체적으로도 충분한 여유가 있을 때를 말하기도 한다. 이 말은 꼭 어떠한 물리적인 상황만을 지칭하지만은 않을 경우도 있다. 다시 말하면 "나는 너무 피곤해서 내 머리 속에는 네 생각을 할 공간이 없다"라든지, "너무 넓어서 사람이 포근하게 느낄 공간이 없다"와 같이 심리적인 여유나 상황을 이야기할 경우도 있다.

일본인으로서 "건축에 있어서의 외부공간"을 저술한 바 있는

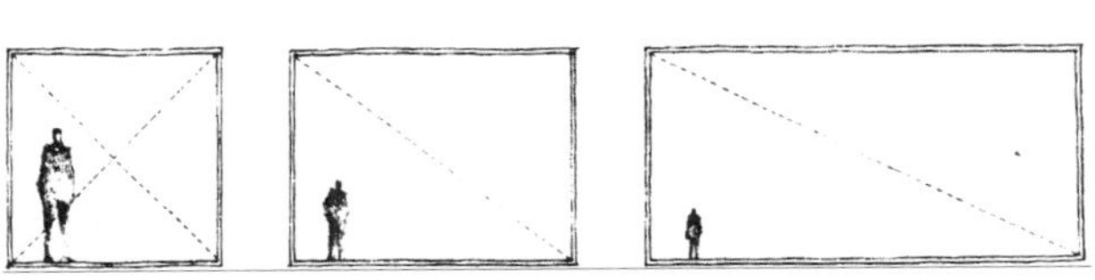

▸ 경계

• 안에 있는 것과 밖에 있는 것, 위에 있는 것과 아래에 있는 것을 구분하면서 공간을 분할하는 것이다.

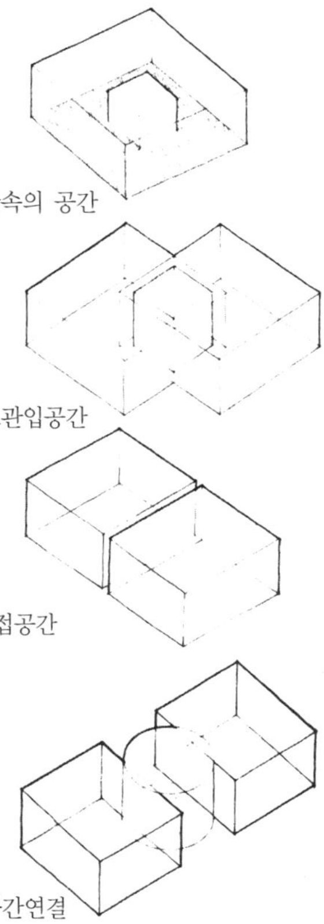

• 공간속의 공간

• 상호관입공간

• 인접공간

• 공용공간연결

▸ 공간의 연결유형

아시하라 요시노부*Ashihara Yoshinobu*는 공간은 "기본적으로 하나의 물체와 그것을 지각하는 인간과의 사이에서 생기는 상호 작용에 의해서 형성되는 것이다"라고 말하고 있다. 아리스토텔레스*Aristoteles*는 "공간이란 모든 장소의 총화, 즉 방향과 정성적인 특성을 갖은 동적인 장*Field*이다"라고 하였고, 현대건축의 비평가인 슐츠*Norberg Schulz*는 "실존· 건축· 공간"이라는 저서에서 공간에 대해서 5가지의 개념을 정리하고 있다. 즉 육체적 행위의 실용적 공간*Progmatic Space*, 직접적 정의로서의 지각적 공간*Percptual Space*, 환경에 관하여 인간에게 안정된 이미지를 형성시키는 실존적 공간*Existenial Space*, 순수한 논리적 관계에 의한 추상적 공간*Abstract Space*, 물리적 세계에 대한 인식적 공간*Cognitive Space* 등 다섯 가지이다.

철학자인 데카르트*Descartes*는 "공간이란 물리적 실태가 길이, 폭, 두께라는 고차원으로 확정된 것이다"라고 하여, 공간을 입체적인 3차원으로 보는 개념을 명확히 하였다. 또 뉴턴*Newton*은 "공간은 절대적인 것이므로 그 자체로는 인식될 수 없으나 좌표라는 상대적인 개념을 도입하여 측정할 수 있다"고 하여 공간의 직접적 인식에는 한계가 있음을 간파하고 비교의 방법을 도입하려고 했던 것으로 보인다.

중국의 철학자인 노자는 "진흙을 형성하여 그릇을 만들면, 그 비어 있는 허공에서 유용성을 찾게 되고 집에 문과 창을 뚫게 되면, 그 비어 있는 공간에서 유용성을 찾게 된다. 그러므로 사물의 존재는 유익성이 있게 되고 무*無*와 유*有*는 실용성이 있다."고 하였다. 이는 공간에 있어서 없는 것 - 無와 있는 것- 有를 동시에 가지고 있는 無-有*Non-Being*의 개념을 설정하고 생명력이 있다는 것을 암시한 것으로서 무형의 것이 가장 유용하다는 생각을 나타내고 있다. 따라서 비어 있는 것은 차 있는 것보다 더 큰 의미가 있다는 것으로 우리는 이해 할 수 있다.

기디온은 「공간· 시간· 건축」 이라는 저서에서 3개의 공간 개념으로 정리하고 있음을 볼 수 있다. "제1단계는 최초의 공간개념으로 여러 가지 볼륨*Volume*으로부터 발생하여 볼륨과

• 입면

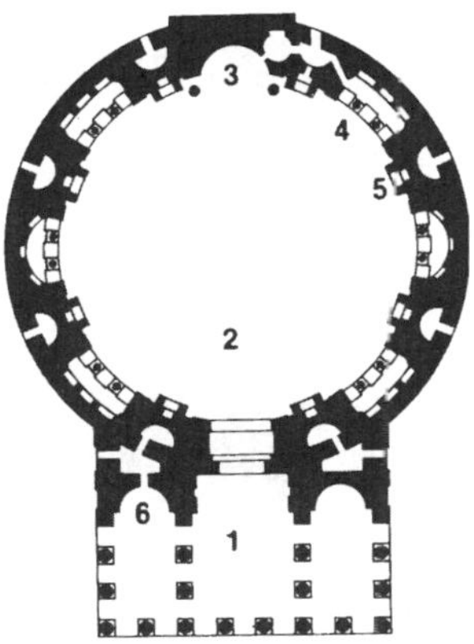

• 평면
1. 주 랑
2. 무늬 있는 바닥
3. 반원형 니치 부벽
4. 반원형 벽감
5. 8니치의 하나
6. 2층으로 오르는 계단 입구

▸ 로마의 판테온 사원

볼륨 사이의 관계 및 그 상호작용에 의해 생겨난 공간이다"라고 하였으며, 이 공간에는 내부공간이 무시된 이집트*Egypt* 나 그리스*Greece*, 수메르*Sumer* 등의 건축이 포함된다. 2단계는 로마시대의 중엽에 시작하여 "내부공간과 그것에 따르는 볼트Vault 가구문제가 건축의 최고 목적으로 형성된 공간"이라고 하였다. 이러한 공간의 형성은 내부공간이 중요한 개념으로 부각된 것으로서 로마시대의 판테온*Pantheon* 에서부터 18C말까지 지속되었다. 3단계 공간개념은 "내부와 외부의 공간이 서로 상호작용을 하는 공간으로 최초의 공간개념처럼 다시 조각에 접근하고 조각은 다시 건축에 접근하고 있다"고 하였다.

스위스*Swiss* 의 건축평론가인 보트 지닐*Vogt Goeknil* 은 세 가지 공간유형으로 정리하고 있는데, 자연스럽게 형성된 넓은 공간, 일정한 질서와 요소에 의해서 만들어진 한정된 공간, 그리고 질서 잡힌 공간으로 분류하고 있다.

조디크*Joedicke* 는 "건축물이 공간으로 이루어짐에 따라 건축적 공간은 존재하며, 건축적 공간은 체험적 공간으로 인간과 그의 지각작용에 결부되어 있기 때문에 공간이란 장소에 대한 지각의 총화"라고 건축에서의 공간개념을 명확히 정의하였다.

그로피우스*Gropius* 는 네 가지의 공간개념을 정리하고 있는 바, 칸트의 공간과 유사하게 인간의 직관적이고 형이상학적 체험에서 비롯된 비물질적 공간*Immaterial Space* 과 인간의 지성으로 측정될 수 있는 도면을 통해 실제의 공간을 구체적으로 표현한 수학적 공간*Mathematical Space*, 인식적 공간과 같이 물질화된 가시적 공간인 물질적 공간*Material Space*, 정서적으로 활동성을 띤 공간으로서 육체적·지적 특징에 의해 형성된 예술적 공간*Artistic Space* 등이라 하겠다.

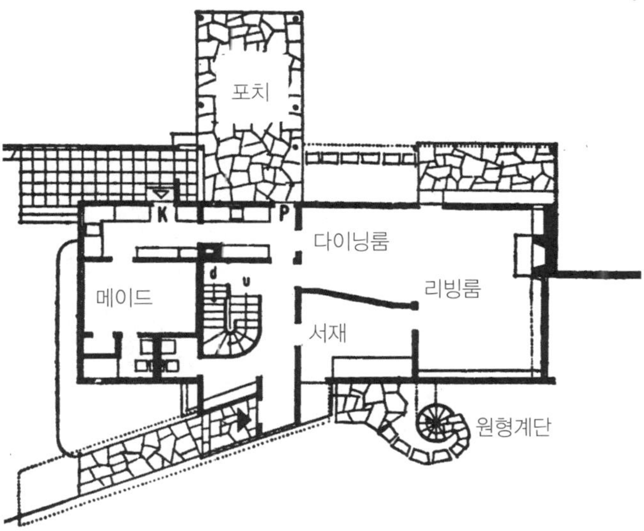

▸ 그로피우스 주택 평면도 (1938)

2. 비어 있는 것과 차 있는 것

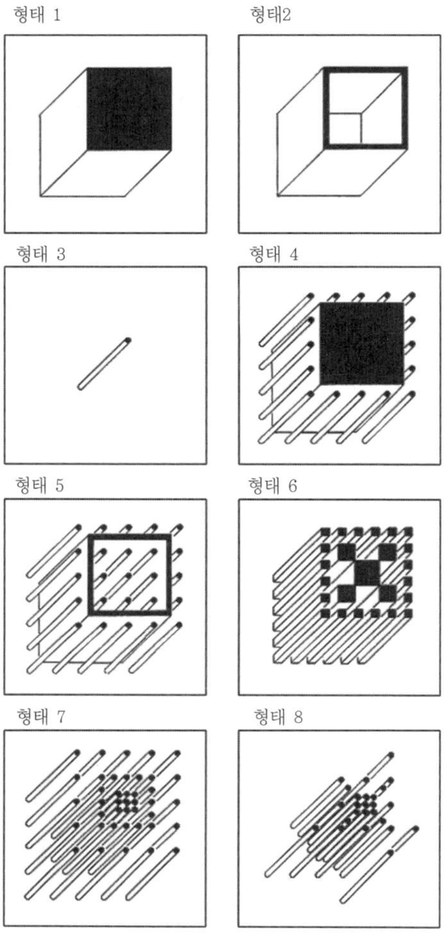

▸아우구스트 자르니츠, 양면적 공간

- 형태1은 입체기하학적 공간형태의 한 예를 보여주는 것으로 이 형태는 제한된 경계선을 가지고 있어서 일정한 용적을 지닌 외관을 나타내고 있다.
- 형태2는 경계가 뚜렷한 덮개공간의 예로, 외부공간과 내부공간이 명확하게 구분되어 있다.
- 형태3은 공간을 생산하는 부분적인 기능을 가진 하나의 기둥으로, 회랑이나 현관을 형성하게 된다.
- 형태4부터 7까지는 형태1~3의 요소들의 도움으로 공간 구성을 시도하면서 외부공간에서 내부공간으로 단계적 이행을 이루고 있다.

큰 의미로 이야기한다면 공간이란 비어 있다는 뜻이 포함되어 있다고 볼 때 아무 일도 일어나지 않는 비어 있다는 것과는 차이가 있음을 알 수가 있다. 우리는 공간이 건축에 있을 때의 여러 가지 상황에 대해서 알아보기로 한다.

건축적 공간*Architectural Space*이라는 말을 많이 사용하게 되는 바, 이는 건축적으로 의미를 갖추는 공간이라고 할 수 있으며, 이 공간 내에서 인간의 생활이 이루어질 수 있어야 한다. 이때 인간의 생활이라는 범주를 심리적, 종교적, 상징적인 것까지를 포함하여야만 한다. 더욱이 단순한 생리적인 생활이 아니고 인간적인 쾌적하고, 안전하고, 능동적인 생활을 영위하기 위해서 구축된 공간이라고 말할 수가 있다. 일반적으로 넓이와 높이가 있는 것이 기하학적으로 공간이라고 생각하지만 인간의 생활을 담기 위한 공간이라고 하는 것은 자연스럽게 이루어지는 공간과는 다르다. 즉 재료의 질감, 재질의 전개, 전체 또는 부분의 치수상의 비례, 빛과 조망, 색채 등이 균일하게 조화가 된 분위기를 만들어냄으로써 인간의 생활에 공유하는 공간이 건축적 공간이라는 점이다.

이러한 건축적 공간은 반드시 사람의 마음을 움직이고 사람의 마음에 호소하는 어떤 표현을 내포하고 있다. 이에 따라 공간을 심리적인 공간과 물리적인 공간으로 나누어 볼 수 있으며, 이러한 의미에서 조각*Sculpture*과 공간*Space*은 다른 점이 있다고 할 수 있다. 공간 속에 조각이 존재할 수는 있으나 조각 속에 공간을 만들 수는 없다는 점이다. 조각 속에 공간이 있다고 생각되어 진다면 그때의 공간이라고 느껴지는 것은 다만 허공*Void*이라고 말할 수 있는 생활이 있지 않은 하나의 비어 있는 것이다. 조각인 경우 대부분은 차 있는 것*Solid*로 되어

▸ 조각과 공간

▸ 보이드 & 솔리드 공간

있고 이것이 하나의 형태*Form*를 이루고 있다. 여기서 우리는 조형이 형태로 표현될 수 있고 건축인 경우에는 내부공간을 포함하고 있다는 의미로 보통 볼륨이라고 할 수 있다.

3. 여러 가지의 공간

공간이란 건축의 전부이다. 건축가의 일은 공간의 형태, 질서, 맥락 등을 조정하는 것이라고 간단히 정의할 수 있다. 건축가의 능력은 이용 가능한 공간을 얼마나 효과적으로 형성해 낼 수 있느냐에 있다. 공간의 종류가 어떠하든 인간은 공간의 척도가 된다. 규모, 구획, 구조, 용도 등 모든 것은 인체의 크기에 맞춰 이루어진다. 공간을 건축적으로 활용하는 데 기준이 되는 것은 바로 인체의 크기이다. 이것은 모든 종류의 공간, 즉 옥내·옥외공간, 사적 공간, 공용공간, 개방공간, 폐쇄공간 등 모두에 적용된다.

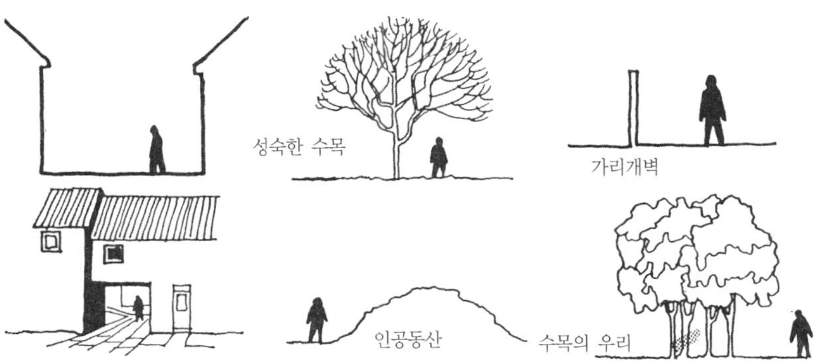

▸ 인간은 모든 공간의 척도

3-1 내부공간과 외부공간

▸ 낙수장*Falling water*, 프랭크 로이드 라이트 (1936-1939)
• 나무와 바위, 그리고 흐르는 물과 바람, 여기에 인간규모의 건축이 어우러져 자연과 조화를 이룬다.

▸ Denys Lasdun, Redhouse, Softley가 설계한 룩셈부르크의 Europen Investment Bank(1981)
캐피노와 같은 지붕은 내부공간과 외부공간을 연결시켜준다.

건축은 결국 사람이 직접 생활하는 곳과 이곳을 둘러싼 부분으로 나눌 수가 있다. 쉽게 이야기하면 집 안과 집 바깥의 구분이 있는 것과 같다. 건축에는 이렇듯 안과 바깥이라는 서로 다른 부분이 존재하며, 공통으로 서로 보완하고 있다. 이러한 경우는 동전의 앞면과 뒷면의 관계와도 비슷하다고 할 것이다. 그러나 동전의 앞과 뒤는 영원히 앞면과 뒷면이라는 명제가 항상 성립하지만, 건축의 안과 밖은 경우에 따라서 포괄적인 내용 속에 서로 포함된다는 점이 다르다. 예를 들면 주택 속에는 거실과 침실 등이 있는데, 침실의 의자에 앉아 있는 사람의 입장에서 보면 거실은 침실의 바깥에 위치하고 있다. 그런데 침실과 거실은 모두 집이라는 건축물의 안에 있고 마당은 집의 바깥에 있는 것이 된다. 사람이 마당에 나와 있다고 한다면, 이 사람은 아직도 집이라는 건축물과 마당을 포함한 의미의 안에 있고 대문을 열고 나가면 집 밖으로 나간다고 한다. 여기서 우리는 안과 밖이라는 개념이 번갈아 가면서 뒤바꾸어 나가는 것을 알 수 있다.

이와 같이 비교적 안에 있는 건축공간을 내부공간이라고 하고 밖에 있는 공간을 외부공간이라고 말하는데, 내부공간을 인테리어 스페이스*Interior Space* 또는 인너 스페이스*Inner Space*라고 하며, 외부공간은 보통 아웃터 스페이스*Outer Space* 또는 익스테리어 스페이스*Exterior Space*라고 한다. 보통 이런 비교적인 의미를 가지고 있으나 건축에서는 주로 건축물의 내부에

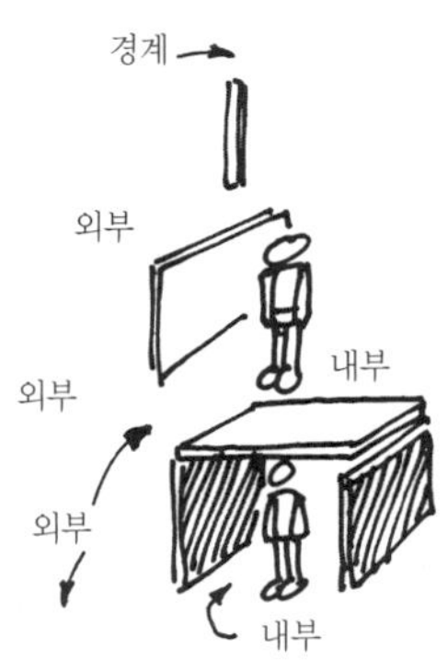

▸ 내·외부공간의 형성

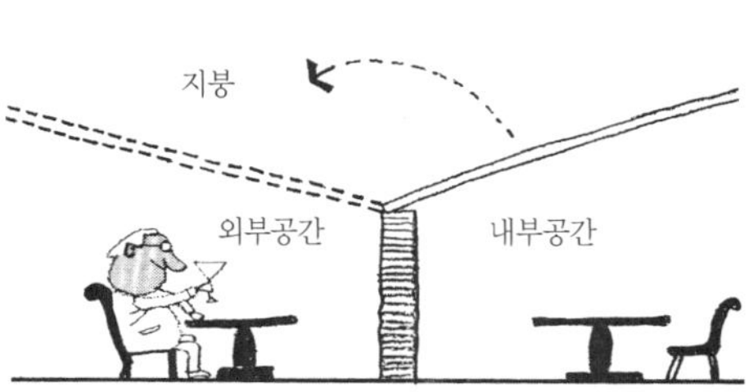

▸ 내·외부공간의 관계

▸ 인클로즈 공간(비원 연경당)

▸ 오픈 스페이스(덕수궁 중화전)

▸ 원심적 & 구심적 공간(창경궁)

있는 것을 내부공간, 건축물의 밖에 있다고 생각되는 부분을 외부공간이라고 하는 경우가 많다. 그래서 내부공간은 그 공간의 크기가 명확히 눈에 보이고 자로 잴 수 있으나 외부공간은 크기를 명확하게 자로 잴 수 없는 특성을 갖게 된다. 외부공간은 건축물의 외부에 있으므로 자연의 공기, 하늘, 태양, 바람 등의 외부환경에 그대로 연결되고 있으며 내부공간은 인공적인 환경을 조성하게 된다.

내부공간은 인간의 생활에 매우 중요하다. 왜냐하면 인간은 생활의 대부분을 실내에서 보내며 인공적인 환경과 밀접하기 때문이다. 특히 제한된 자원과 환경, 증가하는 인구 때문에 인공적인 환경을 어떻게 만들어 나가느냐가 인간의 생활과 생존에 중요하다. 내부공간에는 네 가지 종류가 있는데, 주거공간, 작업공간, 공용공간, 특수공간이다. 이 공간들은 목적과 요구사항이 다르기 때문에 각각의 성격을 고려하여야 한다.

반면에 외부공간은 내부공간에 들어오기 위해 있는 공간으로서 인간에 의해서 창조된 목적 있는 환경으로 형성되었기 때문에 자연 이상으로 의미가 있는 공간이다. 또한 외부공간은 어떤 틀에 둘러싸여 틀에서부터 안으로 향해서 질서가 잡혀가며, 그 틀 속에서 인간의 의도와 생활기능에 넘친 적극적인 공

▸ 오픈 스페이스의 형성
• 단순한 오픈 스페이스는 자유스럽게 여가시간을 만족시키도록 확보되어야 한다.

간이다. 이러한 성격으로 인해 요시노부 아시하라는 건축 내부공간에 형성되는 외부공간의 실체를 인정하며 '지붕없는 건축공간'이라고 정의하였다.

자연과의 상대적 의미에 있어서 자연은 무한하게 퍼져가는 원심적인 공간인데 반해서, 외부공간은 자연틀에서부터 안으로 향해서 구심적으로 질서를 바로 잡는 자연환경 이상의 공간이라 할 수 있다.

이러한 내부공간과 외부공간을 공간상 분리하는 것을 공간구획*Spacial Boundaries*이라 하는데, 여기에는 실내구획 또는 내부구획, 실외구획 또는 외부구획이 있다. 내부구획은 주로 벽과 천장, 바닥, 칸막이 등을 이르는 것인 반면에 외부구획은 담장, 울타리, 차양 등을 이르는 것이다. 외부공간의 종류로는 열려 있는 공간의 의미를 지닌 오픈 스페이스*Open Space*와 어떤 요소에 의해 둘러싸여 있는 인클로즈 스페이스*Enclose Space*가 있다. 오픈 스페이스는 자연 속의 공간이라는 의미로서 개방공간이라고도 말한다. 개방공간은 자연 중의 경치라고 할 수 있으며, 그 내면에는 기능 및 용도, 일정한 공간의 넓이와 길이를 갖춘 공간적 구성이 있어야 한다. 더불어 연결부*Connection*에 따른 연속성, 스케일과 분위기를 지닌 인간적 요소 및 디테일로서의 특징들*Features*과 식수 등을 포함하고 있어야 한다. 상대적으로 내부공간이 아닌 둘러싸인 공간*Enclosed Space*은 닫힌 공간이라고 하며, 연결된 공간들에 의해서 둘러싸인 느낌을 받는 공간의 의미로 볼 수 있다. 이러한 닫힌 공간은 도시 내에서는 광장이 대표적이며, 거주공간일 경우에는 중정을 들 수 있다.

3-2 중간공간과 연결공간

내부공간과 외부공간의 구별법 중에 하나는 벽이나 기둥으로 둘러싸여 있고 천장이 있어서 실내라는 의미를 가지고 있는 것인가 아닌 것인가 하는 것으로 볼 수 있다. 그런데 공간을 형성하는 데에 있어서는 꼭 이러한 형태를 갖추고 있지 않은 것도 있다. 천장이나 지붕은 있는데 벽은 그냥 개방되어

▸ 연결공간의 예 (경회루)

▸ 중간공간의 예 (통도사)

▸ 중간공간의 예 (서울 올림픽 종합경기장)

있다거나, 주택의 담장과 같이 벽은 있는데 지붕이 없다거나 하는 형태가 있다. 즉 내부 같기도 하고 외부 같기도 한 중간적 성격과 의미를 갖는 공간이 있을 수 있다는 것이다. 예를 들면 우리나라의 옛 건축에 많이 볼 수 있는 처마 밑의 공간 같은 곳이라고 할 수 있다. 우리나라의 집들은 처마가 원래의 집에서부터 길게 뽑혀 나온 것이 많다. 비가 오거나 눈이 올 때 그것을 피하려고 처마 밑에 들어가 서서 기다리면서 비가 그치기를 기다리고 있다고 한다면, 비가 그대로 쏟아져 내리는 마당과는 다른 중간 정도의 의미를 가지는 공간 속에 자신이 있다는 것을 느끼게 된다. 이러한 느낌을 주는 것을 우리는 중간공간*Intermediate Space* 또는 외부와 내부의 공간을 연결해 준다는 의미로서 연결공간*Connect Space*이라고 한다. 특히 동양의 건축에는 이러한 중간공간이라고 할 수 있는 것들을 많이 볼 수 있는데, 이는 아시아의 기후와 생활습성과 관습에 기인하는 바가 적지 않다.

이러한 경우는 서양과 동양의 구조적인 차이점을 보아도 금방 비교할 수 있는데, 대개의 서양식 주택은 길에서 현관문을 여는 즉시 실내와 연결되는 반면에 우리나라의 전통 가옥에서는 문간이라는 중간공간을 통해서 비로소 실내와 실외라고 하는 내·외부공간이 연결되는 것을 볼 수 있다. 아파트의 발코니와 같은 공간도 일종의 중간공간이라고 하며, 경복궁의 근정전주위의 기둥이 연속적으로 연결되어 있는 열주공간*Colonade*도 지붕은 있으나 옥외와 연결되어 있는 중간공간이라고 하겠다. 현대의 스포츠시설 중에도 육상경기장, 야구장과 같은 시설의 본부석에는 보통 차양을 설치하는 것이 보통인데 이러한 곳도 중간공간의 종류라 할 수 있다.

3-3 적극적 공간과 소극적 공간

어떤 대상물*Object*에 대하여 그것을 둘러싼 공간이 충실하다면 둘러싼 공간은 대상물에 대해서 안쪽으로 모이게 하는 강력한 수렴성*收斂性*을 갖게 된다고 생각할 수 있는데, 이를 적극적 공간*Positive Space*이라고 한다. 대상물에 대하여 그것을 둘러싼

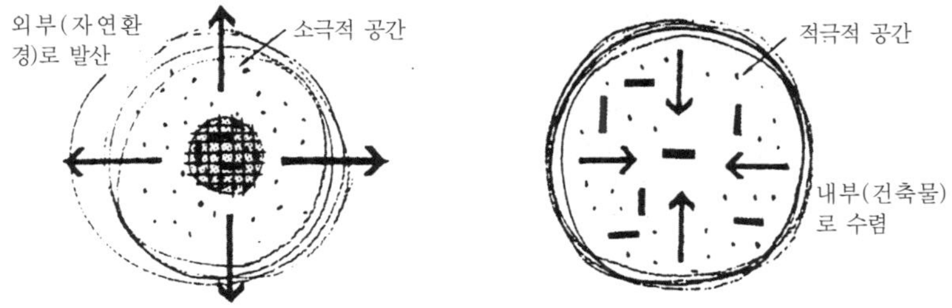

▸ 소극적 & 적극적 공간의 개념

▸ 소극적 & 적극적 공간의 예 (불국사)

공간이 의도적이 아닌 자연적인 공간이라면 대상물이 발산한다고 생각하여 이를 소극적 공간*Negative Space*이라고 한다.

넓은 광장에 조각이 있는 환경을 가정한다면, 이 조각은 광장 내에서 모든 행위나 행동, 시선의 중심이 되어 강력한 집중력을 가지게 된다. 이러한 것을 적극적 공간 또는 포지티브 스페이스*Positive Space, 陽의 空間*이라고 한다.

우리나라의 주거공간과 같이 둘러싸인 마당과 같은 곳은 주위의 건축물에 의해서 뚜렷한 구심점은 존재하지 않으나 아늑하고 안정된 느낌을 주는 분위기를 가지고 있다. 이러한 것은 소극적 공간 또는 네거티브 스페이스*Negative Space, 陰의 空間*이라고 한다.

우리나라를 포함한 동양권의 건축물에는 이러한 음의 공간이 많이 보이고 서양의 건축물에는 양의 공간이 많이 나타난다고도 할 수 있다. 피라미드와 같은 조형물을 적극적 공간으로 해석하면, 우리의 산사*山寺*와 같은 경우는 소극적 공간이라 한다. 대개 적극적인 공간인 경우에는 강력한 기념성이 나타나게 된다. 이러한 기념적인 성격을 원초적 기념성이라고 하는데, 서양의 성이나 궁전 등의 건축물에서 강력한 권위를 나타내는 것이 해당된다. 우리나라의 궁궐건축이나 중요한 건축물에도 이러한 기념성이 나타나기는 하지만 대개는 궁궐건축의 경우에는 궁궐문(경복궁의 광화문, 창덕궁의 돈화문, 사찰의 일주문 등) 등으로 그 기념성을 분산하는 방법을 사용함으로써 서양의 그것과는 상당히 표현상의 차이가 있음을 알 수가 있다.

3-4 제3의 공간

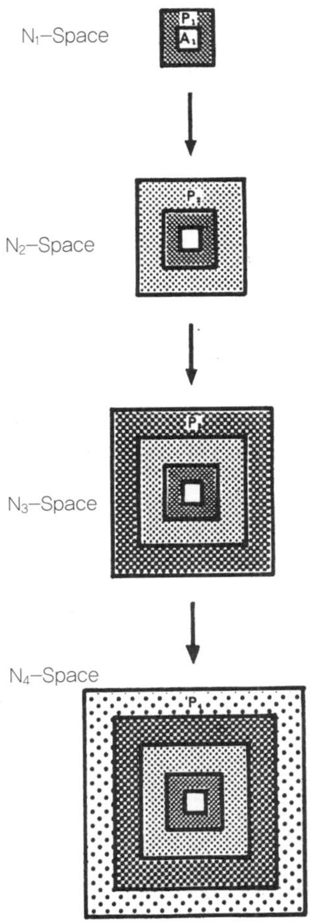

▸ P-Space와 N-Space의 관계

• 대상 A_1의 주변에 충실된 P_1-스페이스가 존재하는 경우에도 그 프레임 밖에서는 다시 N_1-스페이스가 존재한다. 만약 그 주변의 N_1-스페이스를 P화 할 수가 있다고 하면 N_1-스페이스였던 곳은 P_2 스페이스가 된다. 그러나 P_2- 스페이스 밖에는 다시 N_2 -스페이스가 존재한다.

우리나라의 건축가인 김수근은 1972년 세계건축가협회*UIA*의 하와이 강연에서 건축공간을 제1공간, 제2공간, 제3공간 등 세 가지로 분류하였다. 제1공간은 원시적 공간으로 기계에 의한 산업혁명이 일어나기 전까지의 공간으로 분류하였다. 제2공간은 기계적인 공간으로서 주로 근대적 합리성을 강조한 기능위주의 공간으로 설명하고 이러한 기계적인 공간은 인간에게 소외감이나 고독감을 주게 된 공간이라고 하였다. 또한 서양건축의 공간이 가져온 물질문명의 한계를 보여주는 것으로서 파악하고 이러한 공간에서 보다 더 인간적인 차원의 의미를 부여하는 것이 바로 제3의 공간이라고 하였다. 제3의 공간은 우리의 전통적인 공간으로부터 인간회복의 개념을 도입함으로써 우리가 가지고 있는 여유, 여백으로부터 나오는 장점을 부여한다고 하였다. 이런 의미에서 서양의 건축이 무엇인가를 만드는 것에 우선적인 가치를 두고 채워나가는 개념이라면 앞으로의 건축은 무엇인가를 남겨놓는 방법을 사용하여

▸ 경동교회 전경 (김수근)

• 1945년 창립된 교회로서 현재의 건축물은 1958년에 완공되어 24년 동안 사용해 오던 구건물을 허물고 새로 지하2층 지상2층, 연면적 2,393㎡의 규모로 세운 것으로 부서진 붉은 벽돌로 쌓아올렸는데, 못과 거푸집의 자욱이 그대로 남아 있는 내부의 회색 시멘트 벽 등이 특징이다.

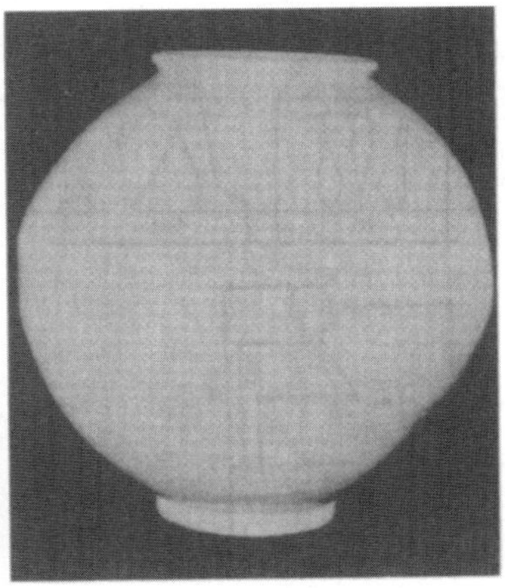

▸ 우리나라 조선 백자 외형

야 한다는 것이다.

이러한 관점에서 그는 서양의 건축공간 개념을 네가티브한 공간이라고 정의하고 우리 전통건축의 문방文房과 같이 아무것도 없는 담백한 공간과 조선 백자의 아름답고 간략한 선을 그 예로 내세우고 있다. 그는 실제적으로 이러한 공간개념을 우리의 전통에서 찾으려 하였으며, 건축작품에 이를 적용하고 표현하려고 하였다.

4. 공간의 인식

인체는 건축의 여러 형태와 접하게 되며 공간감각을 결정하는 것은 공간의 크기라 하겠다. 여기서 중요시되는 문제는 어떠한 공간감이 생길 것인가 하는 의문인데, 예를 들면 넓은 공간은 경외감을 불러일으킬 것이며 좁은 공간은 위축감을 느끼게 되는 경우라 하겠다. 왜냐하면 인간은 본능적이든 선천적이든 공간을 감지하는 능력을 가지고 있기 때문이다. 눈을 감아도 우리는 여러 가지 상황을 파악하여 공간의 크기를 알아내고 있다. 이는 새들이 본능적인 감각으로 몇 천 킬로 떨어진 대륙 사이를 날아서 이동하는 것과 같다. 그러나 인간은 본능적 감각보다는 먼저 자신의 손이나 팔 등을 사용하여 공간의 크기를 감지하게 된다. 인간의 코와 귀는 다른 동물과 비교해 둔한 감각임에도 불구하고 시각적 관찰을 보충하여 공간에 대한 암시를 제공하고 있다. 예를 들면 정원에서부터 부는 자유로운 미풍에서는 외부와 내부 사이의 연속성을 암시하고 공간감을 감지하게 하며, 동굴에서 나오는 공허한 소리는 친숙하고 무엇인가를 환기시키기에 충분한 그 무엇이 있는 것이다.

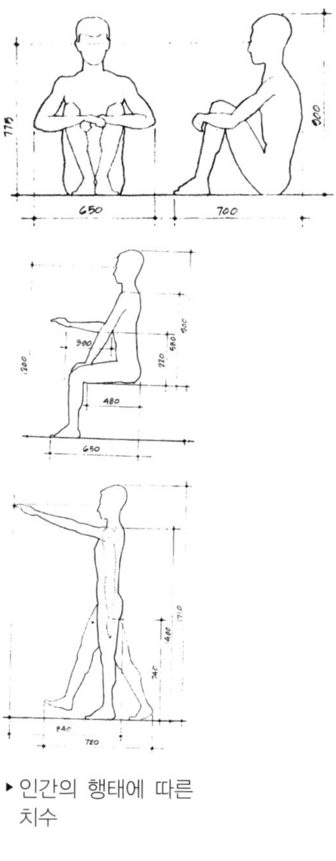

▸ 인간의 행태에 따른 치수

인간이 공간을 인지하는 과정을 보면 대개 1단계로 자신이 속한 공간의 크기를 인식하게 되고, 2단계는 자신이 속한 공간의 형태를 파악하게 되며, 3단계에서는 외부와 어떻게 연결되고 있는가를 파악한다. 여기서 자기가 속한 공간을 개인적인 공간이라고 하는데, 이 공간은 규모가 아주 작고 시각적으로

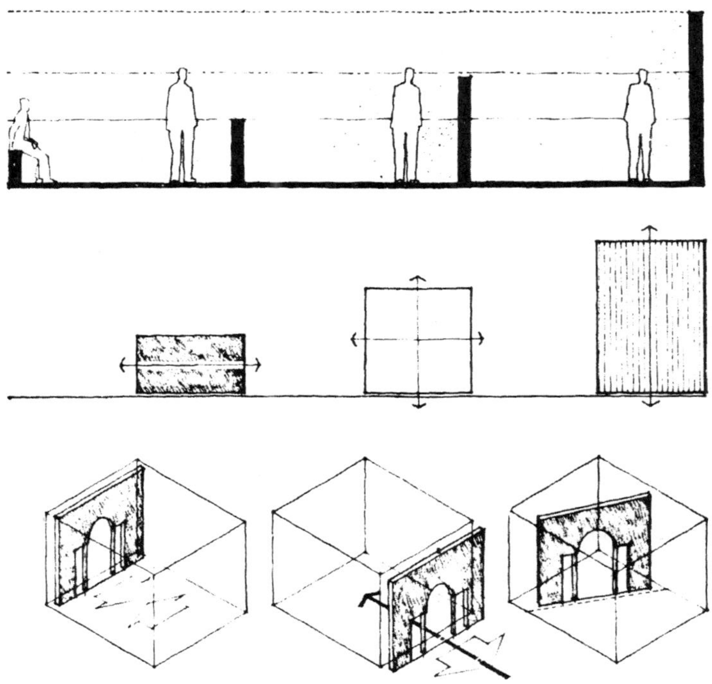

▸ 인간의 시각높이와 공간의 인지 관계
• 인간들의 시각 높이에서 한 평면은 2개의 공간 사이의 공간적 · 시각적 연속성을 저해하며 강한 에워쌈의 느낌을 준다. 평면의 색, 질감, 패턴은 그것의 시각적 중량감, 비례, 디멘션 등에 대한 인간들의 지각에 영향을 준다.

볼 수 없는 일종의 보호영역이라고 할 수 있다. 특히 이 공간은 인간의 성질이 유기체임을 고려할 때 항상 자신과 타인 사이의 경계를 유지하는 것으로서 타인과 공유되지 않은 개인적 완충지대라고 할 수가 있다.

이러한 개인적 공간은 동적이며 그 규모는 변하며, 침해당할 때는 긴장과 불안이 야기됨으로써 개인을 둘러싸고 있는 영역적 관할권의 공간이라고 할 수 있다. 이러한 개인적 공간을 유지하려는 충동은 타고 난 본능적인 것으로서 어떤 집단 내에서 적절하게 일정한 간격으로 공간화됨으로써 형태를 이룬다. 이렇게 형성된 개인적인 공간은 스트레스를 감소시키며 개인의 프라이버시, 개인 간의 의사전달, 집단의 응집력을 향상시킨다. 또한 나이와 비례하여 개인적 공간은 증가하는데, 나이가 많아질수록 작아지는 경향이 있다. 한편 남자의 개인적공간은 여자와 접촉할 때보다 남자와 접촉할 때가 더 크며,

비공식적인 경우보다 공식적인 경우에 그 규모가 더 크게 된다고 하겠다.

이러한 개인적인 공간에 대한 인식은 공간을 형성하는 요소나 건축가가 사용하는 다양한 요소에 의해서 영향을 받을 수 있다. 즉 공간상의 스케일*Scale*, 공간과 공간간의 거리*Distance*, 동적인 흐름*Flow*이나 움직임을 나타내는 동선, 재료 및 형태 등이 공간의 인식에 영향을 미치게 할 수 있다. 이 중에서 스케일은 인간이 공간 속에 있는 모든 것을 자기들과 결부시키는 경향이 있기 때문이다. 인간이 사용하는 스케일도 반드시 인간 자신들이라 할 수 있는데, 이는 인간 스스로 자신의 인체가 느끼는 것, 인체의 생김새에 대해서 인간이 더 잘 알고 있는 것은 없기 때문이다. 따라서 공간인식에 있어서의 모든 것은 인체의 크기, 즉 휴먼 스케일*Human Scale*에 맞추어 느껴지며 인식되는 것이다.

에드워드 홀*Edward Hall*은 휴먼스케일의 사회적 상호작용에 의한 개인적 공간 유형을 네 가지로 분류하였다. 시각, 소리, 후각, 체온, 호흡 등의 느낌을 알 수가 있고 타인과의 명백한 관계를 창조하는 거리를 친밀거리*Intimate Distance*라고 하며, 그 거리는 30cm 정도이다. 타인과 상호작용을 하기 위해 사용되어지는 공통적인 거리를 개인적 거리*Personal Distance*라고 하며 이 거리보다 더욱 접근하면 불쾌감을 초래하게 되며, 그 거리는 45cm에서 1.2m 사이에 있다. 토론을 하거나 공식적인 만찬석상에서 사람들끼리 이야기를 한다거나 하는 사회적인 접촉을 위해 사용되는 거리는 보통 1.2m에서 3.6m의 사이에 있으며, 이를 사회적 거리*Social Distance*라고 한다. 마지막으로 형식적인 일이나 공식적인 대화를 하는 거리를 공공의 거리*Public Distance*라고 하며 3.6m에서 7.5m의 사이에 있다. 그 이상의 거리는 사회적인 상호작용이 발생하지 않는 거리로 이해할 수 있다.

동선에 의한 공간인식은 공간이 정적인 것이 아니라 동적이기 때문에 개인적 공간은 유연성이 없어서는 안 된다. 따라서 공간 내에서는 항상 움직임, 이동, 변화 등이 생기며 거의 모든

• 벤치를 분리시켜 매치하면 타인과의 접촉이 방해된다.

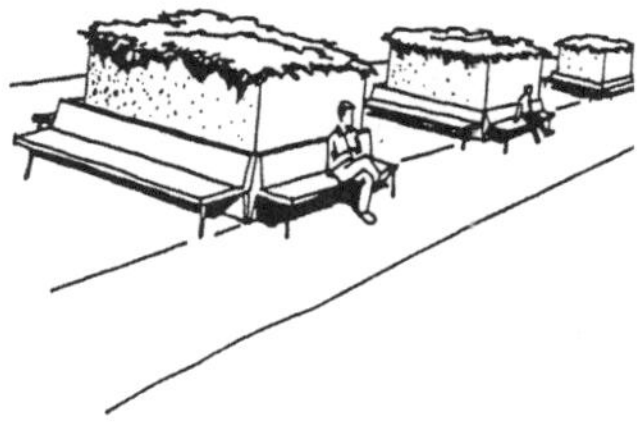

• 벤치를 모아서 배치하면 서로 대화를 촉진시키고, 타인을 조용히 관찰할 수 있다.

▸ 시설물에 의한 인간의 접촉

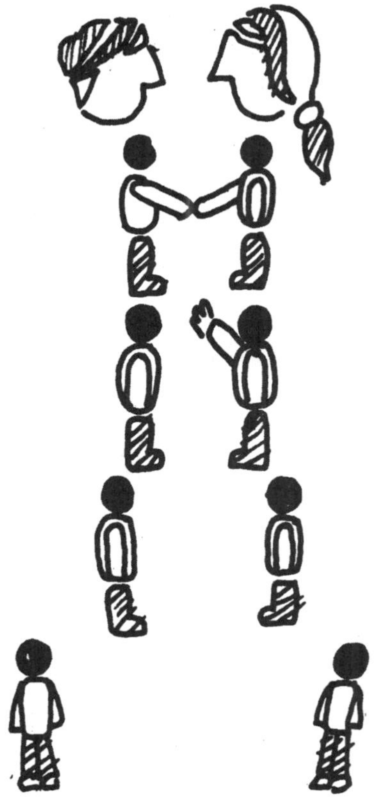

▸ 밀접거리 (0.46m 이내의 거리)

• 가까운 거리로, 시각, 후각, 상대방의 체온, 숨소리, 냄새 등 모든 것이 결합되어 딴 사람의 신체와 밀접히 관계되고 있다는 것을 알 수 있고, 머리는 확대되어 보이며, 음성은 낮은 목소리나 속삭임이 사용된다.

▸ 개체거리 (0.46~1.22m)

• 두부(頭部)는 정상의 크기로 지각되고, 15도의 시각 속에 상대방의 상반부나 하반부분이 들어오고, 명료하게 보인다. 서로가 손을 펼치면 손가락이 닿는 거리로, 이 거리에서는 목소리의 크기는 중간 정도로 개인적 관심이나 관계를 논의할 수 있다.

▸ 사회거리 (1.22~3.66m)

• 머리의 크기는 정상적으로 지각되고, 몸 전체가 시각 내에 나타난다. 음성은 정상수준으로 전부 알아들을 수 있어 개인적인 용건이 아닌 것은 이 거리에서 행해지고, 사교상의 집합도 이 거리를 취한다.

▸ 공중거리 (3.66~7.62m)

• 머리는 실체보다 둥글게 보이지 않고 평평하게 보이기 시작한다. 음성은 최고 음량은 아니나 약간 높다.

▸ 사회적 상호작용에 의한 거리 유형

공간들이 똑같이 경험하는 몇 가지 종류의 움직임이 있다. 공간을 인식하는 데는 이 흐름의 종류가 반드시 영향을 미친다고 볼 수 있다. 예를 들어 재료, 정보, 사람, 빛, 공기, 에너지 등의 모든 요소들이 어느 공간이든지 간에 그 공간 내에서 어수선하게 움직이고 인식된다.

그 외로 공간의 인식에 영향을 미치는 예를 들면, 색채와 텍스처*Texture*가 있다. 따뜻한 색채와 부드러운 텍스처는 따뜻한 분위기를 느끼게 하는 반면, 차가운 색채와 거친 텍스처는 차가운 공간을 인식토록 한다. 빛을 반사하는 표면은 공간을 확대시키며, 혼탁하고 어두운 색채는 실제보다 공간을 축소된 것처럼 느끼게 한다. 또한 공간 내에서 자유롭게 위치한 가구나 식물 등은 공간의 방향을 인식하도록 하는 데 도움을 준다. 수평적인 요소는 공간을 길어 보이게 하며, 상대적으로 수직적인 요소는 공간의 높이를 더욱 높게 인식시키는 경향이 있다. 이러한 공간을 인식하는 데 영향을 미치는 여러 가지 요소를 훌륭히 조절하여 조화를 이루면 쉽게 공간을 인식할 수 있는 통일감 있는 공간을 만들 수 있다. 그러나 무분별하게 다양한 요소를 마구 사용하면 어떠한 공간도 인식할 수 없는 동시에 기능성이 불확실한 공간을 만들어버릴 수 있으므로 이에 대한 주의가 요구된다.

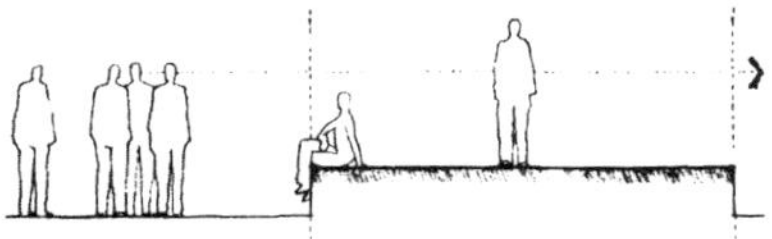

- 공간의 테두리가 명료하게 규정되어 있다.
- 공간적, 시각적 연속도가 유지된다.
- 물리적 접근이 쉽게 된다.

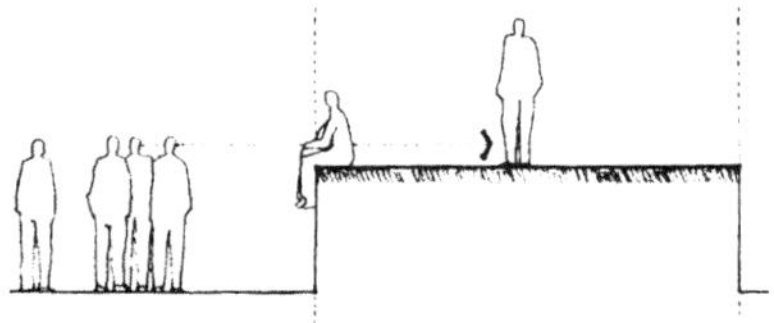

- 약간의 시각적 연속성이 유지된다.
- 공간 연속이 저해받는다.
- 물리적 접근시 계단이나 경사로가 요구된다.

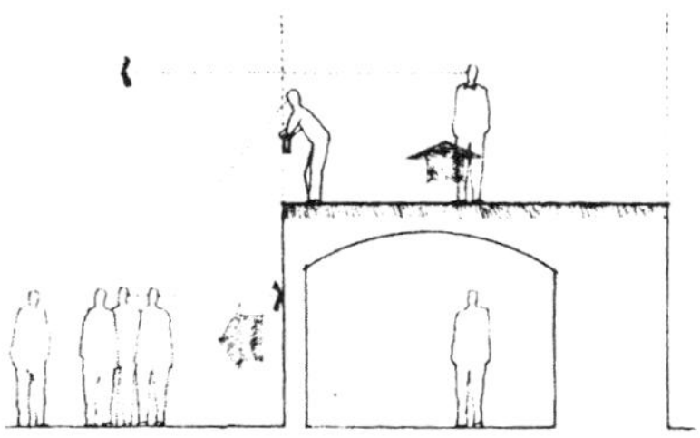

- 시각적 공간적 연속성이 저해된다.
- 상승된 평면의 공간은 지평면 또는 층면으로부터 분리된다.
- 높게 상승된 평면의 아랫부분은 다른 기능의 공간으로 변형된다.

▸ 높이 변화에 따른 수평적 공간의 연속

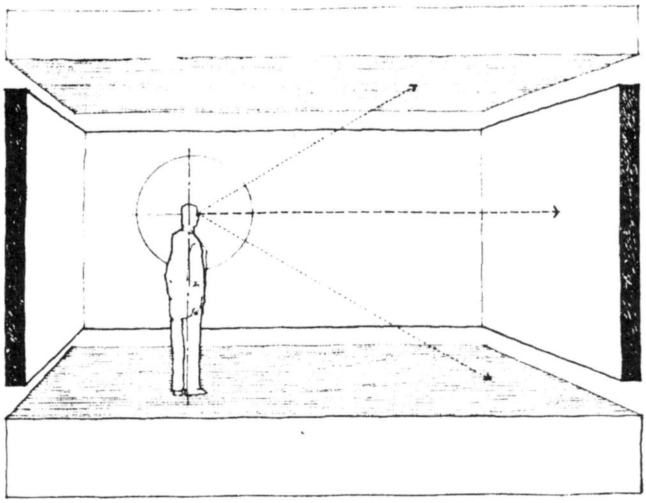

▸ 공간의 수직적 범위

- 일반적으로 수직적 형태가 수평적 평면보다 더 동적이다. 공간의 볼륨을 규정하고, 그 내부에 있는 인간들에게 강한 에워쌈의 기분을 제공해주는 수단이 되는 것이다.

5 장

건축과 스케일

1. 단위와 연관된 사상들

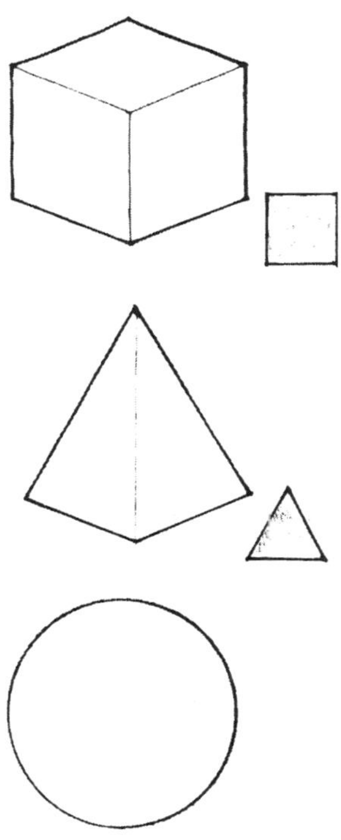

▸ 입체는 길이, 폭, 깊이의 3개 차원으로 형성

• 정점 : 몇 개의 평면이 함께, 선(모서리) : 두 평면의 만남, 평면(표면) : 입체의 한계와 범위

여러 가지의 아름다운 건축물에는 알게 모르게 어떠한 반복이 있음을 알 수가 있다. 건축물에는 그 시대 또는 그 문화에 두드러진 특징을 나타내는 어떤 주된 요소나 패턴이 반복되고 있다. 그것이 하나의 문양일 수도 있고, 어떤 재료일 수도 있으며, 또는 눈에 보이지는 않으나 무엇인지 형이상학적인 요소일 때도 있다.

피타고라스는 항상 수를 도형에 의해 생각하는 버릇이 있었다. 즉 1은 위치를 나타내는 점이고 점은 위치를 갖는 1이다. 직선은 두 점으로 만들어지고 평면은 세 점으로 만들어진다. 그리고 네 점은 가장 기본적이고 단순한 입체인 사면체를 만든다는 생각을 가지고 있었다. 중요한 것은 점, 선, 면, 입체의 네 가지가 가장 중요한 요소라고 생각한 것이다. 우리나라에서는 4라는 숫자의 의미가 죽음을 뜻한다 하여 무척 꺼리나, 고대 그리스에서는 4를 성스러운 수로 여겼다. 이는 1+2+3+4=10이라는 법칙이 생김으로써 그리스인의 정서와 맞아떨어진 이유가 아닌가 생각되어진다. 철학자인 플라톤은 네 개의 다면체가 우주의 4원소인 흙·물·공기·불을 상징하며, 불은 정사면체, 흙은 정육면체, 공기는 정팔면체, 물은 정이십면체에 의해서 상징되고 이 4원소를 다같이 간직하고 있는 우주 전체의 모양은 정십이면체라고 생각하였다.

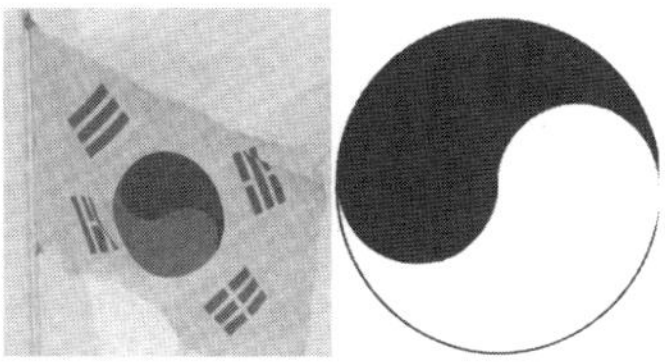

▸ 우리나라의 태극문양
• 태극도는 우주의 무한한 뜻을 원으로 표현하고 있다.

▸ 중국의 12지신상

우리나라에서는 모든 것을 음양으로 나누어서 따지는 경향이 강했으며 지금도 그러한 사상이 있다. 우리나라의 태극기에도 이러한 수의 개념이 표현되어 있다고 한다. 이는 두 가지 막대를 사용하여 좋은 일과 나쁜 일을 점쳤던 것을 보아도 알 수 있다. 이것을 역易이라고 부르고 각각 건乾, 태兌, 이離, 진震, 손巽, 감坎, 간艮, 곤坤의 '팔괘八卦'를 사용하였다. 여기서 우리의 태극기는 건이감곤을 택하여 4괘를 사용하고 있다.

고대 메소포타미아에서는 60진법이 사용되었다. 이 60진법은 아직도 시간의 단위에 남아 있어서 1시간을 60분, 1분을 60초로 하여 사용되고 있다. 또한 60의 6배인 360을 가지고 원을 분할하여 그 하나를 1도로 정한 것도 이들이었다.

중국과 우리나라에서는 60년을 단위로 하는 십간 십이지가 쓰여지고 있었고, 현대에도 이러한 것들이 우리 생활에 중요한 의미를 가지고 있다. 즉 십간은 갑, 을, 병, 정, 무, 기, 경, 신, 임, 계의 열 개이며, 십이지는 자, 축, 인, 묘, 진, 사, 오, 미, 신, 유, 술, 해의 12개의 짐승을 상징하고 있다. 그래서 갑자년, 을축년 등의 해의 이름을 사용하고, 이것이 60년 만에 다시 순환하는 형식을 취하고 있다. 이를 '회갑'이라고 하는 것을 우리는 잘 알고 있다.

이러한 의미에서 우리가 사용하는 십진법은 사람의 손가락을 가지고 수를 인식하였던 편리성에서부터 시작된 것이라고 생각된다.

현재로서는 이 십진법이 모든 나라에서 통용되는 가장 중요한 기준이 되고 있으며, 모든 치수·중량·단위의 척도가 되고 있다. 화폐의 단위도 이러한 기준에 의해서 이루어져 있는데, 우리나라의 화폐 종류도 여기에 따라 1원, 5원, 10원, 50원, 100원, 500원, 1,000원, 5,000원과 10,000원 권으로 쓰이고 있다. 미국의 경우는 여기에 20달러짜리의 화폐도 있어서 편리하게 되어 있다. 길이의 단위인 m는 프랑스의 파리를 지나는 지구의 자오선의 4천만 분의 1을 그 기준으로 하여 십진법을 사용하고 있다.

2. 단위의 유형들

예부터 인간은 자신과 주변 자연과의 크기나 힘을 비교할 수 있는 단위가 필요하였다. 역사상 많은 민족과 나라들이 사용했던 단위체계와 각 생산체계에 쓰이는 단위들은 뚜렷하지는 않지만 공통점이 있다. 또한 건축의 일정한 생산체계도 주로 인체 각부, 특히 신장·손·발의 치수를 바탕으로 한 척도체계이다. 비교를 한다든가, 물체를 잰다든가, 생산을 한다든가 하는 인간의 행위는 생산노동에서 시작된 것이며, 이러한 행위들을 납득할 수 있는 척도의 기준은 인체 그 자체였다.

예를 들면 고대 이집트에서는 팔이나 손바닥을 바탕으로 한 큐빅*Cubit*이라는 척도가 있었고, 또 발이나 팔을 기준으로 한 영국의 피트*Foot*나 야드*Yard* 단위를 들 수 있다. 우리나라의 경우도 황종척, 영조척, 포백척, 양전척 등의 척관법은 인체척도를 바탕으로 해서 산출된 체계인데, 인간생활이나 건축의 척도로 편리하게 쓰여 왔다. 따라서 단위는 인간자신의 치수에서 발달하였으며, 건축의 치수단위도 인간적인 치수에 그 근원이 있다.

2-1 길이의 단위

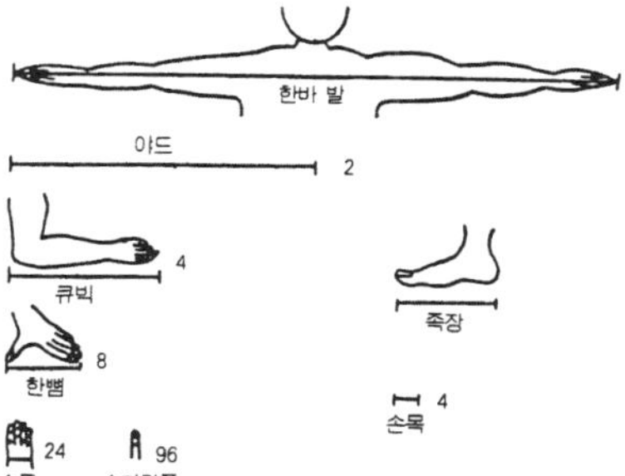

▸ 길이의 인간단위 (숫자는 배율)

건축에서 가장 많이 사용하는 것 중의 하나는 길이의 단위이다. 사람은 길이를 측정하는 단위로 가장 중요한 손가락이나 팔을 사용하였다. 팔굽에서 손을 폈을 때 가운데 손가락 끝까지의 길이를 큐빅(*cubit*=0.4236m)이라고 하였으며, 사람이 가장 피로를 덜 느끼며 사다리 한 계단을 오를 수 있는 수직거리로 대개 사람 발의 길이와 일치하는 단위 피트(*foot*=약 30cm)를 사용하였다. 사람이 팔을 벌렸을 때 양팔 사이의 거리가 대개는 자기의 키와 같으나, 그 반은 90cm되며 이것은 야드*yard*라는 단위로 쓰였다. 척관법에서는 한 자尺라는 단위를 사용하였는데, 이것이 대개 1피트*foot*와 같다. 그 10분의 1이 한 치寸라 하여 약 3cm쯤 된다.

2-2 면적의 단위

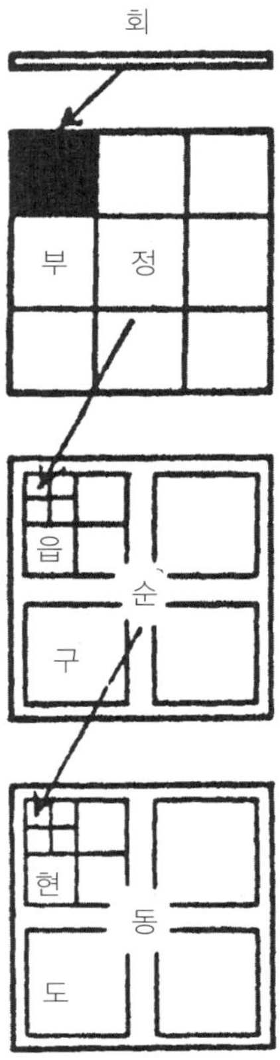

▸중국의 면적단위

낙농국가에서 한 사람이 낫 한 자루로 하루에 풀을 벨 수 있는 넓이 또는 두 마리 소가 하루에 경작할 수 있는 넓이의 땅을 에이커*Acre*라고 하였다. 이를 프랑스에서는 쥬날*Journal*, 이탈리아에서는 지오나타*Giiornata*, 스페인에서는 파늄*Fanum*, 독일에서는 탁그베르크*Tagwerk*라고 한다. 중국에서는 면적단위로 1보步를 기준으로 하여 100보 사방을 1회, 100회를 1부, 3부를 1옥, 3옥이 1정井이라 하고, 1정의 한 변을 1리里라 하여 거리의 단위로 하였다. 4정井을 읍邑, 4개의 읍을 1구丘, 4개의 구를 순旬, 4개의 순이 합쳐지면 현縣이라고 하며 지방의 단위로 삼았다. 현이 4개 모이면 이를 도都라고 하였고 지금의 도시라는 의미가 여기서 발생한 것으로 보인다. 4개의 도가 모이면 이것을 1동同이라고 하며, 이때의 한 변의 거리가 100리里 정도가 된다. 10동이 모이면 봉封이라고 하여 왕족이나 귀족에게 내려 주는 작은 독립적 왕국의 면적이다. 10개의 봉이 모이면 왕기王畿라 하여 그곳을 다스리는 자는 비로소 왕이 될 수 있고, 이때는 사방 1,000리里가 되는 것이다. 우리나라에서는 약 5.4km를 1리로 하였고 대동여지도의 거리치수는 이것을 기준으로 하였으며, 일본은 4km를 거리의 단위로 하여 사용하였다.

2-3 액체·건조품의 단위

액체나 건조품을 측정하는 단위도 인간의 일상생활에 실제적인 단위가 한계로서 사용되었다. 먼저 프랑스의 리턴*Litron*은 한 손으로 팔을 구부리지 않고 쉽게 들어올릴 수 있는 분량의 한계로서 사용되었으며, 갤런*Galon*은 한 손으로 바닥에 놓인 물건을 한 팔을 뻗은 채 일정한 거리로 옮길 수 있는 양을 의미한다. 버셀*Bushel*은 자루를 어깨에 걸머지고 쉽게 운반할 수 있는 곡식의 양을 의미하며, 리그*League*는 한 사람이 천천히 걸어서 한 시간 동안 갈 수 있는 거리의 한계를 말하는 단위로 사용하였다.

2-4 시간의 단위

▸ 시간의 단위

하루는 우주의 단위로 인간과는 관계가 없지만 12단위로 분할하면 인간의 생활과 에너지를 반영하는 신비함이 있다. 이 12를 2, 3, 4, 6으로 나눌 수 있으므로 하루를 24시간제로 하며, 이러한 시간단위는 인간의 생활리듬과 밀접한 관계가 있다.

1초는 인간의 심장이 두 번 뛰는 시간의 한계이고, 1분은 인간이 눈을 감기 직전에 보았던 형태를 마음속에서 느낄 수 있는 한계이다. 1시간은 사람이 어떤 일을 할 수 있는 최소한의 시간단위, 노동의 단위, 수업 중 주의를 집중할 수 있는 한계로 수업시간의 기본단위로 쓰이고 있다. 2시간은 인간이 피로를 느끼지 않고 일에 전념할 수 있는 시간의 한계이다. 3시간은 사람의 위가 비는 주기이므로 사무실에서나 집에서 간식을 들거나 차를 마시는 것이 습관화되어 있다. 4시간은 경계상태를 계속 유지할 수 있는 최대한의 시간이며, 안전하게 운전을 할 수 있는 최대 시간의 한계이기도 하다.

또한 하루를 오전, 오후, 저녁, 밤 등 6시간 단위로 구분한 것은 수평선상의 태양의 위치에 따라 인간의 기분이 달라지는 것을 의미한다. 즉 6시간은 하루를 4등분하는 기준으로서 아침은 희망, 오후는 충실한 작업, 저녁은 오락과 사교활동, 밤은 휴식을 의미하며, 오전, 오후, 저녁 3식을 할 때의 식사간격을 의미한다. 하루를 3등분하면 8시간이며, 이는 사람이 평균적으로 8시간을 수면해야 정상적인 인간생활을 유지할 수 있기 때문이다.

시간의 단위는 초, 분, 시, 일, 달, 년 등으로 이루어지고 있으며, 각각 60진법과 관련되어 있다. 바빌로니아에서는 지금의 단위로 432만 년을 1레이타르메아*Leitarmer*라고 하였다. 인도에서는 108만 년을 유가*Yuga*라고 하여 4번 반복되면 432만 년이 되며, 이를 마하유가*Maha Yuga*라고 하며 이것이 수천 번 반복되면 겁*劫*이라고 하였다. 영겁이라는 말은 여기서 나온 것이다.

2-5 미터법

▸ 그리스의 파르테논 신전

지금까지의 건축물들은 나라와 민족에 따라서 각기 인체를 기준으로 만들어진 척도와 단위를 기준으로 하였다. 그리스에서는 파르테논 신전을 만들면서 당시 인간의 평균신장과 비슷한 1.618m의 숫자를 기본으로 사용하였으며, 이 숫자가 파르테논신전의 신비한 모듈이다. 그러나 18C에 프랑스에서 제정된 파리를 통과하는 지구 자오선의 1/4,000만이라는 십진법 체계인 미터*Meter* 단위를 세계적으로 치수의 단위로 하여 사용하고 있다. 그러나 이 미터법의 체계는 여러 가지 디자인에서는 십진법의 한계를 나타내고 있다.

3. 건축과 척도 & 휴먼 스케일

3-1 척도와 치수

척도*Scale*와 치수*Dimension*이라는 용어는 건축에서 가장 많이 사용된다. 그러므로 이에 대한 연구와 지식을 가지고 있는 것은 중요하다고 할 수 있다. 척도는 스케일*Scale*이라고 하며, 무엇인가를 잰다는 뜻을 가진다. 즉 이것은 측정한다*Measure*라는 의미를 가지고 있으며, 한편으로는 치수라고도 할 수 있다. 치수라는 의미를 사용하는 경우는 어떠한 길이의 양을 나타내거나 또는 어떠한 양을 물리적인 기준을 사용하여 나타내는 것이라고 할 수 있다. 이 물리적인 치수의 기본이 되는 것, 기본으로 사용되는 일종의 시스템을 척도라고 할 수 있다.

스케일이라는 용어는 디자인이 적용되는 공간과 공간 내에 배치되는 물체들의 상호간에 유지되어야 할 적정 크기의 관계로 치수*Dimension*의 수리적 관계를 말한다. 즉 인간의 생활이나 동작, 건축물의 구조나 시공에 사용되는 기준의 크기를 척도라고 할 수 있다. 또한 인간의 척도를 휴먼 스케일*Human Scale*이라 할 수 있으며, 이것을 적용하여 인간의 크기에 적합한 건축물의 규모, 넓이, 길이 등을 유도하는 기준의 크기를 고려하는 것이다.

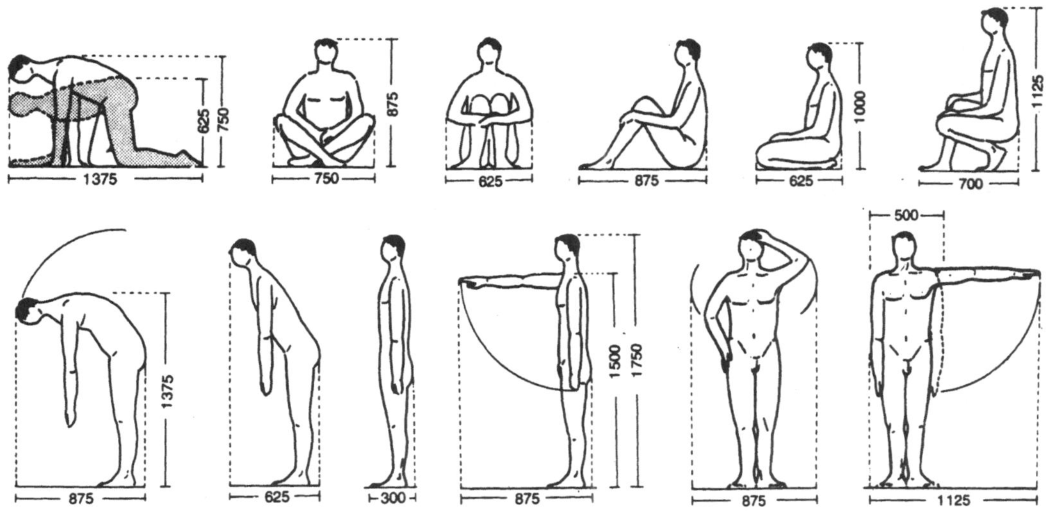

▸ 인체의 동작 치수

▸ 펜실베이니아의 낙수장
• 나무와 바위, 흐르는 물과 바람, 인간규모의 건축물이 어우러져 있다.

구체적으로 말하면 실내의 크기나 그 내부에 배치되는 가구, 집기 등의 체적, 그리고 인간의 척도와 인간의 동작범위를 고려하는 공간관계 형성의 측정기준이라 할 수 있다. 특히 이러한 실내에서의 스케일은 그 공간의 사용목적에 따라 적용방법을 달리함을 볼 수 있다. 예를 들면 큰 용적의 공간은 기념적 성격이나 출입하는 공간 등이 이용되고, 작은 용적의 공간은 개인적 프라이버시 공간에 이용됨을 들 수 있다.

3-2 휴먼 스케일

(1) 휴먼 스케일의 의미

휴먼 스케일에 적합하다라든가, 휴먼 스케일에 맞는다라는 것은 무엇일까? 그것은 인간의 생활을 위해서 형성되는 건축물, 공간, 가구 등 모든 요소가 인간의 몸과 마음에 잘 맞아야 한다는 뜻이다. 다른 말로 표현한다면, 그 요소를 이용하는 사람에게 꼭 맞아야 한다는 뜻이다. 만약에 인간의 척도에 맞지 않는다면 인간을 위한 모든 디자인은 모든 면에서 실패한 것

▸ 휴먼 스케일의 적합

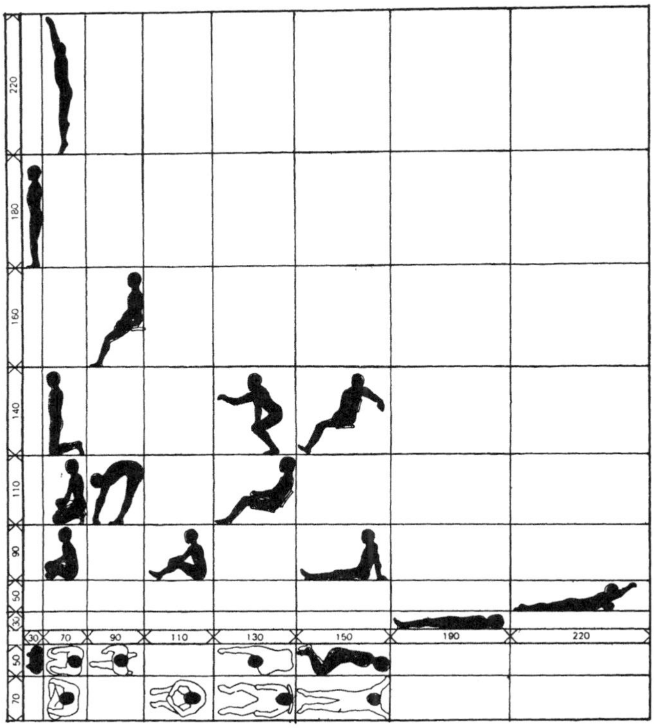

▸ 인간의 행위와 적합한 공간

이라 하겠다. 왜냐하면 맞지 않는 디자인은 사용이 불가능하고 그러한 디자인은 아무리 매력적이더라도 쓸모가 없기 때문이다.

따라서 건축에서는 건축에 사용되는 치수 등이 인간의 척도에 맞아야 하며, 미적인 면과 기능적인 면 양쪽 모두 고려한 디자인을 만드는 것이 중요한데, 건축에서의 척도나 휴먼 스케일은 인간을 위한 환경이라는 옷이 인간의 생활에 맞도록 하는 것이라 하겠다.

(2) 휴먼 스케일의 요소

인간의 생활이나 동작에 적합한 휴먼 스케일을 이루기 위해서 고려해야 될 요소로 환경적 영향, 인체치수, 인간의 행위와 반응, 인간관계상 거리 등을 들 수 있다.

환경적 영향은 인간이 편안하고 아늑하게 생활할 수 있는 요소들을 고려해야 한다는 것이다. 예를 들면 소음, 빛, 온도,

습도, 환기 같은 요소들에 대해 인간은 뚜렷한 반응을 한다. 그리고 각각의 요소에는 인간이 안락하게 느낄 수 있는 어떤 범위가 있다. 이것을 수용범위라고 하며, 이 범위를 벗어난 건축이나 척도는 인간의 쾌적한 생활을 위한 실용적인 면에서 소용이 없다.

인체치수는 모든 물체나 건축에 있어서 척도기준의 바탕이 되어야 한다는 것이다. 성인의 신장은 5m나 1m일 수는 없으며, 대부분 평균신장이 1m 70cm 내외라 할 수 있다. 체중도 40~80kg 정도의 범위를 이룬다. 물론 이런 신장이나 체중의 범위 밖에 있는 예외도 있으나 이러한 일반적 범위가 건축에서의 척도나 디자인을 할 때 사용할 수 있는 변수가 된다. 만일 이러한 변수를 고려하지 않는다면 인간에 필요한 요소, 즉 몸에 꼭 맞는 휴먼 스케일을 고려하지 않은 인간에게 쓸모없는 것이 되고 만다.

다음에 유의하여야 할 것은 인간의 몸과 인간을 둘러싸고

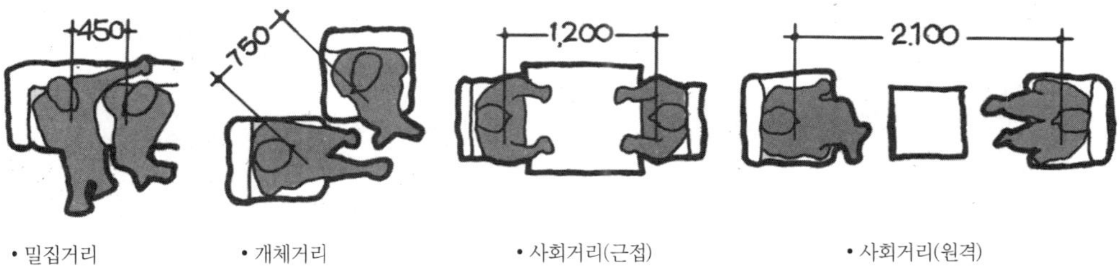

▸ 인간의 대인거리(공간의 접촉)

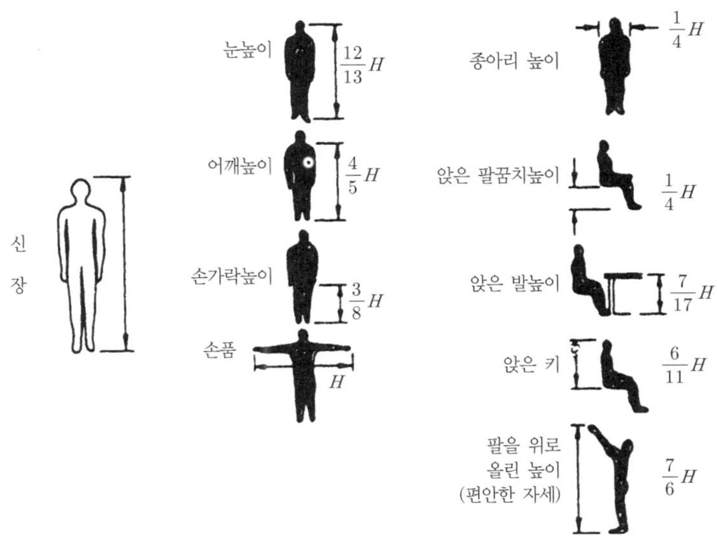

▸ 인체치수의 약산식

있는 공간의 접촉, 즉 인간의 행위와 그에 대한 반응이다. 예를 들어 교회의 천장이 높다면 교회문을 들어서면서 두려움과 경외감을 느끼게 된다. 그리고 벤치, 설교단, 의자 등 모든 것이 다른 기능을 가지고 있고 각각 다른 느낌을 준다. 여기서 중요한 것은 이러한 각 요소들을 인간이 어떻게 이용하는가보다는 각 요소들이 실제로 있는 자리가 인간들에게 어떤 효과를 주는가 하는 점이다. 왜냐하면 휴먼 스케일은 인간이 이런 주위환경에 대해 어떻게 행동하고 반응할 것인가를 결정지어 주는 데 중요한 역할을 하기 때문이다.

또 하나의 휴먼 스케일의 요소는 관련 있는 두 사람 사이의 인간관계상의 거리이다. 모든 사람은 자신이 지키고 싶어 하는 어떤 거리, 즉 자신만 영역을 가지고 있다. 그 거리는 개인의 공간이라고 불리고, 인간의 개인공간은 경우에 따라 바뀔 수 있다. 따라서 디자인을 할 때, 그 환경이 그 사람에게 꼭 들어맞도록 유의해야 한다. 예를 들면 식탁은 높이가 적절해야 한다. 그렇지 않으면 식사하는 사람이 음식을 즐겁게 즐기지 못하게 된다. 또한 의자의 등받이는 적절한 모양과 크기를 갖추어야 하며, 목욕탕은 적어도 사용자가 타올로 등을 닦을 수 있는 넓이가 되도록 하여야 한다. 서류 캐비닛은 적당한 깊이의 서랍이 있어야 하고 그것을 사용할 비서가 최대로 활용할 수 있도록 적당한 높이를 가져야 한다.

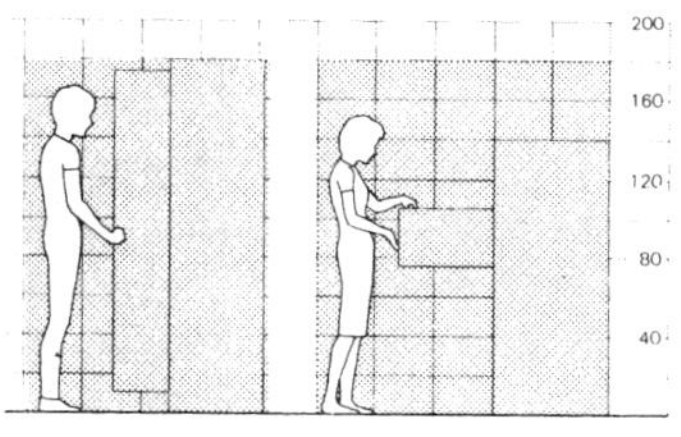

▸ 휴먼스케일에 적합한 라커 & 캐비닛

3-3 건축적 스케일

건축적 공간과 관련된 스케일의 종류에는 물리적, 생리적, 심리적 스케일 등이 있다. 물리적 스케일은 출입문의 경우 사람이나 물건의 치수에 따라 결정되며, 생리적 스케일은 창문의 크기가 필요한 환기량이나 채광상 여건에 따라 스케일을 결정하는 경우이다. 그리고 심리적 스케일은 압박을 받지 않을 정도의 천장높이나 공간의 크기 등을 고려하여 적당한 척도를 유지해야 하는 것을 말한다.

종류	결정요소
물리적 Scale	사람 & 물체의 치수에 따라 결정 ex) 출입문
생리적 Scale	환기 & 채광 여건에 따라 결정
심리적 Scale	심리적 압박 & 느낌에 따른 결정

▸ 스케일의 유형

심리적 공간에 따른 스케일은 건축이나 공간을 계획하거나 설계할 경우에 심리적 안정감과 여유감을 갖도록 척도기준을

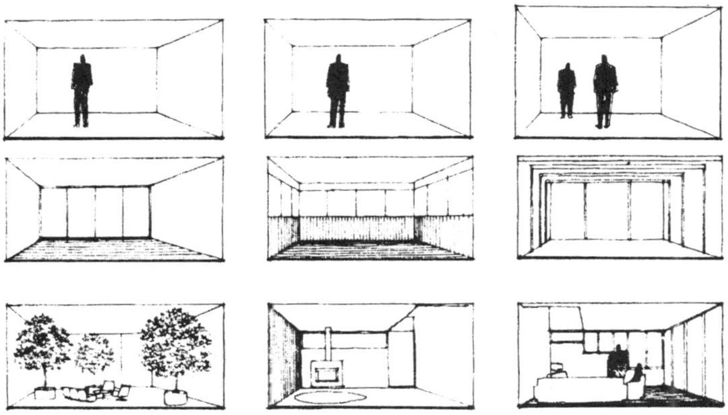

▸공간의 수직 척도
• 한정하는 면의 형, 색, 패턴, 개구부들의 형과 배치, 공간 내에 배치된 요소들의 본질과 척도에 영향을 미친다.

설정하여 적용하는 유형이라 하겠다. 이러한 공간, 즉 건축적 공간, 물리적 공간, 심리적 공간 등의 공간척도는 근본적으로 인체척도 자료에 의해 결정되며, 자세와 사용시의 변화를 허용할 수 있어야 한다.

공간척도는 생활과 공간과의 상호관계를 만족시키는 적정치수 체계라고 하겠으며, 스케일에는 크기와 면적의 개념이 있다. 스

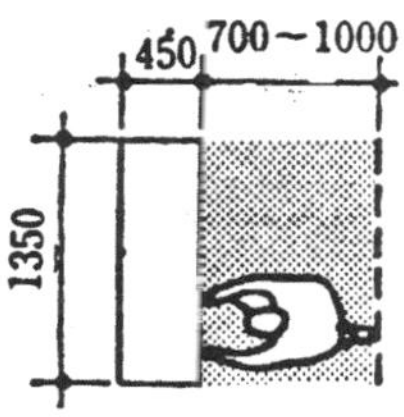

• 낮은 선반에서 물건을 꺼낸다.

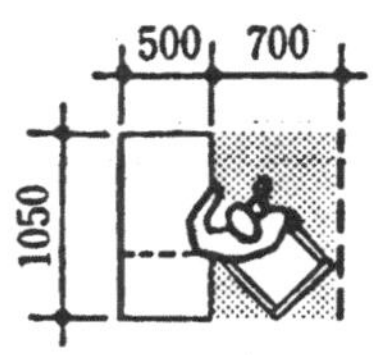

• 책상에서 일어선다.

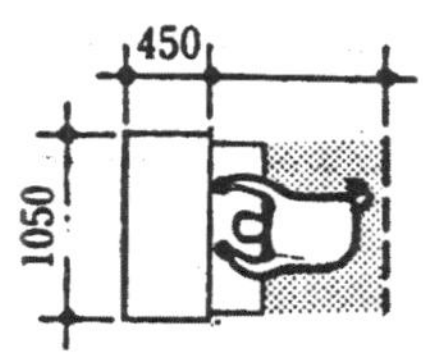

• 낮은 장에서 의류를 꺼낸다.

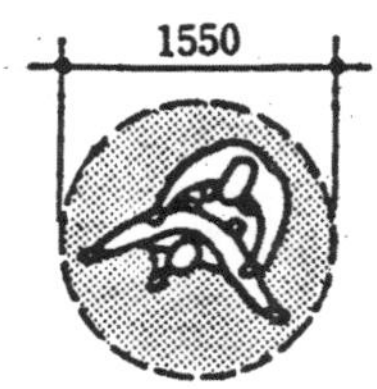

• 코트를 입힌다.

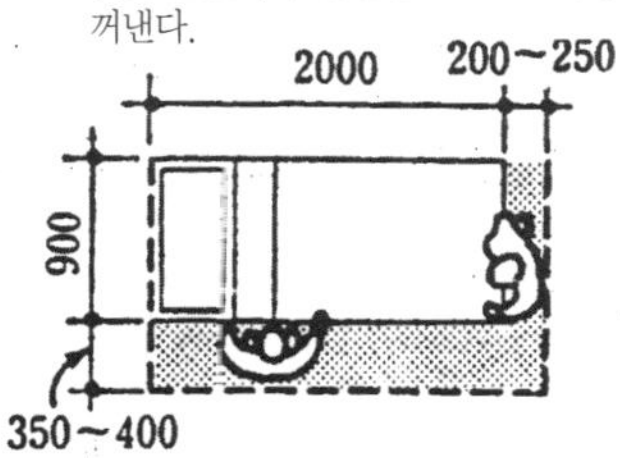

• 베드 메이킹

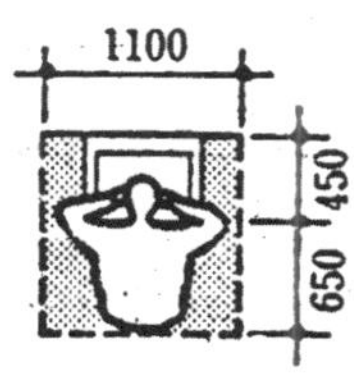

• 세면

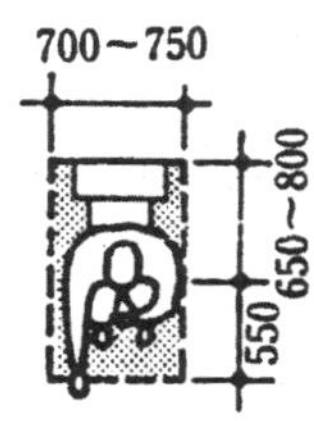

• 배설

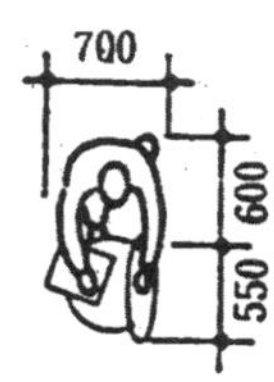

• 쓰레기 담기

▸단순한 행위에 필요한 치수공간

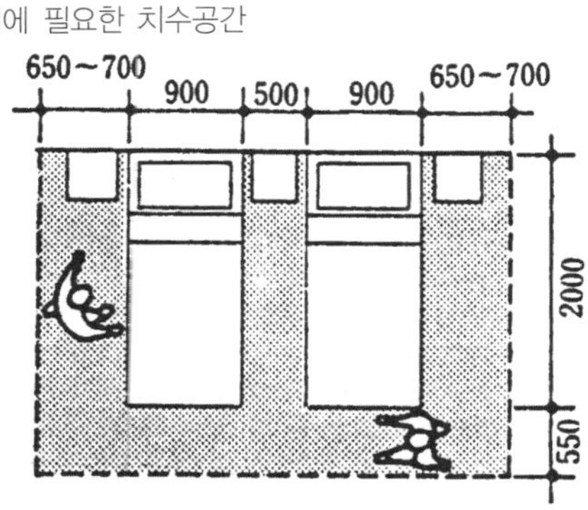

• 취침 및 침대 주위를 거닌다.

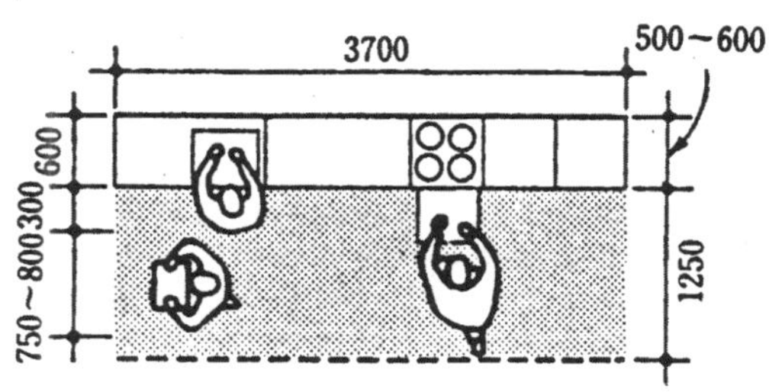

• 조리, 싱크, 오븐에의 동작, 그릇을 가지고 뒤쪽을 통과한다.

▸인간의 복합화된 행위에 필요한 치수공간

케일의 크기에는 평면적인 것만이 아니라 건축물의 향이나 실의 환기량을 고려하여 용적을 고려하지 않으면 안 된다. 즉 공간을 사용하는 사람 1인당의 넓이 또는 용적으로 공간크기를 파악해야 한다. 또한 길이의 치수가 크기의 개념으로서 중요한데, 예를 들면 복도의 경우에 그 폭과 높이가 통행하는 사람의 수와 보행속도를 결정한다. 출입구의 경우에는 개구부의 폭과 높이가 출입행위를 규제하는 경우가 많다.

공간상의 척도는 인간생활의 양적 측면을 다루는 계획행위이며, 실제적인 공간으로 변환해 나가는 과정에서 적절한 치수화가 이루어지도록 하는 것이다. 시설의 적정한 수용능력과 해당시설 이용의 처리능력이 원활하게 이루어지기 위해서는 건축적 공간 이든, 물리적 또는 심리적 공간이든 간에 해당공간의 스케일이 적정해야 한다. 즉 공간규모에 의해서 자동적으로 스케일이 결정된다고는 볼 수 없기 때문에 계획된 공간의 규모가 생활요구에 적합한지를 체크하는 것이 공간상 척도의 역할이다.

4. 건축과 모듈

4-1 모듈과 르 모듈러

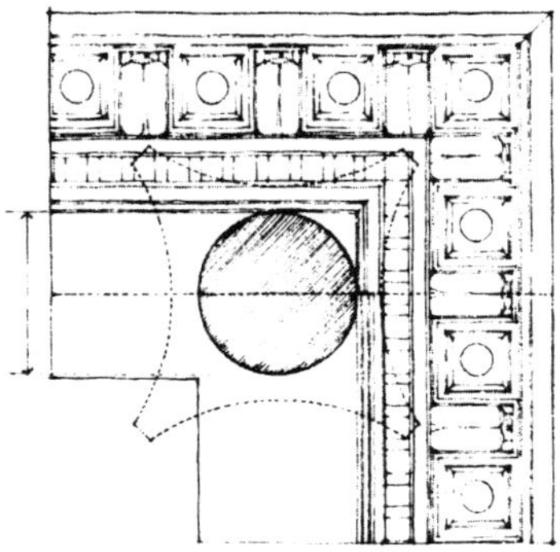

▸고대 그리스 기둥 평면 및 직경 (코린트식)

인간의 척도를 생각함에 있어서 일정한 반복이 이루어지면서 하나의 기준이 되는 치수가 있는데, 이것이 모듈*Module*이다. 여기서 파생된 디자인용 척도용어가 모듈러*Modular*인데, 이 모듈러는 라틴어의 '척수'라는 의미가 있다. 이 모듈러는 그 의미에서 알 수 있듯이 13C에 수학자인 피보나치의 치수와 황금비율을 근거로 한 휴먼 스케일을 응용 혼합한 것으로, 르 코르뷔지에가 모든 디자인에 적용시킨 척도의 하나이다. 그리고 이 모듈을 의미하는 기준치수와 모듈러 척도를 사용하여 건축전반에 계획의 용이성, 시공의 용이성, 경제성을 부여함으로써 미적인 질서를 이루는 것을 모듈의 조화*Modular*

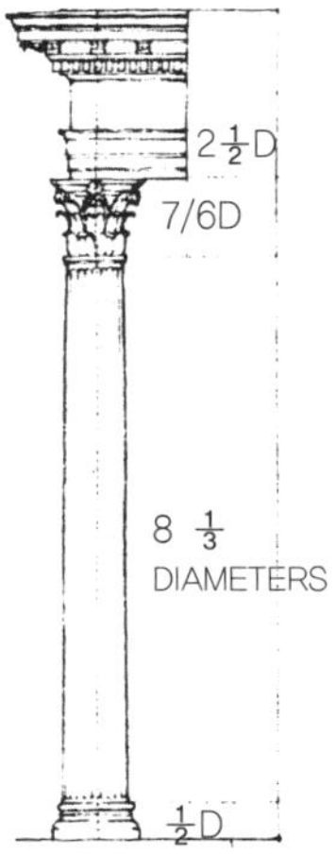

▸ 기둥 직경 D에는 따른 기둥높이의 비율
(고대 그리스의 코린트식 기둥)

*Coordination : MC*라고 한다.

이러한 모듈에 관련된 척도를 사용하였다는 것은 역사상으로도 찾아 볼 수 있다. 예를 들면 고대 그리스에서는 기둥의 직경을 기준치수로 사용하였음을 볼 수 있는데, 기둥의 기준치수를 기준으로 건축물의 길이와 높이를 정하였으며, 이것을 그들은 모듈러스*Modulus*라고 하였다.

(1) 근대의 모듈

근대에 들어서 모듈을 사용한 경우를 보면 1차대전 이후에 유럽에서는 심각한 주택난에 따라 조립식 주택을 모듈로 해결하고자 하였다. 스웨덴의 프리베르거*Erick Friberger*는 주택을 설계하면서 목조 조립주택을 이용하였으며, 미국의 빔*A. F. Bemis*은 4인치 입방체의 조립용 콘크리트 패널*Precast Concrete Panel*을 사용하여 주택을 건축하였다. 또한 독일의 브로이어*Marcel Breuer*는 금속주택을 계획함으로써 유기적인 치수 연계성을 추구하려 하였고, 플러*Buckminster Fuller*는 다이내믹 주택*The Dymaxion House*을 제안하였다.

고대부터 근대의 모듈에 관한 연구 및 시도는 오늘날 MC의 바탕이 됨으로써 이후에 많은 건축가들에 의한 새롭고 과학적인 모듈 제안이 나타나게 되었다. 이 모듈은 네트라*R. Neutra*의 4ft×8ft(1ft=30.48㎝)의 합판을 기준으로 하여 복도폭을 4ft, 천장높이를 8ft의 주거를 제안한 경우와 라이트*F. L. Wright*의 한 변이 4ft인 3각 격자평면을 제안하고, 120°의 각도를 사용하였다. 또한 미스 반 데 로에*Mies van de Rohe*는 24ft×24ft×12ft 등의 모듈을 제안하였다.

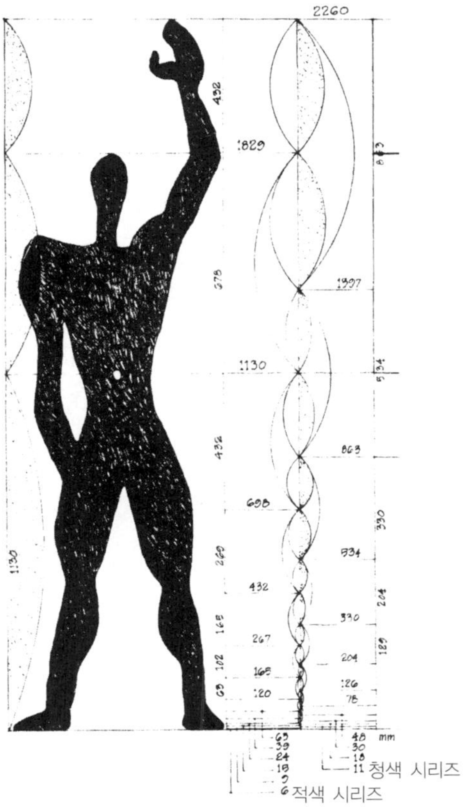

(2) 르 코르뷔지에의 르 모듈러

르 코르뷔지에*Le Corbusier*는 르 모듈러*Le Modulor*를 제창하여 모든 공예 및 건축에 사용하였다. 특히 코르뷔지에의 르 모듈러를 인간척도라고 하며, 미적 비례를 추구하는 고전적 개념에 입각한 것이다.

이에 따라 바로 치수값으로 사용한다거나 무리수 등의 어림값으로 사용하기가 어려운 부분이 있다. 그러나 이후에 발표된 수많은 제안들의 기초가 되고 있다.

르 코르뷔지에가 제안한 모듈러*Modular*는 인간이 팔을 쳐들었을 때의 높이를 배꼽높이의 2배로 하며, 인간의 신장을 1,892mm로 하고 배꼽의 높이를 황금분할에 따라 구하면 1,130mm로 한다는 것이다. 또한 팔을 들었을 때의 높이는 2,260mm가 되는데, 이는 황금비에 의해 1,829mm를 전개시킨 적색계열과 2,260mm를 전개한 청색계열(적색계열의 2배수열로 정함)을 만든다.

즉 인간의 기준적인 신장을 1,829mm로 하고, 이 수를 기본으로 해서 황금비로 전개한 수열과 이 수열의 각 항의 배수인 수열이 응용되어 성립되어 있다. 따라서 인체 및 사람의 동작에 기초를 둔 아름다운 등비적 수치배열(피보나치 급수에 근사)과 적赤, 청青의 배수관계를 취하는 동시에 등비수열과 등차적인 성질을 지님으로써 적용의 예가 많다.

이와 같이 근대의 모듈과 고전에 사용되었던 모듈과의 차이점은 고전의 모듈은 디자인의 본질적인 의미를 치중한 반면, 근대의 모듈은 설계 생산상의 편의성과 기능성을 위한 기준이었다. 다른 의미에서의 차이점은 고전의 모듈은 메커니즘보다 인간성이나 인간의 척도를 보다 존중하였으며, 근대의 모듈은 인간성보다 생산성이나 기능성을 더욱 중시하였다. 따라서 인간성을 중시하는 휴머니스트, 즉 인간의 척도를 추구하고 중시하는 건축가 가운데서 "모듈은 설계의 자유와 창조성을 손상시킨다."라는 주장도 있다.

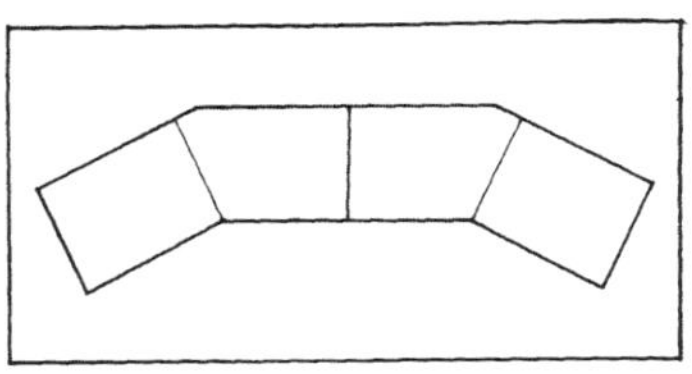

• 공간모듈(내부의 실생활)

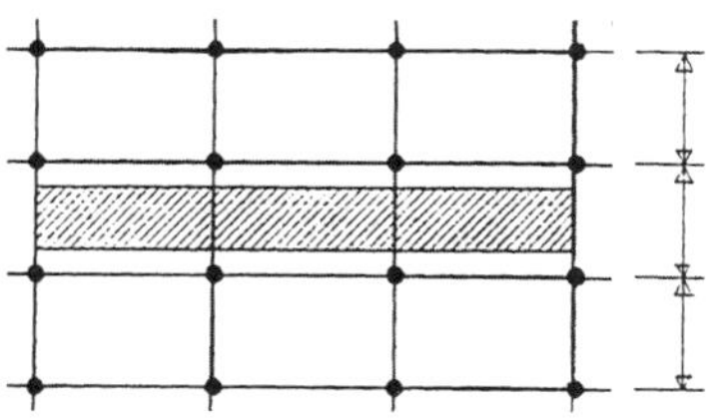

• 구조모듈(구조 시스템)

▸공간 모듈과 구조 모듈

(3) 현대의 모듈

현대적 모듈은 건축의 기능이나 양식 등의 본질적인 목적을 충족시키며, 건축 각 부위의 치수가 서로 잘 맞도록 함으로써 설계, 시공, 공사비에 효율성을 부여하는 데 있다. 즉 건축 및 공간을 포함한 각부의 단위치수를 합리화하는 데 필요한 체계를 설정하는 것에 그 의의가 있다. 이러한 모듈의 실제 적용이 가능한 체계는 구조시스템에 의해서 발견되어지는 구조

모듈*Structure Module*과 내부의 실생활에서 발견되는 공간모듈*Space Module* 등 두 가지로 분류된다. 이 구조모듈과 공간모듈은 각 독립적인 체계가 아니라 상호보완적이고 유기적인 관계이다. 다시 말해서 구조모듈을 결정하는 근거는 공간모듈 체계를 바탕으로 구조적인 문제 때문에 제한되기도 한다.

4-2 모듈의 체계와 유형

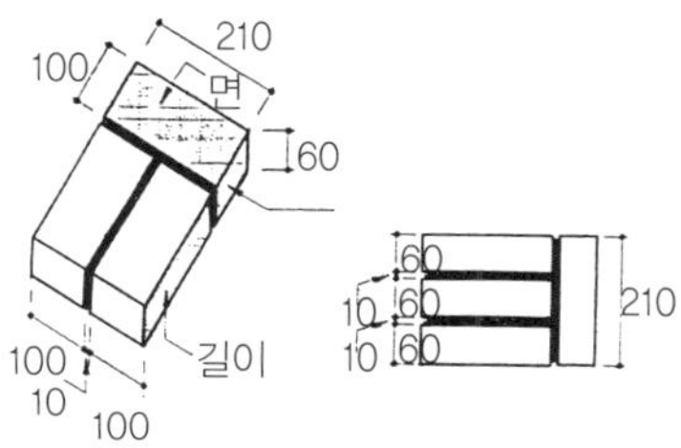

▸ 벽돌의 모듈

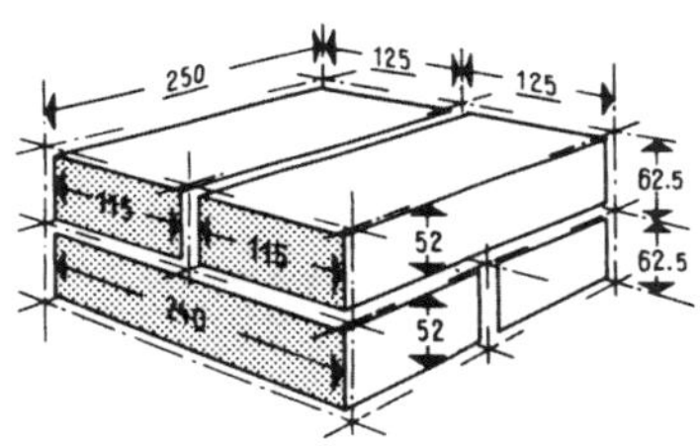

표준치수 250×125×62.5㎜
통칭치수 240×115×52㎜

▸ DIN4172에 따른 통칭치수 및 표준치수

(1) 모듈의 체계

단위치수를 체계화하여 관리하는 목적은 생산성 향상에 있으며, 국제표준기구*ISO International Standards Organization*가 설립되어 그 기준을 각국에서 채택하고 있다. 이 기준에 따르면 모듈의 체계화 과정은 먼저 구체적인 모듈치수를 정하고, 다음으로 우선치수를 결정한다. 즉 중요한 부재와 중요한 공간의 치수에 미리 정해진 우선 치수를 지정하여 표준화를 시도한다는 것이다. 그리고 구체적이고 우선되는 치수를 근거로 치수적용의 원칙을 확립하도록 하고 있다.

ISO 모듈은 유럽 최초로 서독에서 세계대전중에 척도 시스템이 도입됨으로써 구성되었다. 오늘날에도 그 계측방법에 따르게 하고 있으며, 거기에 입각한 벽돌·벽용 석재(벽이나 바닥판의 판자·단열재·아스베스트 시멘트판·프리캐스트판·철판) 등은 125mm, 250mm, 500mm, 1,000mm, 2,500mm의 치수이다. 특히 창이나 문의 개구부 등이 거기에 따르고 있다. 또한 공업건축, 사무소건축 등도 아직 DIN*Deutsche Industrial Normal*(독일공업표준)4172의 척도에 따르고 있다.

한편으로 모듈화를 위한 국제적 통일은 독일의 기준에 따라 채택되었다. 그것은 계획, 건설 및 조립시의 건축 및 그 부분의 질서화를 위한 관련 시스템을 위한 기준이기도 한데, 이를 정리하면 다음과 같다. ① 모듈 수열을 관련짓는 시스템은 3차원의 직각교차 좌표 시스템이며, 그 위에 건축 및 그 부분의 관련이 형성된다. ② 모듈 수열은 기준모듈과 배수모듈로 구

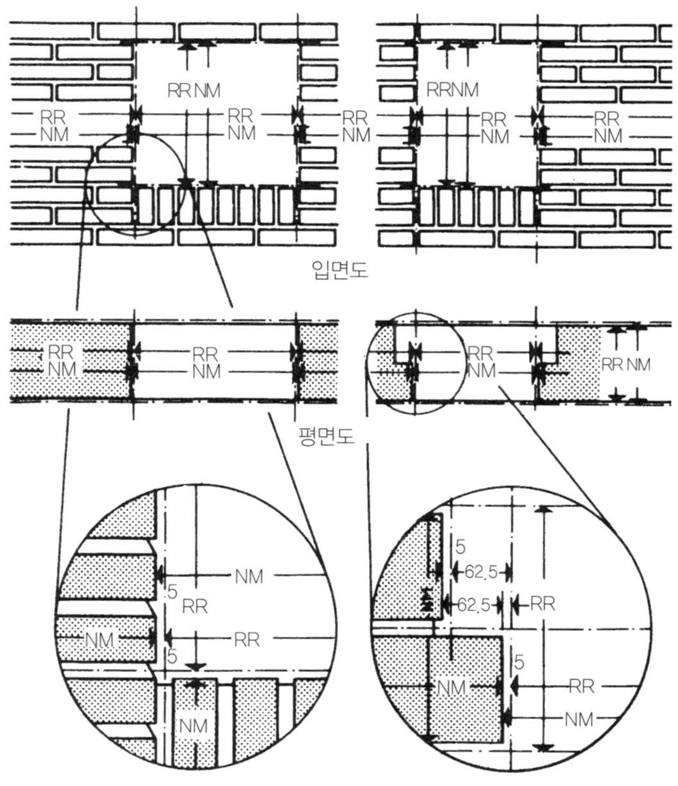

▸ 벽돌건축의 통칭치수(NM)

• 개구부 : NM=RR+2×1/2 줄눈=RR+2.5mm

• 기 둥 : NM=RR−2×1/2 줄눈=RR−2.5mm

분되는데, 기준모듈은 M=100mm이다. ③ 배수모듈은 기준모듈의 일정한 배수로서 수평방향의 배수모듈은 3M=300mm, 6M=600mm, 12M=1200mm이라는 것이다.

(2) 모듈의 유형

ISO 모듈기준을 근거로 한 각국의 모듈체계화의 유형은 대략 기본모듈, 세분모듈, 복합모듈, 수직모듈, 수평모듈 등 다섯 가지로 정리할 수 있다.

① 기본모듈 : 거의 모든 국가와 ISO에서도 1M=100mm로 정하고 있으며, 수직·수평의 구별 없이 공통적으로 쓰이는 기준척도체계상의 기본적 단위치수이다.

② 세분모듈 : 각 국의 전통적인 치수가 다르기 때문에 서로

상이하다. 주로 상세도면에 적용됨으로써 기본모듈보다 작은 치수를 사용한다. 인치*Inch* 단위를 주로 쓰는 서양에서는 1/4M, 1/2M, 3M/4 등의 M의 1/4배수를 사용하고 있으며, ISO에서는 M/2, M/4, M/5 등을 채택하고 있다. 반면에 캐나다에서는 기본모듈 M을 정수로 나눈 모든 값을 사용하고 있으며, 우리나라의 KS에서는 이러한 세분모듈이 아직까지 설정되어 있지 않음을 볼 수 있다.

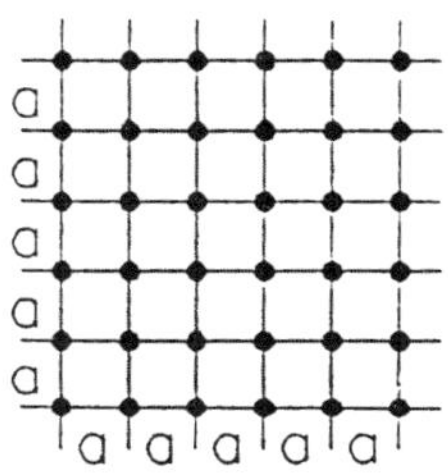

• 그리드*Grid* 시스템

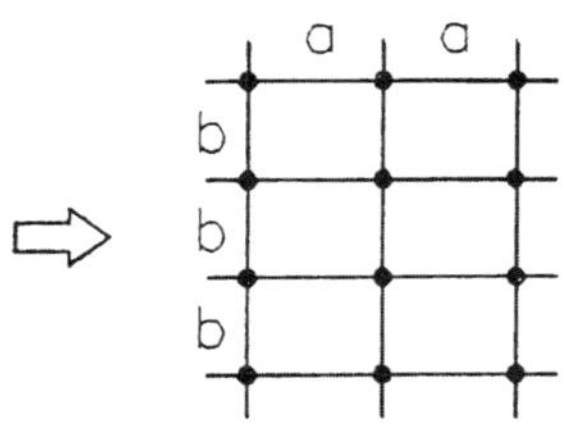

• 시스템 액티비티*Activity* 시스템

▸ 단순모듈

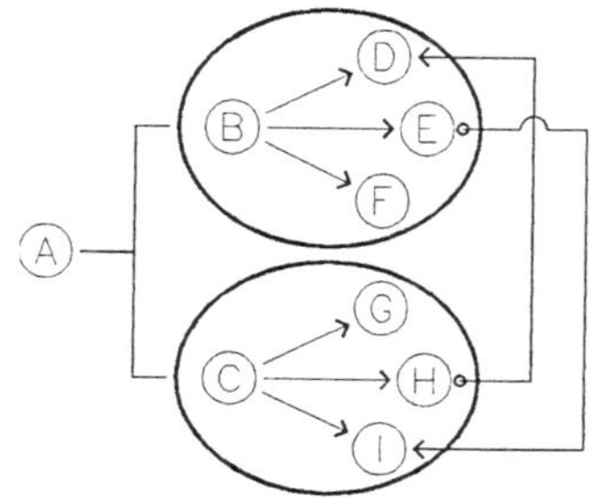

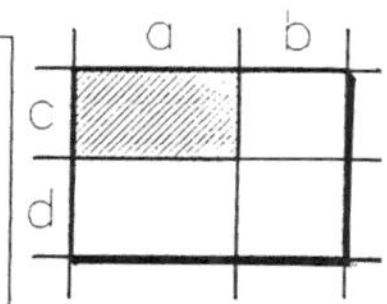

▸ 복합모듈
• a×b • (a+b)×c
• a×(c+d) • d×a
• d×(a+b) • (a+b)×(c+d)
• b×(c+d)

③ 복합모듈 : 각 국이 공통적으로 3M과 6M으로 나누어지는 배수를 사용하고 있다. 9M은 일본과 싱가포르, 대만이 복합모듈로 채택하고 있는 반면에 ISO에서는 3M, 6M 12M, 30M, 60M 등을 채택하고 있다. 그러나 우리나라의 KS에서는 3M, 6M, 9M, 12M, 30M 등을 설정하고 있으며, 이 중에서 수평 · 수직모듈을 선택하여 사용하고 있다.

④ 수평모듈 : 수평공간 모듈계획에 가장 편리함을 주는 치수로 계획되어야 한다. 그러나 치수가 너무 크면 설계계획과 자재의 사용이 자유롭지 못하기 때문에 각 국이 조금씩 다르게 사용하고 있다. 즉 영국의 BS에서는 6M, 독일의 DIN은 3M의 배수를 사용하고 있다. 캐나다의 CAN에서는 3,600mm까지는 3M의 배수를, 600mm부터 9,600mm까지는 6M, 그 이상은 12M을 사용하는 구간대별 모듈로 적용하고 있음을 볼 수 있다. 우리나라의 KS

에서는 복합모듈을 그대로 쓰고 있으며, 주택의 수평모듈에서 3M의 배수를 사용하고 있다. 이것은 우리의 전통적인 기준척도체계나 이에 따른 건축자재 생산을 고려해 볼 때 합리적인 것이라 할 수 있다.

⑤ 수직모듈 : 현재까지 각국이 다르게 설정하고 있으며, 일반적인 경향은 1M, 3M, 6M 등을 사용하고 있다. 단, 일본은 공공주택의 경우 천장높이를 2.4M로 규정함으로써 자재나 가구 등을 이 치수에 맞추어 생산하도록 유도하고 있다는 점이 특이하다. 그러나 우리나라의 KS규격에서는 3M과 6M으로 설정되어 있다. 이 기준의 모듈적용은 3,000mm까지는 1M의 배수, 4,800mm까지는 3M의 배수, 4,800mm 이상은 6M의 배수로 적용하고 있다. 또한 천장고의 모듈적용은 2,800mm까지는 1M의 배수, 3,600mm까지는 3M의 배수, 3,600mm 이상은 6M의 배수를 기준으로 사용하고 있다. 이외로 개구부, 창호 표준치수 등도 3M을 기준으로 하여 수직모듈과 통합되도록 유도, 적용하고 있다.

4-3 건축과 모듈러 코오디네이션

(1) MC의 활용 및 특성

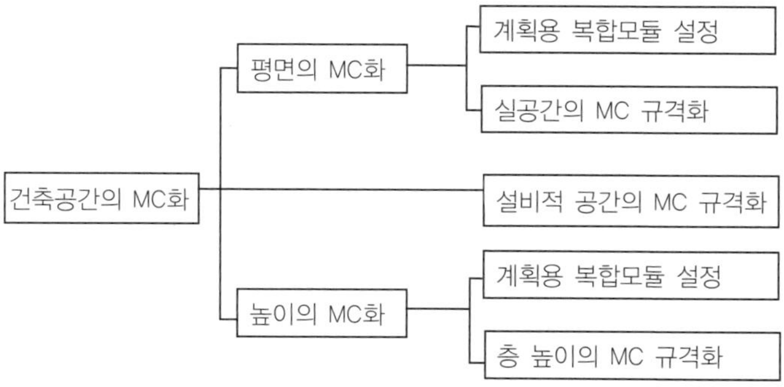

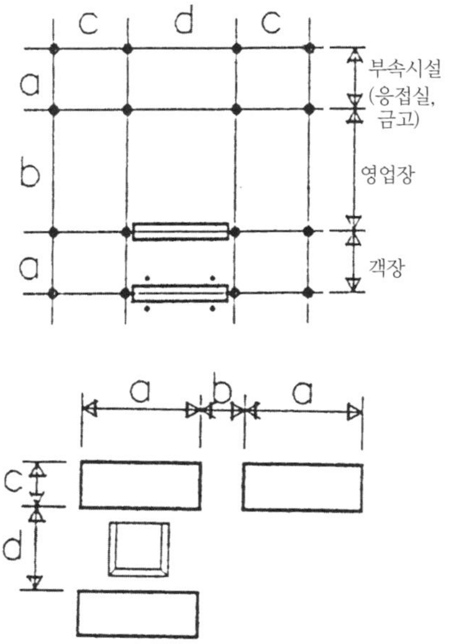

• 은행 건축

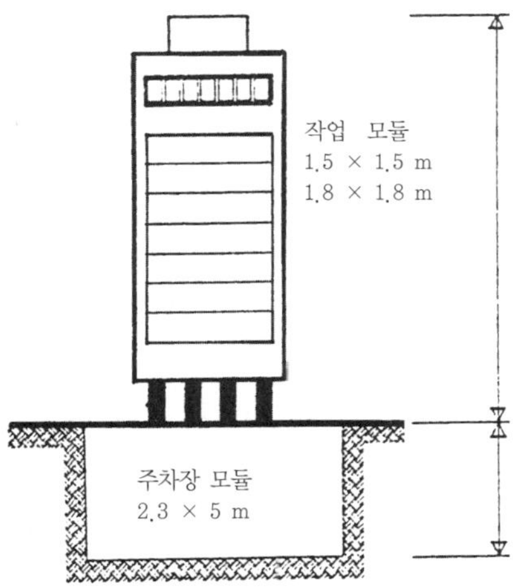

• 사무소 건축

▸ 모듈체계 적용의 예

모듈의 활용에 따른 MC*Modular-Coordination*는 모듈의 조화로서 건축의 재료, 부품, 설계, 시공 등 건축전반에 걸쳐 치수상 유기적인 연계성을 형성한다. 다시 말해서 건축공간을 구성하는 각 부분의 치수가 시공상 합당하며, 인간이 이를 이용시 적당하도록 치수계획을 하는 동시에 건축재료에 대해서도 단위치수를 적용함으로써 낭비를 적게 하고 마무리가 잘 이루어지도록 하기 위함이다. 따라서 단위치수 체계를 통하여 의도한 계획과 생산체계가 일치되도록 연결시켜 주는 합리적인 시스템이다. 갱생

MC는 치수시스템이므로 MC를 구성하는 치수체계 단위와 그 체계구성이 어떻게 이루어졌는가가 중요하다. 이를 위해서는 MC는 먼저 각 국의 기후, 문화, 생산성 등의 지역적 특성에 맞추어 설정되고 활용방안이 개발되어야 한다. 다음으로 건축부품의 국제적 교역을 위해 기본적 단위치수가 국제적 규격에 적합하여야 한다. 평면계획, 단면설계, 주요 상세내용을 위한 MC는 각 국의 특성에 순응하는 방향으로 개발되어야 한다.

이러한 MC 체계를 사용함으로써 여러 가지의 장점을 가지게 된다. 즉 설계작업이 단순화되어 노력의 낭비를 피할 수 있다는 점과 건축제품의 생산이 용이해지고, 생산비용이 낮아질 수 있다는 점을 우선적으로 꼽을 수 있다. 또한 건축재료의 수송이나 취급이 편리해지며, 현장작업이 단순해지고 공기가 단축된다는 점이다. 그리고 국제적인 모듈러 코오디네이션을 사용하면 건축구성재의 국제교역이 용이하게 될 뿐만 아니라 동일한 형태로 인한 비례감과 질서를 느낄 수 있다.

그러나 단점으로는 건축의 계획 및 설계에 따른 건축공간이나 형태의 획일화와 개성을 상실할 수 있다는 점이다. 이에 따라 동일한 형태가 집단을 이루는 경우에는 단조롭고 단순한 형태에 유의하여 재료 사용이나 배색 등에 신경을 기울여야 한다.

그러나 이러한 단점에도 불구하고 MC 체계를 활용해야 하

는 이유로는 재료의 절약, 다양한 카탈로그에 의한 국제적이고 새로운 설계의 가능성, 조립식 부재의 사용으로 인한 빠르고 정확한 시공, 시공의 균질성과 수준의 보장을 들 수 있다. 즉 현장에서 조립가공이 이루어짐으로써 시공기술에 따른 공사의 질 저하와 격차가 줄어든다는 것이다. 더불어 주로 건식공법에 의하기 때문에 계절에 관계없이 공사가 이루어진다는 점이 모듈러 코오디네이션 체계의 효과라 할 수 있다.

(2) MC의 체계 & 원칙

MC 체계의 설정을 위한 가장 기본적인 개념은 기준계 설정이다. 즉 건축 각 부의 위치를 공간적으로 질서를 부여하고 파악하기 위해서 기준계를 상정하는 것이다.

여기서 기준계 설정의 기준이 되는 점을 기준점, 선을 기준선이라고 하며, 기준선을 조합해서 만드는 격자*Grid*를 기준격자라고 한다.

이 기준격자는 형태에 따라 보통 평행격자, 직교격자, 3각, 6각, 원형 격자로서 구분되지만 크기에 따라 소격자(30cm 정도), 중격자(3m 정도), 대격자(30m 정도)로 구성된다. 특히 기준격자는 건축물 길이, 인동간격 등에 사용되는 대격자, 각 개실이나 단위실에 적용되는 중격자, 디테일이나 가구 제작에는 소격자라는 필요에 따라 격자 크기가 달라진다.

그러나 이러한 격자의 공통점은 어떤 경우이든 설계, 부품제작, 현장구성을 통해서 공통의 모듈을 바탕으로 이루어져야 한다는 점이다. 이러한 기준격자를 적용할 때 어느 부분에 일

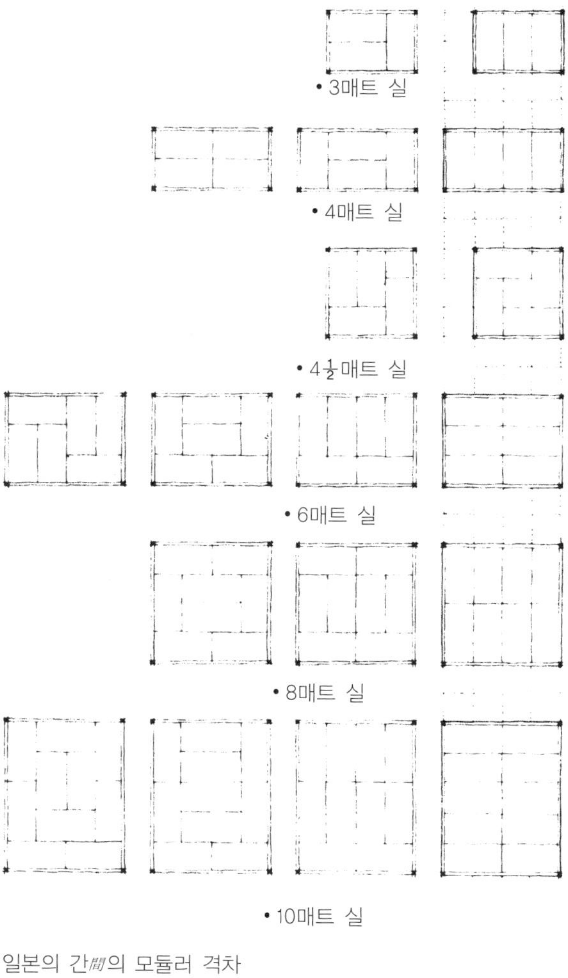

▸ 일본의 간*間*의 모듈러 격차

• '간' 그리드 시스템의 개발이 이루어짐으로써 바닥매트는 인체 크기 자신의 의존성을 상실하게 되었으며, 구조시스템이나 기둥간격의 요구에 종속되게 되었다.

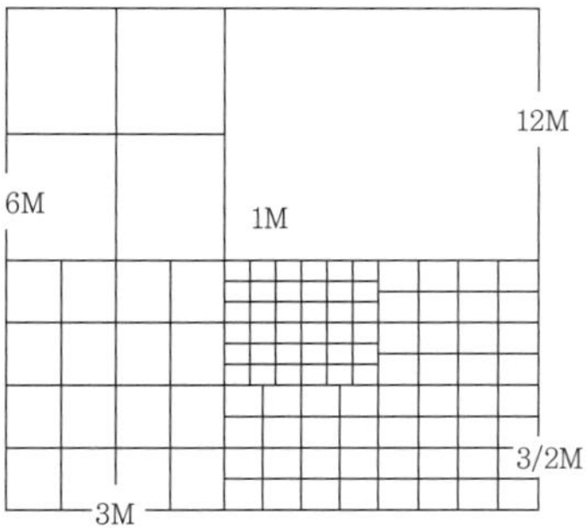

▸ 모듈의 치수 체계

치하느냐 하는 것은 상당히 어려운 문제이다. 예를 들면 우리나라의 목조건축에 있어서는 그리드*Grid*를 주심이나 벽심에 일치시켰으며, 유럽의 조적조에서는 벽두께가 크기 때문에 내부치수제가 채택되는 경우가 많다. 이 두 가지 방법을 비교해 보면 모듈러 코오디네이션 체계의 입장에서 볼 때 유럽의 조적식 구조가 유리하다고 할 수 있다.

따라서 실제적인 적용에 있어서 인체척도, 가구사용 등에 의한 공간규모는 MC체계를 고려하여 적정화되어야 한다. MC체계에 따른 계획이나 설계를 하기 위해서는 우선 수평방향의 평면 MC화와 수직방향의 단면 MC화 등 두 방향으로 나누어 생각할 수 있다. 여기서 평면의 MC화는 계획용 복합모듈의 설정과 실공간의 MC규격화 등의 두 방향에서 접근하여 계획용 기본단위를 설정하여야 한다. 다시 말해서 평면격자를 어떤 복합모듈의 크기로 할 것인가를 건축물의 성격에 맞추어 다양하게 정형화시킴으로써 평면계획시 효율적으로 활용하는 것이다. 예를 들면 아파트의 욕실이나 계단실과 같은 것이 정형화된 평면단위의 실례라 할 수 있으며, 부엌도 이에 해당되는 경우라 하겠다.

모듈러 코오디네이션 체계의 기본적인 원칙으로 ① 지역성을 최대한 고려하며, ② 아파트 같은 주거용 건축물은 소복합모듈, 학교건축물은 중복합모듈, 공장과 같은 큰 스팬의 건축물은 대복합모듈 등과 같이 건축물의 종류와 성격에 맞추어 계획모듈을 정한다. ③ 모듈격자 체계를 적용하되, 건축계획단계에서부터 상세설계까지 일관된 모듈격자를 사용한다. ④ 국제적 기준에 맞는 MC화가 되도록 하면서 설계의 자유도를 높인다. ⑤ MC화를 전반적으로 완성하는 것보다는 단계적으로 이루어지도록 하는 것을 들 수 있다.

4-4 모듈러 코오디네이션의 적용

실제적으로 적용이 가능한 단위치수에 의해 모듈러 코오디네이션 체계를 설정하는 방법으로 키 테이블*Key Table*방식이 있다. 이 방식은 대체로 기준격자의 가로와 세로의 크기가 동

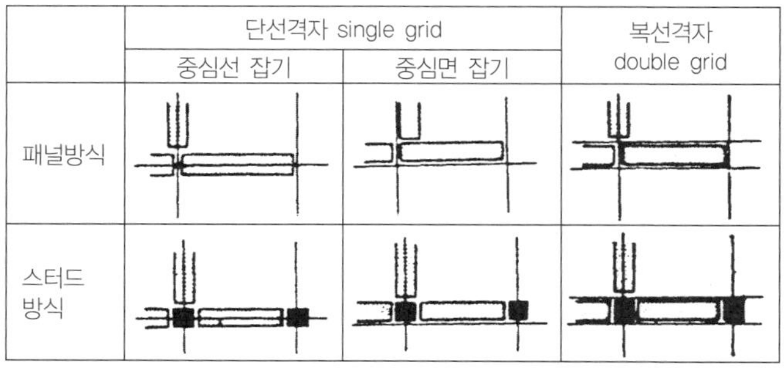

▸ 격자 그리드 체계 유형

일한 것을 선택하지만, 최근에는 가로와 세로가 다른 것이 많이 선택되는 것을 볼 수 있다. 내부공간이나 벽체는 단선격자 *Single Grid*나 복선격자*Double Grid*를 이용하기도 한다.

(1) 수평방향의 MC 실례

사무소건축의 모듈적용은 여러 단위의 조합에 따라 무수히 많다. 실제적인 모듈적용의 예를 정리하면 3.0×3.0m, 3.2×3.2m, 3.6×2.4m 모듈 등의 세 가지 키테이블방식으로서 다음과 같다.

3.0×3.0m 모듈은 일반적으로 가장 많이 쓰이는 단위치수이다. 구조스팬 6m와 시공격자 1.5m 또는 1.0m에 적용되는 치수이다. 개인사무실의 경우 개인의 집무책상치만을 수용하는 미국식 배열에서는 2.7m 폭도 가능하지만, 일본이나 우리나라의 임원용 개인집무실에는 회의기능을 수용하는 경향이 있기 때문에 불가능하다. 왜냐하면 집무책상 앞에 소회의 기능의 테이블을 배치할 경우에 측면 통로가 50cm 이상의 여유가 확보되어야 하기 때문이다. 이 모듈체계는 과거 사무소건축에서 많이 사용되었지만 최근에는 그 효율성이 떨어지는 경향이 있다.

3.2×3.2m 모듈은 특수한 단위치수로서 3.3×3.3m 모듈의 변화치수로 볼 수 있다. 3.3×3.3m 모듈체계의 적응력은 양호하지만 약간 변형된 3.2×3.2m 모듈이 사용된 경우가 많으며, 이 모듈의 적용은 3.0×3.0m 모듈의 경우와 비슷하다. 특히 단위사무실 배열에서 좌우 대향식 배열에 책상 양쪽의 수납장소 확보가 가능한 점이 강점이다. 또한 이 모듈은 정방형 처리가 가능하며, 스프링클러 단위에서 경제적이므로 비교적 많이 사용되고 있다.

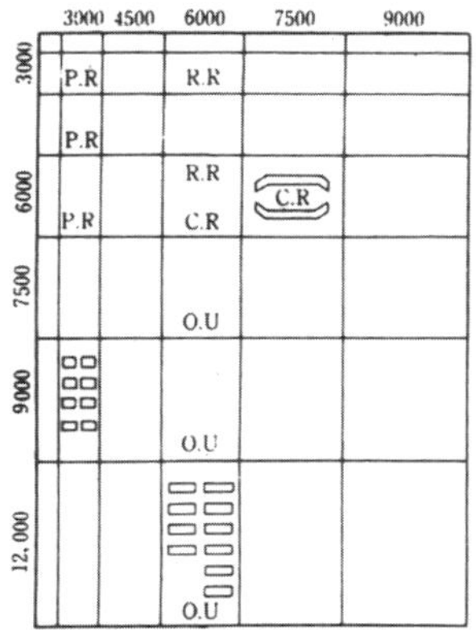

3.0 × 3.0m MC

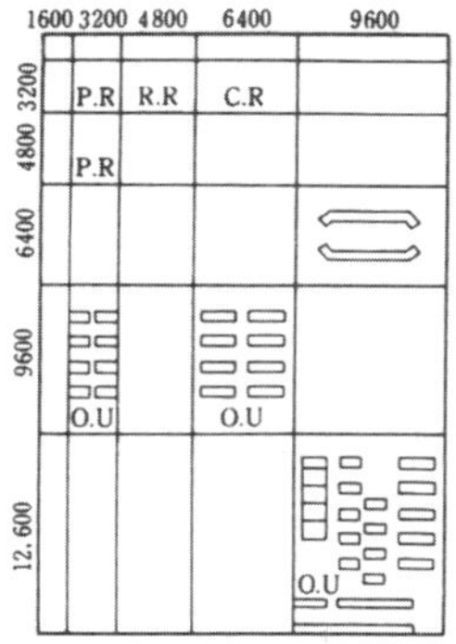

3.2 × 3.2m MC

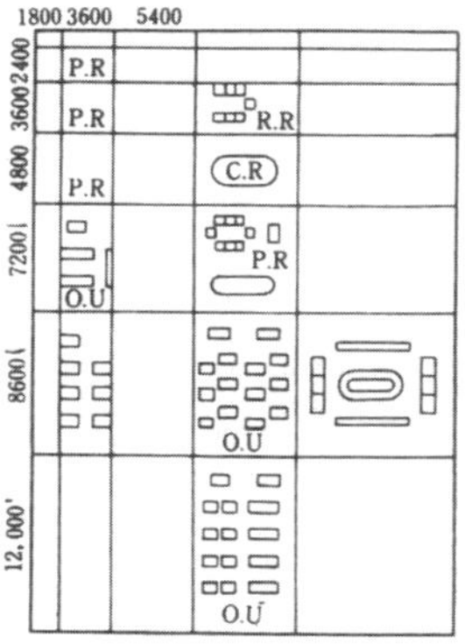

3.6 × 2.4m MC

B.S : 기본유닛
P.R : 개인실
R.R : 응접실
C.R : 회의실
O.U : 사무실 유닛

▸수평 모듈의 적용 유형

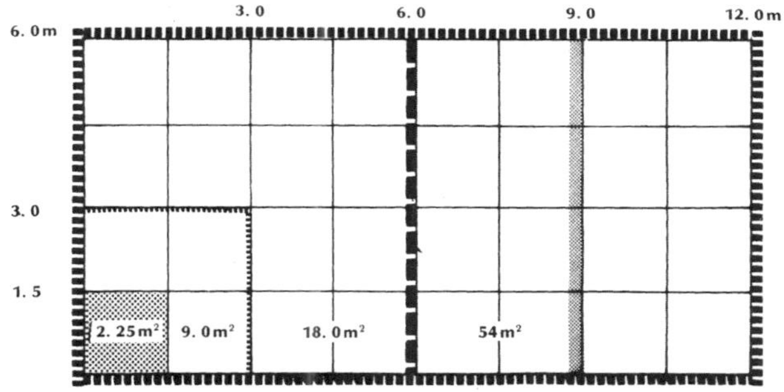

▸모듈의 조합방식

3.6×2.4m 모듈은 단위사무실에서 책상 양쪽에 수납처리를 할 수 있도록 폭 3.6m를 선택하고, 스프링클러 단위에 의해 2.1m 세로를 선택한 모듈이다. 최소의 단위사무실인 경우에 가구배치를 적용시키면 이 모듈의 체계도 개실이나 응접실을 확보할 수 있다. 그러나 우리나라의 경우는 사무실 사용의 습관적인 측면에서 일반적으로 3.6×4.8m로 사용하고 있음을 볼 수 있는데, 이 모듈은 스프링클러 등의 설비처리가 양호한 모듈이라 할 수 있다.

(2) 수직방향의 MC 실례

수직모듈에서 치수는 아래층 바닥기준면에서 위층 바닥기준면까지의 치수를 적용하거나 천장높이에 모듈치수를 적용한다. 이때 보밑 최저 높이는 2.1M을 표준으로 하며, 내부 수직공간

치수잡기에서 창대높이, 문의 높이 등은 수직계획모듈에 의해 설정되어야 모듈 부품사용이 편리하게 된다. 층과 층 사이에 차가 있는 수직구간대 X, Y, Z는 모듈치수로 설정해야 한다.

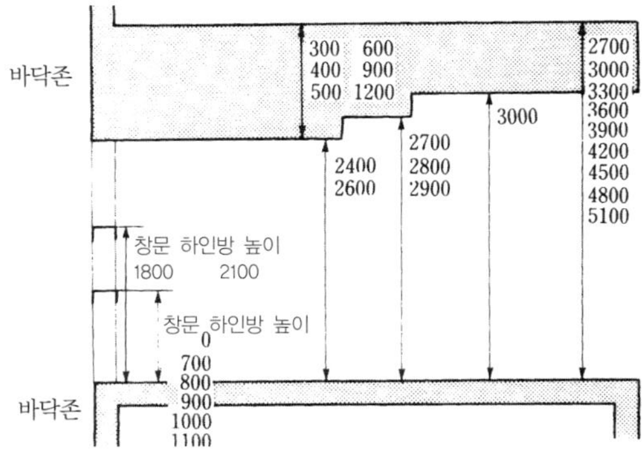

▸ 수직방향의 MC 사례 (사무소건축)

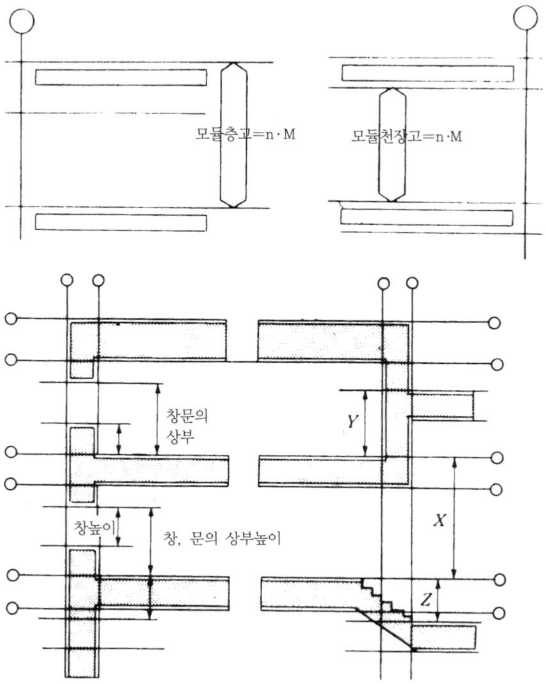

▸ 수직모듈의 적용

6 장

건축과 조형

1. 건축의 미

▸ Utzon이 설계한 오페라 하우스(1975)는 Harbor Bridge (1932)와 함께 시드니의 아름다움에 한몫을 담당하고 있다.
• 오페라극장, 음악관(뒤쪽), 레스토랑이 각각 콘크리트의 곡선을 자랑하고 있다.

건축에서는 아름다움이 중요하다. 이는 건축이 항상 사람이 사는 곳이라는 기능뿐만 아니라 내부나 외부에서 가시적으로 미적인 의미가 있어야 한다는 뜻으로 이해되는 것이다. 건축이 여러 개 모이면 거리를 이루고, 이 거리들이 모여서 마을을 이루게 되며, 또한 마을이 점점 성장하면 도시를 이루게 된다. 우리는 보통 아름다운 거리, 아름다운 마을 등과 같은 건축이 우리에게 어떠한 감흥을 줄 수 있다는 암시를 받고 있다. 인간에게는 선천적으로 아름다운 것을 좋아하고 추구하는 잠재의식이 존재한다. 집을 가지고 싶은 단순한 마음속에는 아름다운 집이라는 욕망을 가지고 있다.

이러한 아름다움이란 과연 어떠한 것인가? 사실 아름다움이란 어떠한 법칙이나 원리로서 이야기할 수는 없는 것이다. 그러므로 아름답다고 일반적으로 인식되고 있는 대상에 대하여 이를 나름대로 분석하여 몇 가지의 공통적인 원칙을 추출하는 것이 쉬울 것으로 생각된다. 더욱이 이것은 미의 본질에 대하여 논하기보다는 건축물에 나타난 사실로서 이야기하도록 한다.

서양의 건축에 나타난 아름다움은 비와 비례로서 정리되어 있다. 반면에 동양의 건축적인 아름다움은 추상적인 아름다움이 주가 되어 있어서 서양의 건축과 같이 정확히 숫자적인 개념으로 표현 정리되어 있지는 않다.

따라서 건축에서의 미를 생각할 때 예술, 아름다움, 미란 무엇인가 하는 것을 추상적인 개념에서부터 논의하기보다는 우선 우리 자신이 어떻게 느끼고, 어떻게 보는가 하는 것과 같은 경험적인 사실에서 파악하고 인식하는 것이 중요하다. 이러한 경험론적인 방법으로 아름다움에 대한 감각을 키우지 않으면 더욱 어렵다.

2. 미(아름다움)에 대한 정의

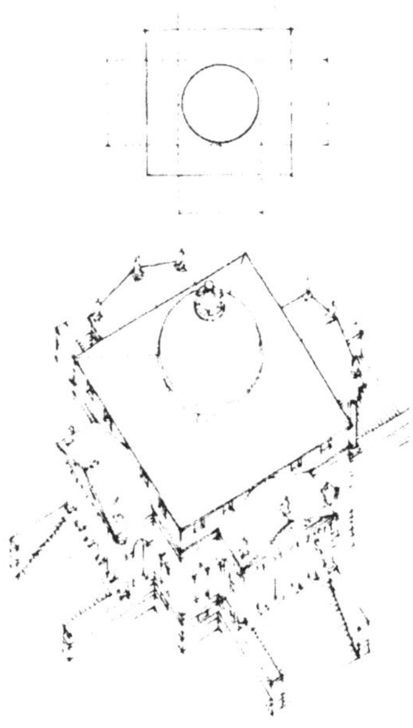

▸ 팔라디오의 라 로툰다 *Ra Rotunda* (이탈리아, 비첸자)

근세의 철학자인 칸트*Kant*는 근세미학의 창설자로서 아름다움을 개념의 능력인 오성*悟性*과 직관의 능력인 상상력*想像力*의 조화로 보고, 미적 표현력을 일종의 공통감각의 가정하에서 설명하고 건축을 응용기술의 하나로서 보았다. 헤겔*Hegel*은 아름다움을 정신과 자연과의 융합의 모양을 표현하는 것이라고 하고 건축을 상징적 예술형식으로 설명하였다. 알베르티*Alberti*는 우리가 건축을 보고 기쁨을 느끼는 것은 미와 장식의 두 가지 요소에 의하며, 장식은 미를 촉진하기 위한 것이고, 미의 법칙은 수와 비례에 근원을 두는 조화에 있다고 하였다. 팔라디오*Palladio*는 원이나 정방형은 통일성, 무한성을 갖는 의미 외에 신성하고 아름다운 형태라는 상징적 건축관을 가지고 있었다. 쉰켈*Schinkel*은 궁전이나 관청을 주로 설계한 베를린의 건축가인데 건축의 사용목적, 재료, 시공기술 등 실제적이고 공학적인 면에 미가 존재한다고 주장하였다. 르 코르뷔지에*Le Corbusier*는 우리들의 시대에서 기술은 발달하고 있는데, 건축은 쇠퇴하고 있다. 우리는 이 두 개의 요소를 평행상태로 되돌려 놓지 않으면 안 된다고 설명하였다.

피타고라스*Pythagoras*학파는 세계의 존재원리는 수와 조화이며, 이러한 기하학적인 형식원리에 의해 다양함 속에서 질서를 찾아낸다고 하였다. 이러한 원리가 그리스의 건축미이며, 이를

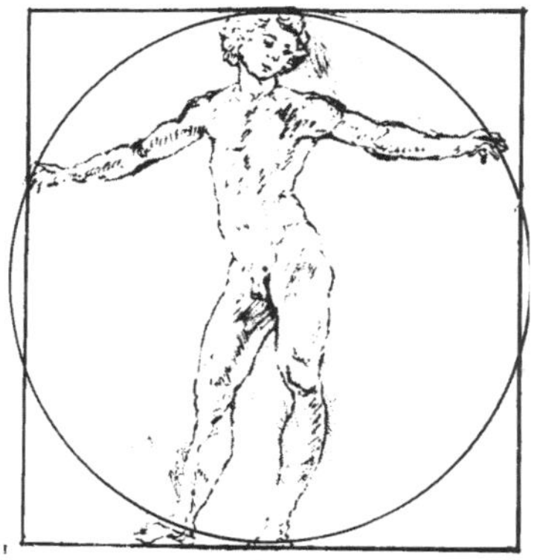

▸ 프란시스코 · 디 지오르기오에 의한 비투르비안 형상(16세기, 이탈리아)

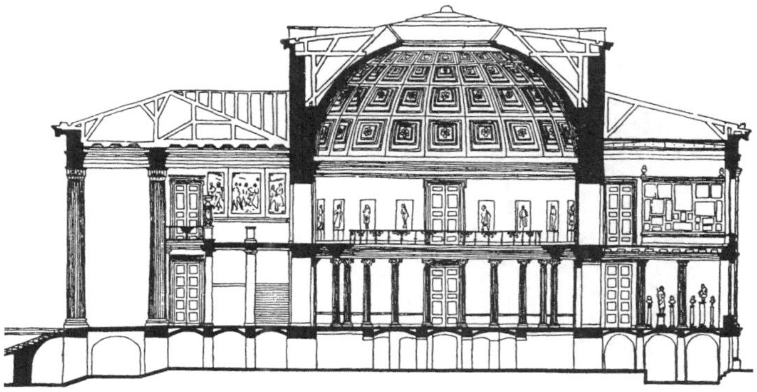

▸ 쉰켈의 베를린 고대 박물관(독일)

이론화시킨 것이 로마의 비트루비우스*Vitruvius*의 『건축십서』이며, 여기서 건축에서의 강함, 용도, 아름다움(미)의 중요성을 강조하고 있음을 볼 수 있다. 철학자인 쇼펜하우어*Schopenhauer*는 미를 우주의 근본원리의 표현으로 보았으며, 페스너*G. Febsner*는 미적 이미지 속에는 형, 색, 소리 등과 같이 감각기관에 의해서 주어지는 직접적 요소와 간접적으로 일어나는 관념 등과 같은 연상적 요소 등 두 가지 요소가 있음을 설명하였다. 또한 건축의 다목적성은 연상에 의해서 미에 대한 만족으로까지 높여진다고 하였다. 립스*T. Lipps*는 미적 쾌감은 어떤 대상 속에 들어 있는 자아의 쾌감이며, 건축형식에 있어서의 기쁨은 그 형식에 따라서 우리 마음의 내면운동에 대한 기쁨이라 하여 경험과학으로서의 미학에 대해 주장하였다. 울프린*Wolfflin*은 건축의 기본적 요소는 소재와 형식인 동시에 무게와 힘이며, 우리는 그것을 유정화*有情化*하는 것에 의해서 아름다움을 느낀다고 하여 양식론적인 미에 대해서 언급하였다.

3. 건축과 형태

건축에는 자연적인 형태 속에서 여러 가지의 의미를 가지는 것이 많다. 또한 자연환경 속의 형태는 연속성과 단절성이 포

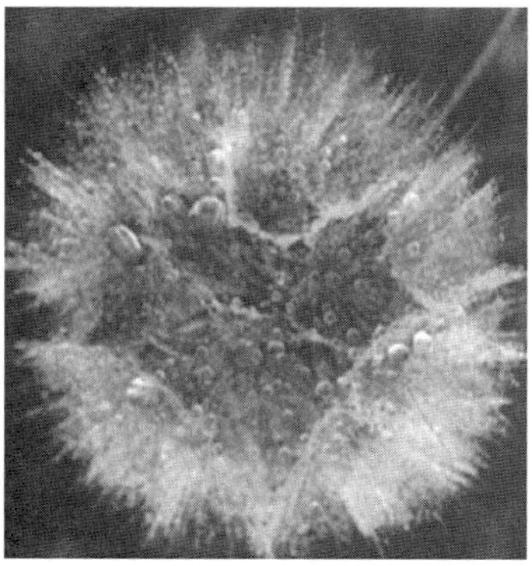

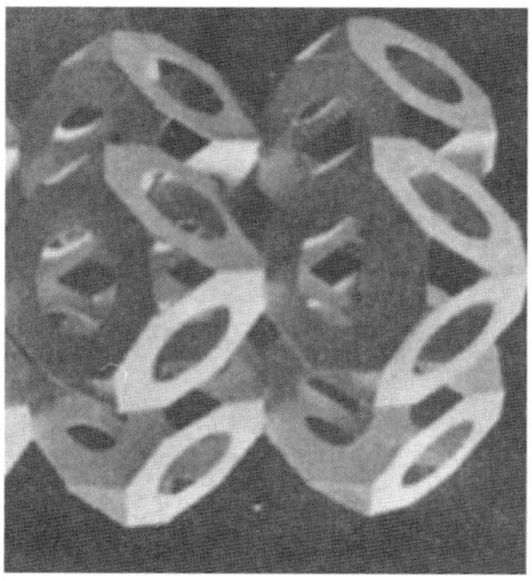

▸ 자연환경 내의 형태

함되어 있다. 시간의 흐름이 대표적인 연속성이라고 한다면, 심장의 박동, 눈꺼풀의 깜박임이 그와 같은 것이며 다각형, 다면체, 생물의 전체적인 형태는 단절성이라고 할 수 있다. 자연형태 중에는 일정한 비례와 반복에 의한 것들이 대다수를 차지하고 있는데, 말하자면 눈의 육각형 형태, 나뭇잎들 간의 크기, 벌집의 모양, 배꼽을 중심으로 한 인체의 형상(배꼽을 중심으로 한 원주 내에 사람의 사지가 위치한다) 등이 그것이다.

이러한 것의 형상을 건축에 응용한 예는 여러 건축물에 나타나고 있는데, 건축가인 안토니오 가우디*Antonio Gaudi*의 바르셀로나의 건축물들–아파트, 교회–과 달팽이의 모티브를 건축에 응용하여 설계한 르 코르뷔지에의 성장하는 미술관 등이 그런 예라 할 수 있다.

▸ 공동주택 : 스페인의 바르셀로나 (1907, 가우디)

3–1 형태의 정의와 유형

인간이 만드는 형으로서 가장 먼저 나온 형태는 무엇일까를 생각하면 수학적으로는 삼각형을 꼽을 수 있는데, 그 이유로는 변이 3개로서 가장 적기 때문이다. 그러나 일반적으로 가장 먼저 나타난 형태는 원이라는 설이 있다. 왜냐하면 세상에 존재하는 태양, 달, 사람의 얼굴, 달걀, 찻잔, 접시 등 우리들이 경험하는 형*形* 중에서 원이 가장 많기 때문이다.

원은 형태의 원형*原形*이며, 여러 가지 형태가 발생하는 모체인 것이다. 예를 들면 유아가 연필을 가지고 종이 위에 제일 먼저 그리는 것이 원이며, 또 어린이들이 광장에서 놀고 있을 때 자기의 영역을 표시하기 위하여 지면에 원을 그리는 점을 들 수 있다. 이외로 원시시대의 '환상열석*Stone Circle*'의 경우도 동일한 맥락으로 볼 수 있다.

▸ 스톤헨지(BC1500년경 선사시대의 무덤) : 영국 윌트셔

그러면 형形과 형태形態는 어떠한 차이가 있을까? 일반적으로 입체의 형은 시각방향 및 각도에 따른 공간에서의 외곽선이며, 평면상의 윤곽선과는 차이가 있다. 그것은 입체의 형이 면의 이동에서 생기기 때문이다. 따라서 1차원적인 요소로서 평면의 형은 형*Shape*이라 하며, 2차원적으로는 Form이 된다. 형태*Form*는 자연 속에서 많이 볼 수 있으며 형과 평면의 윤곽을 테두리*Edges*라고 부르는데, 대부분의 인식적 관계는 이 테두리에 의해서 결정된다.

(1) 구상적 형태

디자인을 구상할 때 태양과 하늘, 나무와 바위, 백사장과 조개껍질, 낙엽과 눈송이 등의 자연요소에서 모티브*Motive*를 얻을 때가 많다. 아름다운 형은 언제나 볼륨*Volume* 변화 및 윤곽선의 변화를 가지고 있으며, 형을 구성하는 기복-자유곡선, 패인 곡선-그 하나하나에 질서 있는 변화가 있다. 예를 들면 꽃잎, 새들의 윤곽선 변화는 있지만 그것은 어디까지나 꽃과 새라는 구상에 불과하다. 이를 디자인에서는 하나하나를 의장적 단위에 따라 해체한 후 다시 디자인상 의도하는 형으로 유도해야 한다.

이러한 과정을 통하여 의장적으로 재조직된 새롭고 아름다운 형을 얻을 수 있게 되는데, 이러한 방법을 '구상의 해체조직'이라 한다. 예를 들면 세포의 현미경 확대사진이나 눈의 결정체를 확대하여 추상화로 이용될 수 있다는 점이다. 또한 원자 구

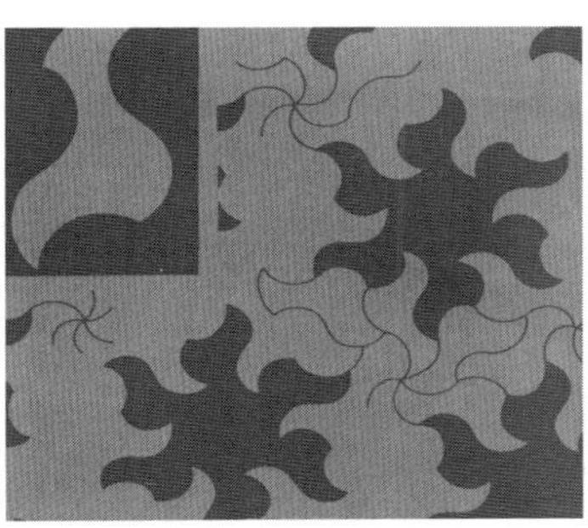

▸ 구상의 해체조직

• 어떤 형을 여러 개 모아서 새로운 형을 만들 수 있다. 왼쪽 상단에 있는 기본형을 조립하여 불꽃같은 패턴을 구성

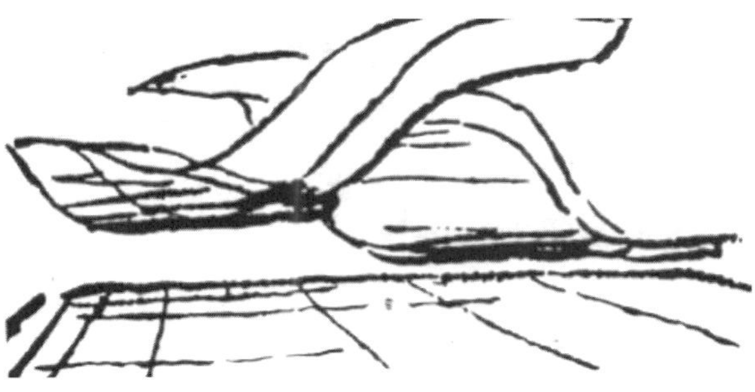

▸ 비둘기 형상의 오페라 하우스 둥근지붕 스케치

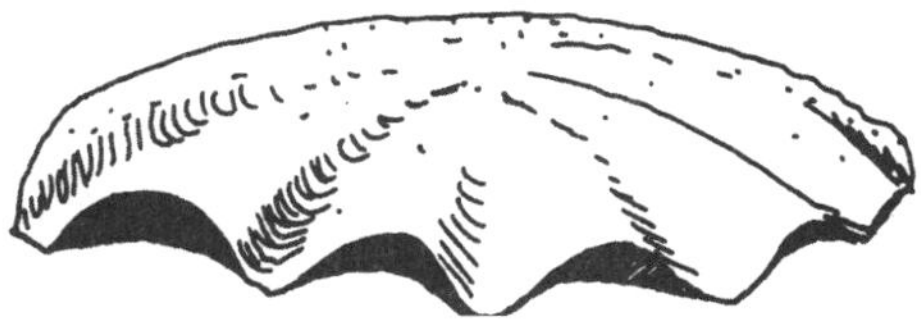

• 조개껍질

• 프랑스 로얀(Royan)에 있는 시장, 1950
(설계 : 안드레 모리스)

▸ 조개껍질과 시장 천막(프랑스)

• 소라껍질과 미나레트(사마라)

조방식의 패턴이나 전자현미경으로 볼 수 있는 시각적인 형과 색 등도 비록 구상이기는 하지만 추상과 동일한 신선하고 시각적 감흥을 느끼게 한다는 점이다.

(2) 추상적 형태

추상적인 형태는 형태를 추상에서 구하는 것으로서 꽃이나 동·식물 등의 물질적인 형이 지니고 있는 생명이나 내적 감각을 표현하며, 시각적인 형으로 추상화하여 창조하는 것을 말한다. 예를 들면 하늘의 구름은 구름으로써 정해져 있는 형이 없으며, 항상 천변만화千變萬化의 형인 관계로 구상으로 규정하기 힘들다. 이러한 추상적 형태의 종류로는 기하학적 형태와 비기하학적 형태로 분류된다.

기하학적 형태는 원시시대에 많이 표현되었지만 중세에 이르러 자연의 동·식물 모방이 많이 이용된 관계로 이전의 기하학적 형태가 약화되었다. 그러나 근대에 와서 건축, 회화, 기계제품 등에 기하학적 형태가 부활되기 시작하였는데, 이는 현대적 단순성이 과학적, 합목적적, 합구조적, 합기술적 또는

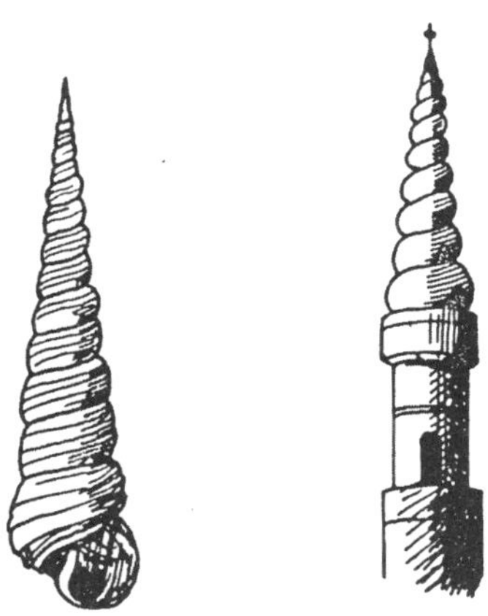

• 소라껍질과 종탑

▸ 구상적 형태의 실례

구 분	개 념 정 의			
동적	점	선	면	형태
	위치만 있고 크기가 없다.	점이 이동한 궤적	선이 이동한 궤적	면이 이동한 궤적
정적	점	선	면	형태
	선의 시종 또는 교차	면의 한계 또는 교차	형태의 한계	형태가 점유한 공간의 한계

▸ 점·선·면·형태의 개념적 정의

다량생산의 가능성 등으로 시대적인 조형의 종합성을 가지게 된 것을 의미한다.

반면에 비기하학적 형태는 기하학적 질서에 영향을 받지 않은 자유로운 형태로서 근대에서부터 현대까지 많이 활용된 형태이다. 이것은 인간의 창작적 미의식에 의하여 탐구된 개성이 강한 조형으로서 명쾌하고 단순한 신선감을 준다. 인간들이 직접 지각할 수 없는 기하학에 속하는 도형은 이념적 형태이며, 실제로 존재하는 것으로서 인간에 의해 만들어진 조형물 등은 현실적 형태라 하겠다.

(3) 이념적 형태

이념적 형태라는 것은 그리스도와 그리스도교의 상징으로 사용되는 십자가나 파레트를 회화, 해머를 노동, 램프를 공부의 기호로서 기장이나 마크에 사용하는 등의 종교적 동기나 전달적 동기에 의해 형성되는 형태이다. 이념적 형태의 관점에서 점, 선, 면, 형태들의 개념적 정의도 기하학적 형태와 같이 동적인 방향, 정적인 방향 등 두 가지 방향으로 내릴 수 있다.

(4) 순수형태

점, 선, 면, 형들 사이에는 서로 연관성이 있어 점이 면으로도 보이고 구체가 점으로 보일 수도 있다. 순수형태는 추상적인 것으로서 인간의 머릿속에서만 생각할 수 있는 형태이다. 이 유형으로는 자연주의적·표현주의적 표현형태가 포함된다.

자연주의적 표현형태는 사실적이라고도 하며, 비조형적, 지적, 정적인 특성이 있다. 한편으로 표현기술적 특징으로는 고정적인 시점에 의하여 형성되는 음영과 투시법적 기법의 표현방법이다.

반면에 표현주의적 표현형태는 상징적 의미가 포함되며, 사실적이되 단순화 되어야 한다. 특히 기하학적 요소가 내재되어 있기 때문에 자연주의보다 강한 이미지를 주어야 하며, 변형*Deformation*으로 이미지*Image*가 강한 것은 더욱 강조되어야 한다. 또한 형태의 계속, 반복의 복합, 원근법의 복합으로 초현실적인 분위기를 표현한다.

3-2 형태의 인식 원리

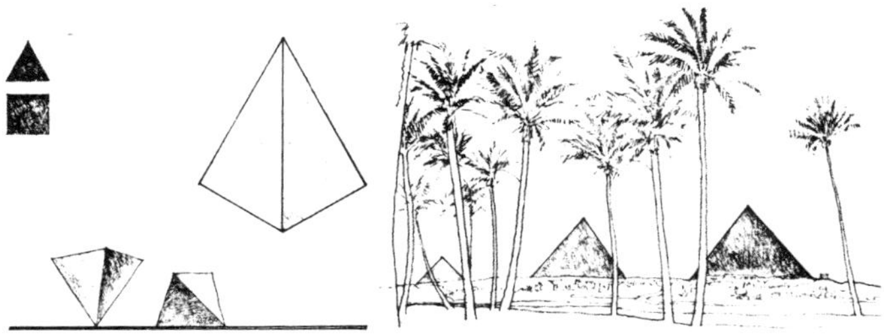

▸ 형태의 분해원리 & 군화원리
피라미드란 원뿔과 비슷한 성질을 가지고 있다. 그것의 모든 표면이 평탄한 평면이기 때문에 피라미드는 안정하게 정착시킬 수 있다.
원뿔이 소프트한 형체인 반면, 피라미드는 상대적으로 하드하고 모가 나 있다.

형태를 인식하는 데 가장 중요한 것은 역시 시각이라고 할 수 있다. 그래서 건축에서 시각적인 요소는 가장 중요한 의미를 가지게 되는 것이다. 시각에 의해서 형태를 인식하는 것을 '시지각'視知覺이라고 한다. 시지각에는 몇 가지 심리적인 법칙이 있다고 생각되는데, 이를 소개하면 아래와 같다.

먼저 우리의 경험이 형태의 시지각에 크게 작용한다. 이는 우리가 가지고 있던 어릴적 또는 교육에 의해서 이루어진 잠재의식과 경험이 형태를 이해하는 데에 중요한 역할을 한다는 뜻인데 과거의 영향이라고도 한다. 또한 친숙했던 형태와 처음 보는 새로운 형태는 익숙해져서 식별하기 쉽다. 그러나 그것들이 약간 변경된 장소에 옮겨지면 부분이 가려져서 지각하기 어렵고 또한 애매한 형태가 된다. 이것을 '익숙한 형'과 '애매한 형'이라고 한다.

다음에는 '단순화의 원리'가 있는데, 이는 형태 또는 도형을 그때그때의 상황이나 사정이 허락하는 한 단순한 구조가 될 수 있도록 한 것이다. 즉 인간에게는 구조의 간단한 것이 손쉽게 지각되는 것이나 대상을 될 수 있는 한 간단한 구조로 지각하려는 속성이 있기 때문이다.

하나의 전체로서 지각하기에 앞서 사람은 형태를 분해해서 이해하려는 '분해의 원리'에 의해서 형태지각이 이루어진다. 마지막으로 여러 가지 크기를 가진 것들이 있을 때는 같은 크기를 가진 것을 먼저 이해하려고 하며, 여러 가지의 형태가 섞여 있을 때는 같은 형태의 것들을 먼저 인식하려고 한다. 이와 같이 같은 명도, 색상, 위치를 가진 것을 서로 묶어서 인식하려는 습성이 있는데, 이것을 '군화群化의 원리'라고 한다.

(1) 반전도형

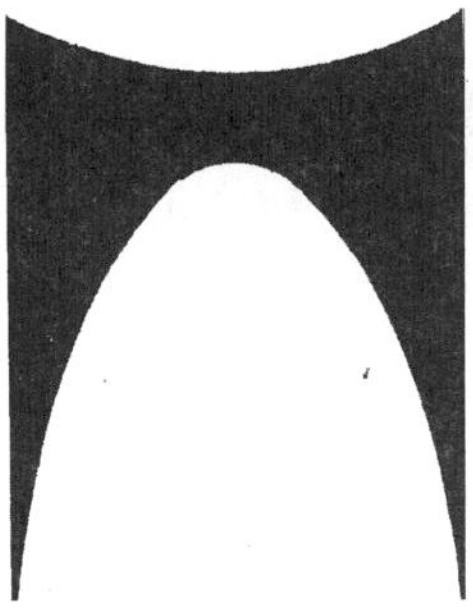

• 하이먼 · 미라의 마크

어떤 도형에 있어서 검은 부분을 유심히 들여다보고 있으면 좌우로 퍼지거나 위로 뻗으려고 하는 힘을 감지할 수 있다. 반면에 흰 배경의 부분으로 눈을 옮기면 상하에서 작용해 오는 힘에 견디고 있는 것처럼 느껴진다. 이러한 느낌은 어떠한 도형이든 사람의 보는 방식에 따라 그 모양이 달라지는 것을 의미한다.

이 형의 모양을 '게슈탈트*Gestalt*'라고 하는데, 심리학에서는 '형태성'이라 부르고, 그때 떠올라 보이는 부분을 그림, 가라앉은 부분을 바탕이라고 부르고 있다. 따라서 형의 볼륨은 그림과 바탕의 연결방법으로 결정되며, 바탕과 그림의 차이점을 덴마크의 심리학자인 르빈에 의해서 '게슈탈트'라고 정의되었다. 심리학자 사이에는 가장 중요한 개념의 하나로 되어 있다.

• 조형상의 형태

즉 르빈은 '르빈의 잔'이라고 불리는 도형을 이용해서 바탕과 그림의 개념을 설명하고 있는데, 이는 보는 사람에 따라서 검은 바탕에 흰 잔으로 보이기도 하고, 반대로 잔의 손잡이에 해당되는 검은 바탕부분이 서로 마주보고 있는 두 사람의 옆얼굴로도 보인다. 흰 잔으로 보일 때는 잔이 그림이고 검은 부분이 바탕이 된다. 반대로 옆얼굴이 마주보고 있는 것으로 떠올라 보일 때에는 옆얼굴의 형상이 그림으로 되고 흰 잔이 없어져서 그 부분이 바탕으로 되는 것이다.

• 르빈의 잔, 여자의 옆얼굴인가 아니면 과일그릇인가
▸ 반전도형의 유형

이와 같이 그림과 바탕이 교체하는 도형을 '반전도형'이라 부르며, 여러 가지 모양으로 보이는 도형을 '다의도형'이라 부르고 있다. 우리들의 시각세계는 이와 같이 바탕과 그림의 조합과 연속으로 되어 있는데, 바탕과 그림이 명확하게 구별되지 않으면 물체를 잘 인지할 수가 없다.

예를 들면 건축물에서 모든 면과 문이 모두 유리면으로 구성될 때 유리면이 바탕으로 받아들여지고 문이 돋보이지 않으면 사람들은 어디로 출입하여야 좋을지 모르며 사고가 일어날 수 있다. 또한 공연장이나 전시장 등에서 천장과 벽에 너무나 사람의 주의를 끌어당기는 장식을 설치하면 분위기의 수단으로서는 좋으나, 주의를 집중하기가 어렵게 된다.

(2) 게슈탈트 론

물리적인 역원리로서 만유인력이 존재하듯이 사물이 사람들의 마음, 특히 시각에 작용할 때에도 역관계가 성립한다. 두 가지 사물은 시각 속에서 서로 끌어당기며 시각적인 힘을 갖게 함으로써 사물의 윤곽을 지각하게 되는데, 심리학에서는 이러한 형태나 도형을 게슈탈트*Gestalt*라고 한다. 예를 들면, 철골과 유리로 이루어지는 빌딩의 외형은 주위의 공간으로부터 분리된 전체로서 하나의 게슈탈트를 이룬다. 철골과 유리, 유리와 유리, 철골과 철골의 각 부분은 서로 역관계를 유지하면서 전체로서 시각에 작용한다. 이와 같이 상호간의 역관계가 정립이 되면 규칙적인 힘의 변화가 생겨 공간의 리듬을 낳는다. 유사한 형태는 군화하고, 상이한 형태는 서로 분절을 이루게 되는데, 이러한 형태가 가져다주는 심리적 효과는 게슈탈트의 법칙과 같다.

게슈탈트 이론은 다음과 같은 다섯 가지가 있는데, 먼저 근접*近接*의 원리를 꼽을 수 있다. 이 원리는 서로 접근하는 위치가 조화를 이루기 쉽다는 것이다. 다음으로 유동*類同*의 원리는 공간의 특징, 즉 모양·크기·방향·빛깔·소재·움직임 등이 유사한 것은 서로 조화를 이루기 쉬우며, 연속*連續*의 원리라 함은 일관된 힘을 갖는 것과 단순화된 힘을 이루고 있는 것은 조화를 이루기 용이하다는 원리이다. 그리고 폐합*廢合*의 원리는 폐쇄되어 스스로 완결된 선의 분리나 형태는 조화를 이루기가 가능하며, 공통*共通*의 원리는 동일한 원리나 환경에 있어서 양호한 조화를 이루는 원리라 할 수 있다.

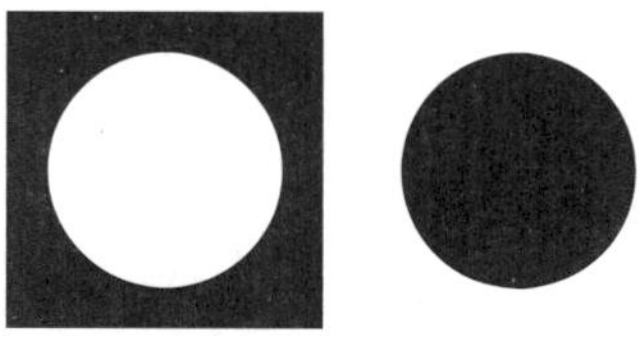

▸백색의 원과 흑색의 원은 같은 크기의 면적이지만 백색원이 더 큰 것 같이 느껴진다.

3-3 형태변형

형태는 사각형, 원형, 삼각형 등 기본적인 단순성으로만 존재하는 것이 아니라 고도의 복합성으로서도 존재한다. 그 복합

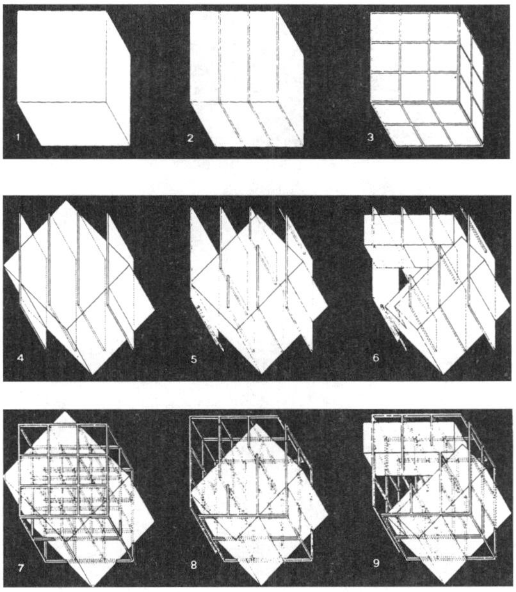

성은 때때로 기본적인 형태의 변형과 조합을 통해 성립된다. 이러한 형태를 우리는 '변형된 형태'라 부르며, 그 변형과정을 '형태변형'이라고 한다.

형태변형이란 복잡하고 분석적인 형상을 표현하는 말이다. 이것은 처음의 형태로부터 새롭게 변형된 형태를 만들기 위해 다양한 방법으로 변화를 일으키는 행위를 뜻한다. 그러나 그 변형된 형태의 성격과 특성은 변형 이전의 최초의 형태와 유사하다. 따라서 형태변형은 정해진 규칙에 따라 단계적으로 이루어지는 형태나 범주 내에서의 변형을 의미하는 것이다.

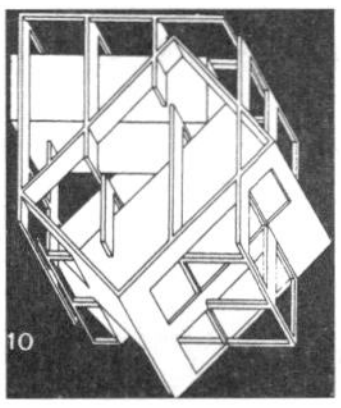

▸ 형태변형 실례
(피터 아이젠만, 주택Ⅲ)

형태변형에 있어서 특징은 일련의 형태변형에서 개개의 특수한 단계를 결정짓는 단계적으로 체계화된 변형과정의 구조이다. 일련의 형태변형이 시작되는 지점은 절단, 분화, 편제, 해체 등의 방법을 통해 기본형태가 종속형태로 세분되는 곳이다. 모든 형태변형은 네 가지 작업영역으로 이루어진다. 그 첫 번째는 모든 형태변형의 전제가 되는 예술가의 직관이다. 즉 주어진 기본형태를 변형시키고 조형하려고 노력하는 예술가의 직관을 의미한다. 두 번째는 변형조작의 과정이라 할 수 있는데, 이 과정에서 비로소 형태변형이 수행된다. 즉 집중적이고 체계적이며 분석적인 변형과정은 종속요소, 종속형태, 그리고 원래 형태의 특성이 어떻게 변해 가는가를 보여준다. 세 번째는 새로운 구성체계의 형성이다. 분석과 치환

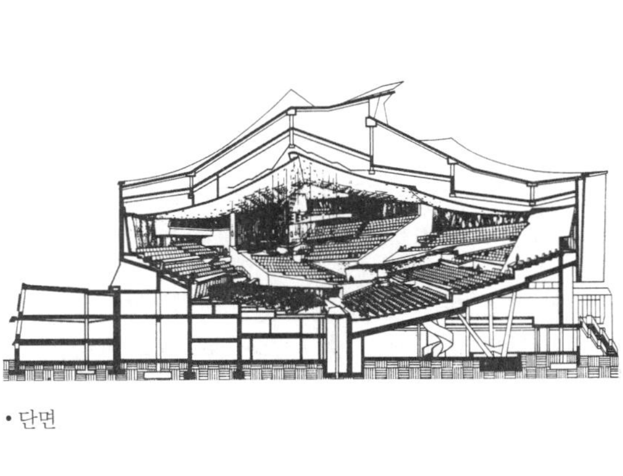

• 단면

• 전경
▸ Utzon의 시드니 오페라하우스

• 시드니 오페라하우스 반구형 지붕의 모형

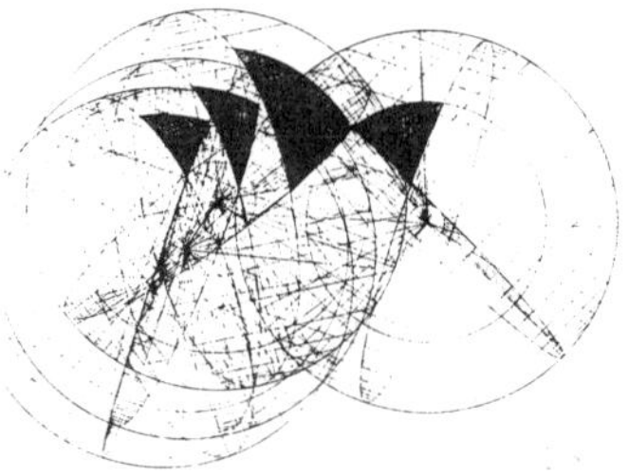

• 구형을 토대로 하여 둥근 지붕을 만드는 과정
▸ 형태병형 실례 (시드니 오페라 하우스 지붕)

에 따른 변화에 의해서 이루어진 새로운 형태는 종속형태의 강조와 밀접한 관련이 있다. 형태변형의 최종적 결과로서 나타난 새로운 형태는 물론 변형을 통해 이루어진 것이긴 하지만 그 기본적인 성격은 여전히 원래의 형태에 속해 있다.

이러한 형태변형의 실례들은 현대의 조형예술이나 건축에서 수없이 발견된다. 빅토르 바사렐리의 형태변형, 피터 아이젠만의 분석적인 착상에 의한 연구주택들(아이젠만은 그 주택들을 Ⅰ, Ⅱ, Ⅲ, … 하는 식으로 표시) 또는 요른 웃존*Jørn Utzon* 의 시드니 오페라하우스에서 구球를 잘라낸 개별적인 형태들을 짜 맞추어 새로운 복합형태를 만들어낸 경우를 볼 수 있다.

조형이론에서 형태변형과 더불어 이루어지는 작업은 지난 20년간 현대조형의 가장 중요하고 본질적인 특성이다. 새로운 형태의 다양성은 원래의 형태로부터 변형을 이끌어내는 일뿐만 아니라 형태를 이루는 요소들을 새롭게 조직하는 일도 포함한다.

4. 건축과 비례

4-1 비례의 의미

훌륭한 비례를 이룬다는 것은 아름다움과 직결되기 때문에 훌륭한 디자이너나 건축가가 되기 위해서는 프로포션*Proportion* 에 대한 개념을 항상 염두에 두어야 한다. 어떤 디자인을 할 때 프로포션의 개념을 분리하여 생각할 수 없으며, 또 디자인을 검토하거나 평가할 때 그 프로포션을 고려해야 한다.

프로포션은 '비례'라는 의미로 라틴어의 '프로폴티오*Proportio*', 그리스어의 '아나로지오*Analogia*'에 해당하는 것이다. 비례

▸ 파르테논 신전(아테네·그리스 B.C432)

• 비례법칙에 따른 건축조형으로 전후좌우가 완전한 균형을 이룸

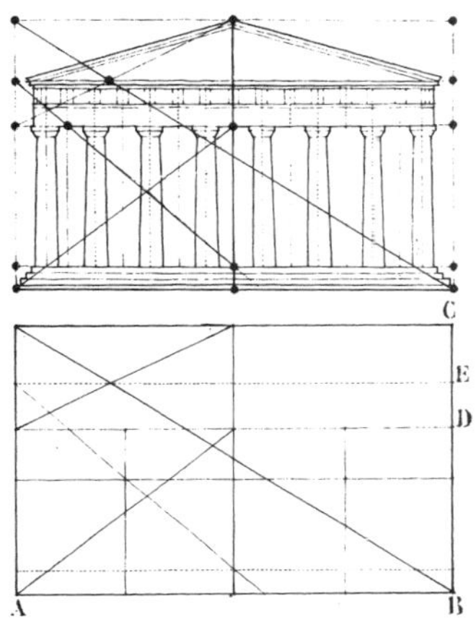

▸ 파르테논신전의 황금분할 사용 실례

• $\frac{AB}{BC}=\frac{BC}{BD}=\frac{BD}{CD}=\frac{CD}{CD}=\Phi$

*Proportion*는 균형, 비율, 비례, 분할을 의미하는데, 대소의 분량, 장단의 차이, 부분과 부분 또는 부분과 전체와의 수량적 관계가 미적으로 분할될 때 좋은 비례가 생긴다. 고대 그리스에서는 비례를 '아나로지아'라 하여 심메트리*Symmetry*보다 더 상세하고 엄밀한 비율의 개념으로 사용하였다. 역사적으로도 비례는 수리적인 계산법이 사용되기 이전부터 기하학적이며, 종교적인 신비로운 법칙으로 건축조각에 응용되어 왔음을 볼 수 있다.

이러한 비례의 개념을 건축에서 이야기하면 선, 면, 공간 사이에서 상호의 양적인 관계를 말한다. 따라서 비례는 기준이 되는 것과 그것과의 비교되는 것과의 관계로 이루어지기 때문에 그 기준이 되는 것이 무엇이냐에 따라서 여러 가지의 의미를 가지게 된다. 예를 들면 기준이 숫자가 되면 급수가 되며, 음표가 되면 음악이 되며, 선과 악이라는 것이면 소설과 시가 될 수 있는 것이다.

이러한 비례관계가 사람들에게 쾌감과 즐거움을 줄 때, 이것을 비례감이라고 한다. 이러한 비례와 스케일*Scale*에 대해서 혼용해서 사용하는 경우가 많은데, 사실 스케일과 비례의 정의가 명확하게 구분되지는 않는다. 그러나 범위상 구분하면 비례가 스케일이라는 것보다 더 광범위하고 포괄적인 의미를 내포하고 있다. 현대 디자인에서는 자극적이고 실험적인 방법으로 비례의 개념을 역이용하기도 한다.

4-2 비례설의 유형

비례설이란 사람들에게 쾌감을 주는 비례관계가 무엇인가를 이야기하는 것인데 여기에는 여러 가지의 설이 있다. 1 : 2나 1 : 3과 같이 간단한 정수비 관계가 성립되면 그것들 사이에 비례감이 있다는 설이 정수비설이다. 등차관계가 성립하는 비례관계는 등차급수설이라고 하며, 등비관계가 성립하는 관계는 등비급수설이라고 한다.

이탈리아 사람인 피보나치*Fibonacci*는 자연현상에서 볼 수 있는 여러 가지 형태를 가지고 분석한 결과 나뭇잎, 사람의 손가

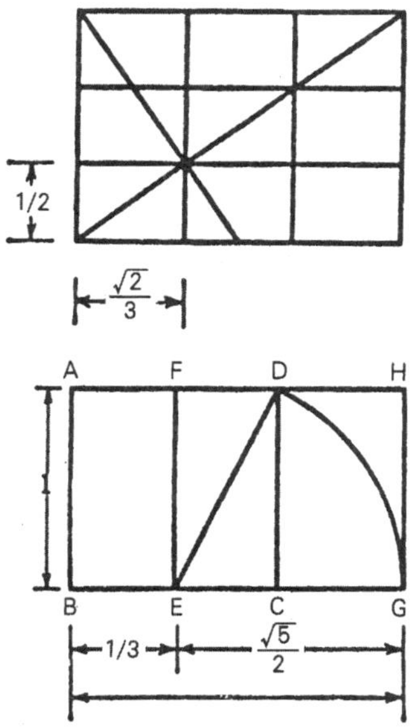

▸ 루트 직사각형 비례

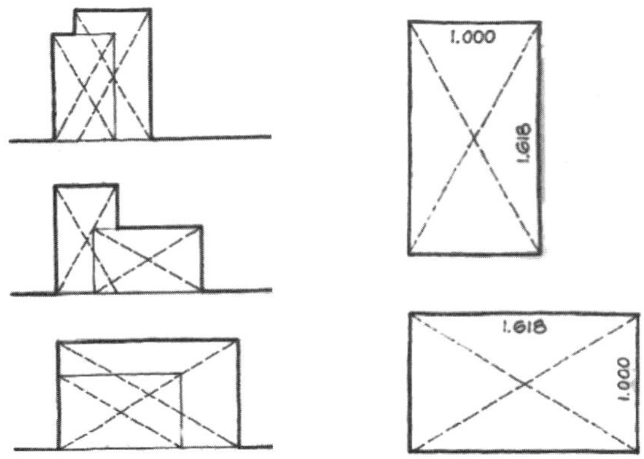

▸ 황금분할 *Golden Section* 비례

락 등을 가지고 상관적으로 비례를 산정한 결과 1 : 2 : 3 : 5 : 8 : 13의 비례가 성립하는 것을 알게 되었으며, 이로 말미암아 1+2=3, 2+3=5, 3+5=8, 5+8=13 등이 성립되는 것이다.

고대 그리스에서는 황금비라고 하여 일정한 비례를 가지고 있는 것이 이상적인 아름다움이라고 하여 일상의 디자인에 많이 사용하였다. 이 비는 무리수를 사용하여 계산된 것으로서 1 : 1.618 또는 1 : 0.618 등이 있다. 1.618−1=0.618이 되며, 이 나머지는 서로 비례를 이루고 있다. 이러한 것들을 황금비라 하며, 또한 황금비례*Golden Section* 라고도 한다.

이 황금비례는 수리적 계산법이 있기 이전부터 기하학적이고 종교적인 신비의 법칙으로 조각 등에 이용되어 온 기하학적 분할 방식이다. 선이나 면적을 나누었을 때 작은 부분과 큰 부분의 비율이 큰 부분과 전체에 대한 비율과 동일하게 분할되는 1 : 1.618을 황금비례라 한다.

루트*Root* 직사각형 비례는 한 변이 1인 정사각형의 대각선은 $\sqrt{2}$ 가 되고, 1과 $\sqrt{2}$ 를 두 변으로 하는 직사각형은 $\sqrt{3}$ 의 대각선을 형성하는 원리를 말한다. 즉 정방형의 한 변을 1이라 하면, 그 대각선의 길이는 $\sqrt{2}$ 가 된다. 이때 한 변이 1이고 장변이 $\sqrt{2}$ 인 형을 $\sqrt{2}$ 구형이라 한다. $\sqrt{2}$ 구형의 대각선은 $\sqrt{3}$ 이고, $\sqrt{3}$ 구형의 대각선은 $\sqrt{4}$ 가 된다. $\sqrt{4}$ 구형은 $\sqrt{4}$ =2이기 때문에 정방형을 2개 놓은 것과 같다. 이러한 $\sqrt{4}$ 구형의 대각선은 $\sqrt{5}$ 가 되며, 점차적으로 $\sqrt{6}$, $\sqrt{7}$ …

▸ 황금분할에 따른 공간

등 순차적으로 구할 수 있다. 이상과 같이 양변의 비가 평방근√‾이 되는 것을 √‾구형이라 하는데, 이와 같은 방법으로 연속적인 루트 직사각형을 작도할 수 있다. 루트 직사각형 비례에 따르면 무리수를 가진 비례를 쉽게 구할 수 있는데, 이 비례는 황금분할 비례와 함께 많이 사용되는 실용적 가치가 높은 비례설이라 하겠다.

정수비례는 1, 2, 3과 같은 정수에 의한 비례로서 일정한 배수관계가 있으므로 간단하며 실용적 가치가 높다. 또한 정적 균형에 의한 명쾌한 비례원리인 관계로 단순한 반복을 요구하는 현대의 건축물이나 가구디자인에 많이 적용되는 비례설이다.

정수비례의 종류로는 앞서 서술한 바와 같이 몇 가지가 있는데, 먼저 상가수열 세례를 들 수 있다. 상가*相加*수열 비례는 1 : 2 : 3 : 5 : 8 : 13……과 같이 각 항이 그 앞의 두 항의 합과 같은 수열에 따른 비례로서 황금비나 피보나치*Fibonacci* 수열과 비슷하다. 피보나치 수열은 8, 13, 21, 34, 55, 89, 144, 233 등의 수치로서 각 항은 그 항의 앞에 있는 2개 항의 합산과 같으며 8/13, 13/21, 21/24, 24/34, 34/55와 같이 계산하여도 각 비례가 거의 유사하다.

등차수열 비례는 1 : 4 : 7 : 10 : 13(초항 : 1, 공비 : 3인 경우)과 같이 이웃한 두 항의 차이가 일정한 수열의 비례인데, 주로 3 : 5 : 7, 1 : 6 : 11 등의 수열은 동양건축에서 율동적인 표현에 주로 사용되었다.

등비수열 비례는 1 : 2 : 4 : 8 : 16……(초항 : 1, 공비 : 2인

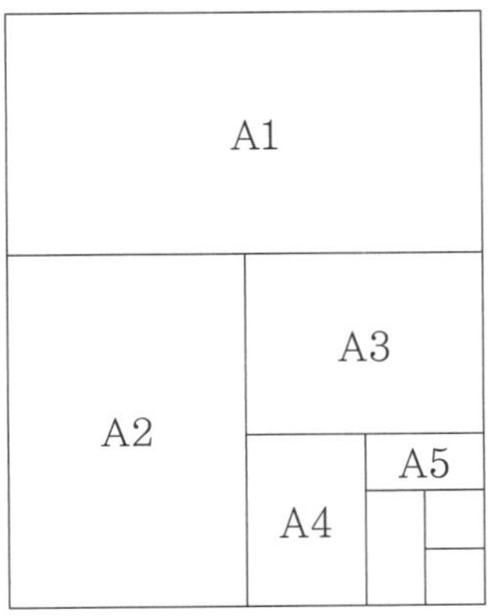

• 용지 크기(√2 직사각형)

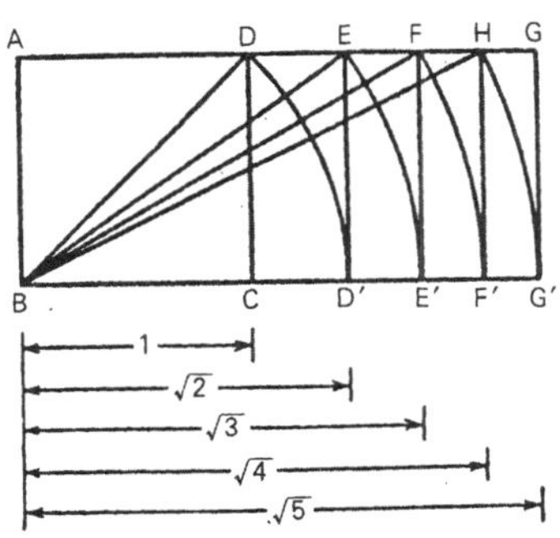

• 규모의 증가

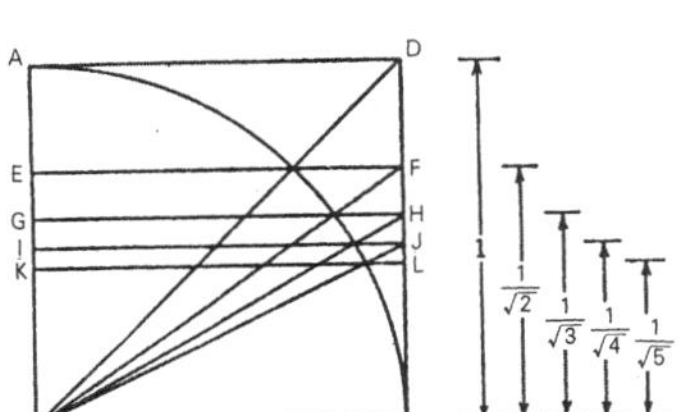

• 규모의 감소

▸ 루트 비례의 유형

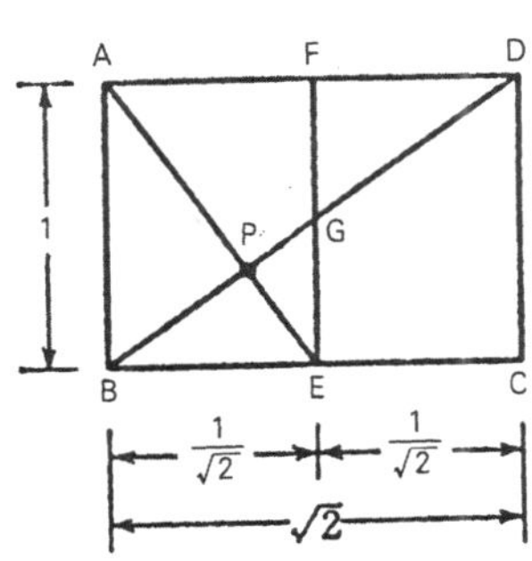

• 역수 구형

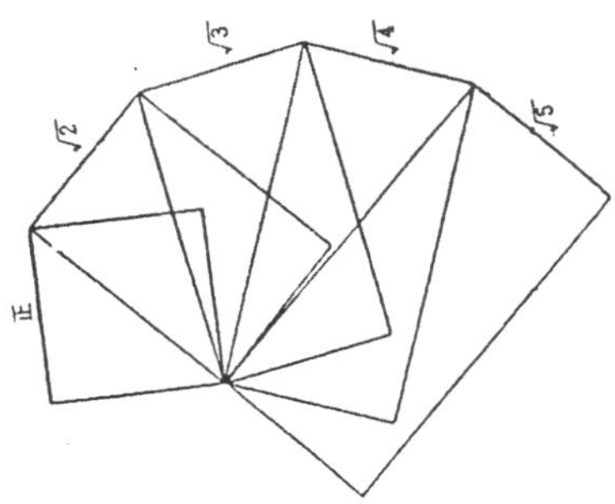

• 형태 변화

경우)과 같이 두 항의 비가 일정한 수열의 비례로서 증가율이 가장 크고, 한층 강한 율동감을 갖는 비례원리로 하겠다.

5. 건축에서의 점, 선, 면, 질감

5-1 점

기하학적 정의로 점은 크기가 없고 위치만 있는 것이다. 즉 기하학상 비시각적이기 때문에 비물질적이며, 만약에 물질적으로 가정한다면 0*Zero*이라 할 수 있다. 점을 0으로 표시하기도 하는데, 0은 라틴어인 Origo의 약자이다. 이 라틴어의 의미는 최초, 근원이라는 의미가 있음으로 해서 기하학적인 의미와 조형적 의미가 합치된다. 그러나 디자인상의 점은 다양한 모양과 크기를 지니며, 점의 크기는 특수형으로서 개개의 점, 중심점으로서 눈에 띄기도 하지만 우연히 또는 질서있게 만들어진

- 점
  점*Point*은 중요한 형태형성요소*形態形成要素*로서 공간내 위치를 나타낸다.
- 선
  선*Line*은 길이, 방향, 위치의 특질을 가지며 점의 확장이다.
  - Length
  - Direction
  - Position
- 평면
  평면*Plane*은 길이, 폭, 형*型*, 표면, 방위, 위치 등의 특질을 가지며, 선의 확장이다.
  - Length & Width
  - Shape
  - Surface
  - Orientation
  - Position
- 입체
  입체*Volume*란 길이, 넓이 깊이, 형태와 공간, 표면, 방위, 위치 등의 특질을 가지며, 평면의 확장이다.
  - Length, Width & Depth
  - Form/Space
  - Surface
  - Orientation
  - Position

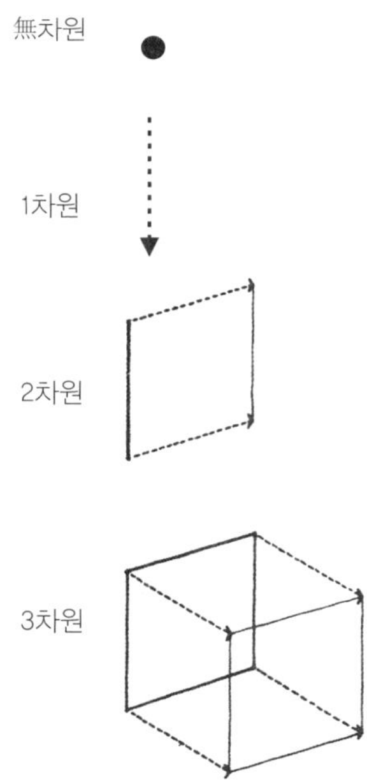

▸ 점·선·면·입체의 개념 정의

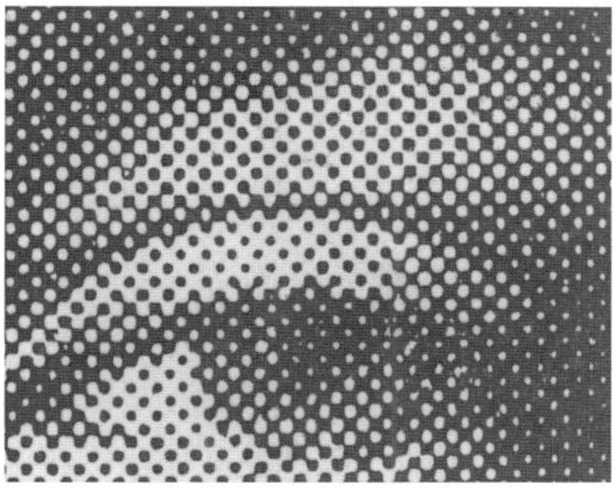

• 회화에서의 점
인쇄되는 사진은 크고 소밀한 점으로 표현되므로 점으로서의 인상은 없어지고 그림으로서의 화면이 보여진다.

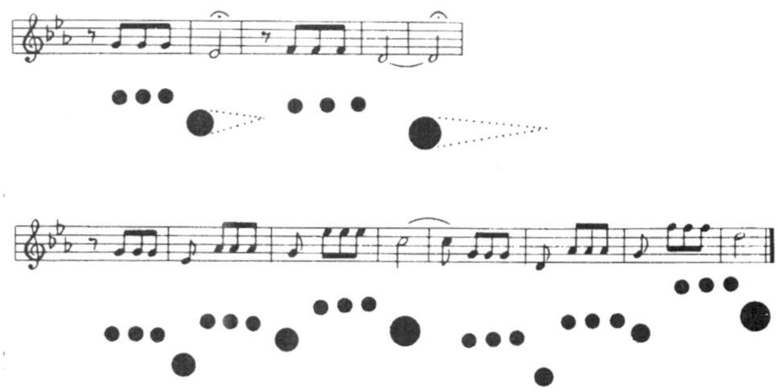

• 음악에서의 점

▸ 점의 종류

• 건축에서의 점

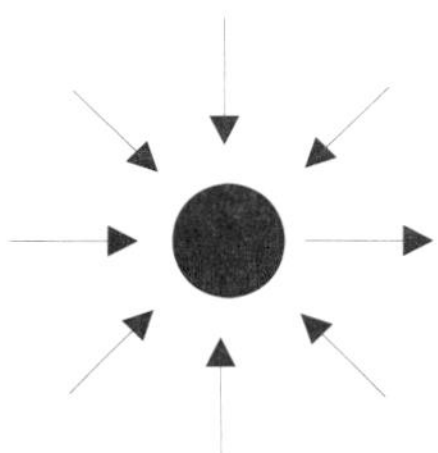

• 점이 하나일 때는 모든 시선이 그 한 점으로 집중된다.

• 두 개의 점이 있으면 서로 끄는 힘이 생긴다.

• 한쪽 점이 클 경우에 주의력은 큰 쪽에서 작은 쪽으로 옮겨진다.

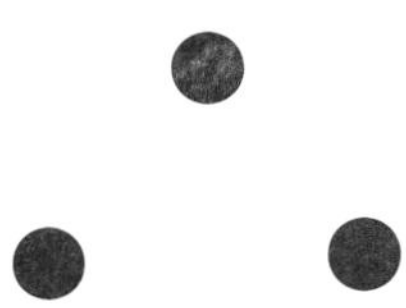

• 세 개의 점이 직선상에 있지 않을 때는 3각형으로 형을 느끼게 한다.

▸ 점의 조형적인 효과

형태 안에 표현되는 경우도 많다. 점은 색채 또는 색조(농담)에 의해 바탕에서 부각되는 가장 작은 면이라고도 할 수 있다.

이러한 점의 종류로는 세 가지가 있다. 즉 인간의 언어에서 표현되는 요소의 요점, 중심점, 구심점, 역점 등과 같은 문학에서의 점과 색채와 더불어 중요한 요소를 이루며 시각적으로 가장 단순한 형이라 할 수 있는 회화에서의 점이다. 또한 건축에서의 점이 있는데, 이는 탑에서 볼 수 있는 형태의 정점, 형태를 이루는 평면상의 접촉점이 해당된다.

점에 의해 이루어지는 조형적인 효과는 어떤 공간에 하나의 점을 두면 집중효과가 있으며, 두 점 이상을 일정한 거리를 유지하면 상호간의 장력으로 선이나 형의 효과가 생긴다.

또한 점의 대소관계로 시선의 방향이 대大에서 소小로 옮겨지며, 점의 간격에 따라 집합, 분리의 효과를 형성하기도 한다. 그리고 가까운 거리에 있는 점은 선으로 지각되어 삼각형, 사각형의 도형 효과를 느끼게 한다. 더욱 많은 점의 상호간의 근접은 면으로 지각되는 효과가 있다.

5-2 선

(1) 선의 의미와 효과

선이란 길이와 위치만 있고 폭과 부피가 없는 것, 점이 이동한 궤적이라고 정의할 수 있다. 또한 점이 이동하는 방향에 따라 직선, 곡선 등의 여러 가지 선이 생기며, 길이와 방향성이 있음을 꼽을 수 있다. 한편 선은 점이 움직인 위치에서 끝나는 위치까지의 거리를 가진 점의 궤적이므로 점의 소산이라 할 수 있으며, 점이 정적인 반면에 선은 동적인 요소라 하겠다. 또한 제2차적 요소로서 선은 1차원적 존재이며 점은 무차원적 존재이기 때문에 점이 선으로 발전하면 무차원에서 1차원적인 세계로의 비약하는 것을 의미한다.

선의 3대 기본형은 직선·곡선·절선으로 분류된다. 이 중에서도 직선에는 수직선·수평선·사선이 있으며, 굵기에 따라서는 굵은 직선·가는 직선·지그재그선으로 분류된다. 또한 곡선은 포물선·쌍곡선·소용돌이선 등의 기하곡선과 완곡선·급곡선·말린 곡선 등의 자유곡선이 있으며, 절선에는 45° 예각선·90° 직각선·135° 둔각선이 있다. 이러한 선들의 심리적인 성질을 살펴보면 직선은 단순, 경직, 남성적, 무한의 운동감의 의미를 내포하고 있으며, 직선의 유형 중 수직선은 구조적인 높이와 존엄성을 느끼게 한다. 반면에 수평선은 무한으로 펼쳐지는 지평선, 안정감 있는 대지 등에서 연상되는 영원, 확대, 무한, 안정, 침착, 고요, 평화 등의 느낌을 준다. 그리고 사선은 기울기가 있는 선으로서 상승과 하강에서 오는 약동감, 생동감 넘치는 에너지를 느끼게 하며, 곡선은 유연, 우아, 경쾌, 풍요, 간접적, 여성적인 느낌을 준다.

▸ 완자창호(수직, 수평선의 조화)
•직선의 조립은 다면적 감정을 표현하고, 반복에 따라 리듬, 면을 형성한다.

(2) 선의 미적 특성

선들로 구성되어 나타나는 미적인 특성을 단순미, 반복미, 곡선미, 대칭미, 강조미, 복합미 등이 있을 수 있다.

— 단순미는 불필요한 부분을 제거하고 필요한 것만을 강조하는 것이다. 형태를 최대한 단순화하여 생략과 강조에 의해 구성요소의 의미를 더욱 강하게 하는 방법이라 할 수 있다.

• 자유곡선 C-Curve

• 자유곡선 S-Curve

• 자유곡선 spiral curve

▸ 자유곡선의 종류

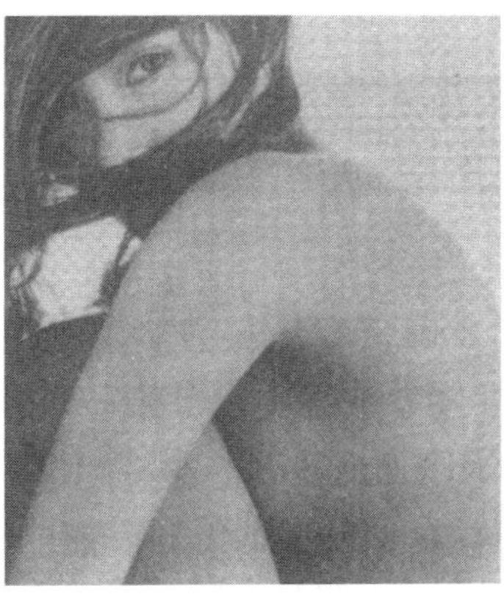

▸ 곡선미의 조화

• 여성 몸체의 자유곡선은 가장 아름다운 선으로 고대에서 현대에 이르기까지 많은 예술가들에 의하여 활용되어 왔다.

대체로 이 방법은 기하학적 형태에 많이 나타난다.

— 반복미는 자연의 공통된 기본질서라 할 수 있다. 예를 들면 낮과 밤의 연속된 반복, 출생과 죽음의 반복, 계절의 반복 등은 동·서양을 막론하고 고대부터 현대까지 계속된 신비의 공통된 법칙으로 영원히 지속되고 있음을 보여준다. 또한 반복미에 의한 원리는 강한 이미지를 느끼게 하는 반면에 변화, 대비, 대립성이 없는 관계로 단조로움을 느끼게 하는 단점도 있다.

— 곡선미는 일상생활 중에서 곡선 자체에서 느낄 수 있는 독특한 감정인 부드러움, 우아함, 자유로움, 신축성으로 인하여 가장 많이 접할 수 있는 요소이다. 조각가 로댕의 말을 인용하면 "이 세상에서 가장 아름다운 것은 여체이다"라고 했듯이 곡선은 아름다움을 창조하는 가장 기본적인 모체라 할 수 있다. 우리나라 건축의 처마곡선, 이조백자의 곡선, 저고리의 소매곡선, 산등성이의 곡선, 끊어질 듯 이어지는 오솔길의 곡선 등이 우리나라의 상징적 요소의 하나로서 많이 사용되었는데, 모두 곡선미를 이용한 구성이라 하겠다.

— 대칭미는 인류의 역사 이전부터 존재하여 온 자연법칙 중의 하나로서 좌우동형, 균형, 균제라고도 한다. 이는 인간의 형태, 동물의 정면, 나비, 잠자리 등 생명을 지니고 있는 동식물의 모양에서 쉽게 찾을 수 있다.

동적 대칭이라 하면 춤추는 무희나 평균대 위의 선수에서 보는 바와 같이 균형잡힌 동작의 연속으로 아름다운 균형미를 느끼게 하는 움직임의 대칭이라 할 수 있다. 정적 대칭은 활동적인 매력이 없으며, 리듬이 결여되기 쉬운 단점이 있는 반면에 좌우균형에 의한 안정감을 준다는 점에서 건축행위에 많이 응용되어 왔다.

— 강조미는 다양한 이유와 여건에 따라 필연적으로 나타나는 요소이다. 즉 건축물의 독특한 특성표현과 주변 환경 및 건축물과의 조화, 건축물의 목적성에 적합한 이미지 부각 등 각각의 구성방법에 따라 표현된다. 여기에는 수직선 강조미와 수평선 강조미가 있다. 수직선 강조미는 평형, 균형성을 암시

▸ 강조미의 조화 *(롱샹 Ronchamp의 Chapel)*
• 돛을 올린 범선 같이 언덕 꼭대기로부터 출범하려는 것처럼 보인다.

▸ 대칭미의 조화 *(전 국립중앙박물관)*

하며 정직, 위엄, 강하고 굳건한 인상 및 느낌을 준다. 또한 현대건축에서 건축물의 대형화, 규모 및 대지의 한계라는 환경적 요인에 따라 필연적으로 대두되었으며, 산업기술 발달에 따른 수직적 동선의 개발에 의해 나타난 요소라 할 수 있다. 수평선 강조미는 고요하고 수용적인 느낌, 안정감을 암시하며, 건축물과 지평선을 평행한 수평으로 이루는 방법과 창호의 형태를 평행으로 만드는 방법이 있다.

— 복합미는 특정한 요소를 강조하는 것이 아니라 두 가지 이상의 요소를 강조하거나 대칭시킴으로써 이미지를 더욱 강화시키거나 중성화시키는 것을 말한다. 구성방법은 반대의 개념을 대비시키는 방법과 유사한 개념을 유연하게 대비시키는 방법이 있다.

5-3 면

(1) 면의 의미와 효과

면은 선이 이동한 궤적이며 선의 결합에 의해 형성된다. 또한 입체의 한계이며, 공간의 경계를 이룸으로써 공간을 구성하는 최초의 조형요소이다. 또한 절단에 의해서도 형성되며 유형에는 평면, 요철면, 곡면, 수직면, 수평면, 경사면 등이 있다. 다면체에 있어서는 면과 면으로 이어져 하나의 평면을 이루기도 한다.

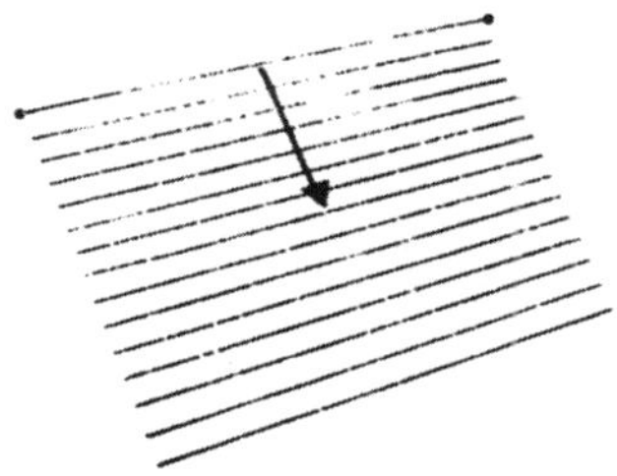

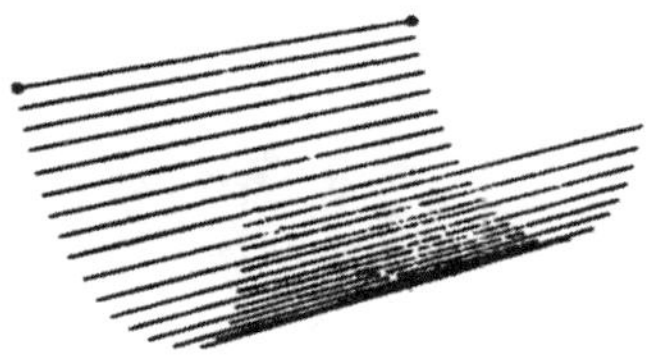

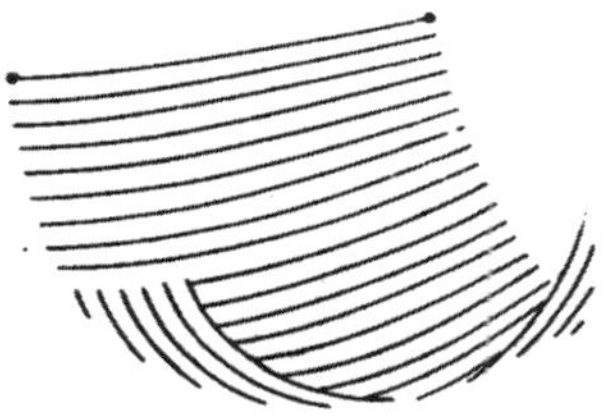

▸ 점이 선으로, 선에서 면으로, 면은 단곡면과 복곡면으로 변한다.

면에는 크게 평면과 곡면이 있다. 평면은 가장 단순한 면이며, 수직면·수평면·경사면 등 세 가지가 있다. 수직면은 긴장감과 고결한 느낌을 부여하며 수평면은 평화, 정지감, 안정감을 준다. 사선에 의해 형성되는 경사면은 동적, 불안정감을 부여함으로써 공간조형 표현에 강한 효과를 준다.

반면에 곡면은 평면에 비하여 대조적인 성질이 강하며 온화, 유연, 동적인 느낌을 주는 성질이 있다. 따라서 평면과 곡면 양자를 대비시키면 건축조형상의 대비감을 높일 수 있다. 이 중의 하나인 단곡면은 원추형, 원통형과 같이 직선을 옆으로 굴려서 형성하는 면이며, 복곡면은 구형, 동물의 형과 같이 직선이 없고 곡선만의 운동에 의하여 생긴 곡면이라 하겠다.

보편적으로 모든 면의 형은 정사각형에 내접하는 원과 같은 기본형 또는 그 조립에 따른다. 정사각형과 원은 상호간의 대립관계 모양이지만 규칙적이고 단순한 구조를 지녔다는 점이 공통점이다.

이러한 기본형을 기점으로 다양한 형을 조형상 응용하여 도출하는데, 이를 일반적으로 '형태환'이라 한다. 이는 색상환처럼 과학적인 근거가 있는 것이 아니지만 모양의 상호간 유사성과 대비성을 검토하기 위한 기준이 될 수 있는 효과가 있다.

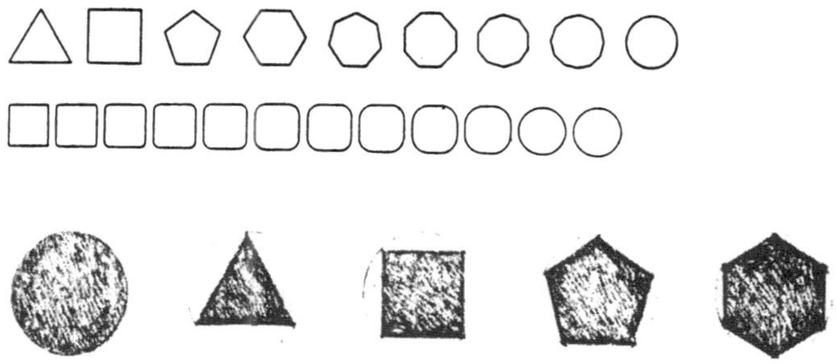

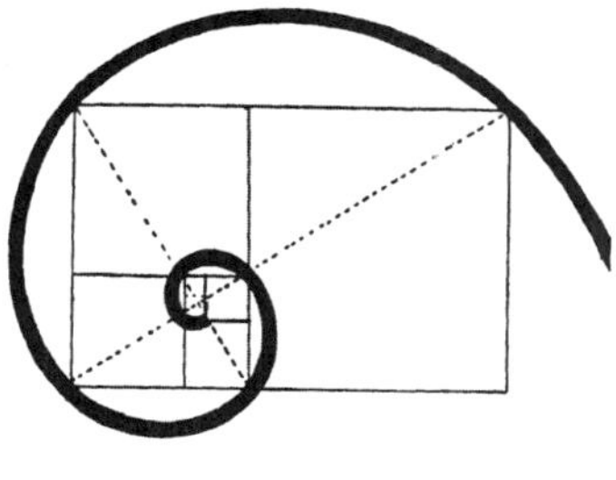

▸ 정사각형을 기본형으로 하고 성장의 모습이 보인다.

▸ 형태환

• 기하학적으로 가장 규칙적인 모양은 원이며, 규칙의 무한한 연속(동일한 각을 이루면서 동일한 변을 가지는) 다각형이 원의 내부에 새겨질 수 있다. 가장 중요한 것은 원, 삼각형, 정사각형 등의 기본적인 모양이다.

▸나선형의 원형 돔 천장은 무한성의 영원함을 느끼게 한다.

▸모든 분할면이 정사각형을 기본으로 황금비에 통일되어 면에서도 리듬을 느끼게 한다.

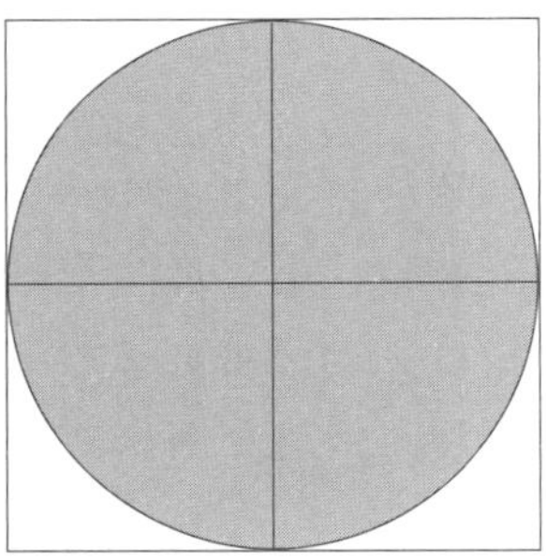

▸모든 면의 형은 정사각형에 내접하는 원과 같은 기본형이나 그 조립 여하에 따른다.

(2) 면과 형

평면적인 면의 형은 배경과 구별이 된다면 하나의 윤곽선이 나타난다. 이러한 윤곽선의 평면형을 형*形*이라 한다. 따라서 형*Shape*의 의미는 물체의 한계를 이루는 면, 평면상의 윤곽선, 입체상의 외곽선에 나타나는 평면적인 면이라 한다. 형의 유형에는 기하학적인 것과 자연적인 것 등이 있는데, 이를 정의하면 다음과 같다.

- 기하직선형 : 질서가 있는 간결함, 확실함, 명료함, 강함, 신뢰감, 안정감 등의 의미를 내포하고 있다.
- 자유직선형 : 기하직선과 같이 다양한 감정의 표시는 못하지만 강렬함, 예민함, 직접적인 느낌, 남성감, 명쾌함, 대담함, 활발함 등을 의미한다.
- 기하곡선형 : 기하직선형보다는 유순하고 교리적인 질서감이 있으며 명료함, 자유로움, 확실함, 고상함, 이해하기 쉬운감 등을 내포한다.

그리고 자유곡선형은 기하학적인 곡선이 아니므로 조화가 잘되면 매력적인 형이 되지만, 아름답지 못한 형도 있는 매우 위험성 많은 형이다. 따라서 우아함, 부드러움, 매력적인 느낌,

▸ 형의 종류

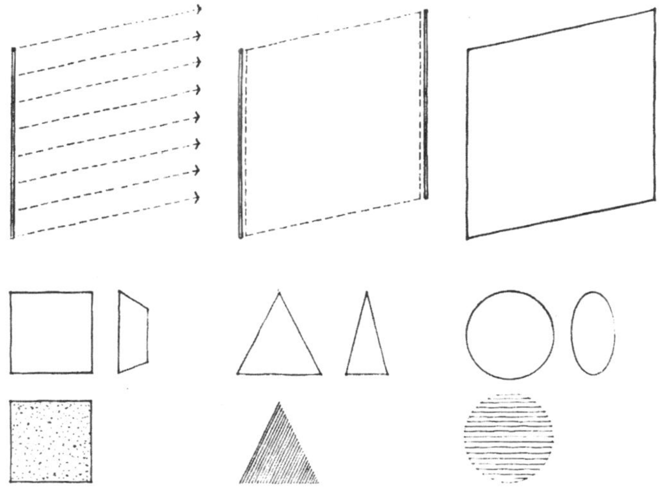

▸ 면 *Plane* 과 형 *Shape*

• 면은 선이 어느 방향으로 이동할 때 생기며, 깊이, 폭, 넓이를 갖는다. 면이 한쪽으로 왜곡되거나 그 모양이 달라지면 시각적인 중량감, 안정감, 방향이 생기게 된다.

여성감을 주는 반면에 불명확성, 무질서성, 방심성, 불편성 등의 심리적인 성질을 갖고 있다.

기초평면의 3대 기본형은 정사각형, 삼각형, 원형이라 할 수 있다. 이 중에서 정사각형은 옛날부터 팔, 다리를 벌리고 있는 인체의 폭과 높이의 균형척도를 위한 기준형으로 활용되었다. 집과 울타리, 도시계획상 촌락의 형태 등에 사용됨으로써 그 단순성을 과시하였다. 4개의 변과 4개의 직각에 이루어지는 균등성의 정확성과 단조로움은 도형상의 다양한 형을 만들고 변화시켰다. 르 코르뷔지에의 현대미술관 등은 정사각형의 건축평면으로 이어졌다.

원은 정사각형 내에 사선의 대각선 접점을 중심점으로 이루어진다. 자연 속에서는 잔잔한 호수가의 동심원, 비누거품, 나무의 나이테, 고대의 투우장, 원형극장, 서커스 천막, 식탁 위 접시 등이 있다. 우주에서의 원은 처음도 끝도 없는 영원함을 의미함으로써 수학자들은 원을 무한수의 변을 가진 다각형으로 규정하였다. 중국 고대 성언에서 "무한*無限*이란 각*角*이 없는 정사각형이다. 구형*球形*은 절대로 쓰러뜨리지 못한다"고 하였다.

5-4 질 감

(1) 질감의 의미

시각적으로 볼 수 있는 물체는 일정한 표면과 내용으로 구성되어 있다. 예를 들면 옷감, 땅, 목재, 고양이의 표피, 뱀의 껍질 등의 표면에는 다양한 모양과 재질감이 표현된다. 건축물의 외면이나 조형에는 다양한 재료가 사용된다. 따라서 건축가나 디자이너는 다양한 재료의 복합적 성격과 건축·구조·시공 등의 기술과의 관계를 충분히 이해하고 파악해야 한다. 재료의 종류로는 암석, 유기체, 금속, 합성제품, 혼합제품 등이 있다. 이러한 재료들은 질감*Texture*을 지니고 있는데, 디자이너들은 이를 고려하여 주어진 디자인이나 조형에 맞추어 작업해야 하는데, 많은 재료를 혼용해서 적용할 경우 디자인 의도에 부적합한 형태를 만들거나 고유한 의미를 상실할 수 있다.

이러한 다양한 재료에는 특이한 표현효과가 있는데, 이것을 텍스처*Texture*나 재질감이라고 한다. 예를 들면 매끈매끈함, 거칠음, 울퉁불퉁함, 반들함, 축축함, 따뜻함, 차가움 등 촉각이나 시각을 통한 느낌을 들 수 있다. 이는 손에 의한 촉감이나 시각에 의해 느끼고 보이는 물질의 표면상태를 의미한다. 텍스처는 또한 질감이라고도 하는데, 이는 표면상의 특징을 촉각이 아닌 시각만으로 지각하는 것을 의미한다. 따라서 촉감과 재질감과는 명확히 구분되어야 하는데, 일반적으로 혼용해서 인식 사용하고 있다.

• 섬유

• 바닥

• 조각

▸ 다양한 재질감의 표현

촉각은 시, 청, 후, 미, 촉 5개의 인간 감각기관 중에서 가장 하등 감각기관인 동시에 제일 근원적인 것이기도 하다. 만약 시각을 잃었다면 우리들은 우선 촉각에 기대는 수밖에 없다. 촉각은 시각에 비하여 몸으로 느낄 수 있기 때문에 인간의 발달 초기에 있어서 유효한 기능을 다해 왔다. 그러나 산업기술의 발달로 인공조명의 진보가 모든 건축물을 지배하고 있는 오늘날 시각의 범위는 확대되어 갔지만 촉각은 쇠퇴해 가고 있는 것처럼 보인다.

미각은 혀의 촉각으로서 달다, 맵다, 시다를 느끼는데, 이는 너무 광의의 명칭이므로 입맛을 나타내는 척도로는 되기 어렵다. 반면에 촉각은 원시적이기는 하지만 모든 감각의 근원적 요소를 갖고 있다. 우리들의 감각경험은 촉각에 따르지 않고 시각으로 느낄 수가 있는 관계로 현대에 이르러 텍스추어에 대한 관심은 사용재료의 물질성 그 자체를 더욱 중요한 조형상의 요소로 등장시키고 있다.

(2) 질감의 어원

▸ 텍스처는 직물 *Textile* 이라는 말에서 유래하였다.

질감은 1913년 큐비즘에서 새로운 기법으로 콜라주*Collage*가 개발되었던 것을 바우하우스에서 이론적으로 정리한 시각적 요소이다. 원래는 텍스타일*Textile*(직물)에서 유래된 용어로서 섬유에서 직물, 옷감, 직물의 원료를 의미하였다. 동일한 재료로 옷감을 짜더라도 그 방법에 따라 직물의 표면은 다른 시각효과와 성질을 나타내는데, 이를 텍스처*Texture*라 하였다. 또는 원래의 재료를 다시 가공표면처리를 통해 얻어지는 새로운 표현효과를 텍스처라 지칭하기도 한다.

특히 질감은 빛의 흡수나 반사에 대하여 색채와도 직접적으로 중요한 관심을 갖고 있다. 예를 들면 어떤 여인이 흑색 원피스, 흑색 가죽벨트에 흑색 철제 버클을 달았을 때 색채상으로는 구별이 힘들 것 같지만 이들 물질표면의 성질과 특징 때문에 섬유, 피혁, 버클의 철이 서로 명확하게 구별된다. 직물에서 오는 느낌과 금속류에서 받는 느낌은 촉각인 동시에 촉각을 통한 시각경험이 합친 것이다.

견사로 짠 견포도 직조방법에 따라 그 표면의 패턴이 확실히 구별되므로 우리들이 입은 양복의 용도, 연령, 유행형, 계절, 색깔 그리고 질 등이 질감에 대한 조건으로 수반된다. 이외에도 그 양복과 액세서리와의 조화 또는 색과 형의 문제를 떠나서 재질이 지니고 있는 질감끼리의 조화도 중요하다. 이러한 질감의 개념은 건축, 조각, 회화, 공예 등 미술 분야는 물론 디자인 전역에 필수요건이다.

프레스코*Fresco*나 템페라*Tempera*(불투명물감) 화법에서는 질감의 문제를 크게 인식하지 않아도 된다. 그러나 유화에서는 물감의 겹침, 번짐, 광택, 팔레트, 나이프, 화필자국 등의 다양한 기법효과에 의하여 표현방법의 가능성이 풍부해짐에 따라 마띠에르*Matiere*에 대한 관심이 높아지고 있다. 예를 들면 입체파에서는 물감에 모래를 섞어 마띠에르의 독창성을 높이고, 근래에 와서는 동양화에서도 화면에 모래나 돌덩이까지 붙이는 경향이 있다.

(3) 질감의 조형적 특징

• 도시의 금속 질감

• 석축과 잔디의 거친 질감

▸ 텍스처의 조형적 효과

질감은 건축조형의 효과를 높이는 데 중요한 요소로 가구나 공간마감, 건축물의 외벽과 내벽 등의 사용에 쓰인다. 이러한 요소의 질감들은 자연적인 재료(목재, 암석, 가죽 등), 가공제품 재료(벽돌, 콘크리트, 금속 등), 표현마감 재료(페인트칠, 회반죽바르기, 자국내기 등)에 의해 이루어진다. 질감의 조형표현은 조화성을 최우선으로 고려한다. 이때 유사한 질감의 재료를 조합하는 것과 천연재료와 공업생산물의 대비적인 재료와의 조합이 있다. 질감의 변화는 주로 자연의 빛이나 인공조명의 정도에 의해 변화되지만, 디자인 구성상 고려해야 할 것은 건축물군과 도시의 구성을 고려해야 한다는 점이다.

질감의 사용원리는 먼저 건축물의 기능 및 기술적인 목적에 적합한 재료와 질감을 고려하여 사용하여야 한다. 예를 들면 부드러운 면은 청소나 시각적인 경쾌함을, 거친 면은 강건함이나 안전함을 의미함을 고려할 수 있다.

다음으로 건축물군의 질감의 통일성을 고려하여야 하는데, 이는 획일성이 아닌 구성적인 측면에서의 질감이 있어야 함을 의미한다. 상호간의 이질적인 질감이 많으면 적절한 대비와 조화가 결여된다. 예를 들면 과거의 토벽으로 이루어진 초가집에 알루미늄이나 금속 질감의 재료를 혼용하면 기능적, 구조적으로는 만족할지 모르지만 질감의 특성 때문에 어수선한 느낌이나 저항감을 줄 수 있다.

7장 건축에서의 설계

1. 계획과 설계

1-1 계획과 설계의 행위

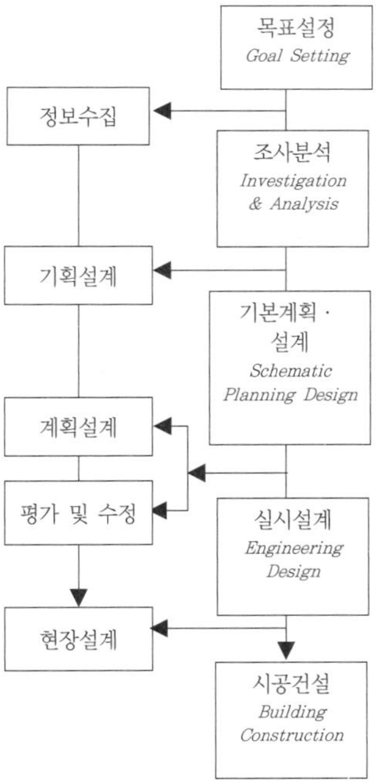

건축법 제2조 12항에 따르면 "건축이라 함은 건축물을 신축, 증축, 개축, 재축 또는 이전하는 것을 말한다."고 되어 있음을 볼 수 있다. 여기서 건축의 행위는 도상작업과 실현작업으로 분류할 수 있다. 도상작업을 계획하는 것이나 설계하는 행위로 보는 반면에 실현작업은 시공하거나 건설하는 행위로 볼 수 있다.

일반적으로 건축행위는 기획, 계획, 설계, 시공, 감리 등의 과정을 거쳐서 이루어진다. 이 중에서 기획*Feasibility study*은 계획의 맨 처음 단계에서 여러 가지로 그 가능성을 검토하는 단계이며, 계획*Schematic Planning*이라 함은 계획도면을 작성하는 행위라고 할 수 있다. 설계는 기본설계와 실시설계로 분리되는데, 기본설계*Schematic Design*는 기본적인 설계도면을, 실시설계*Enginnering Design*는 보다 상세한 도면으로서 시공에 적용할 수 있는 도면을 작성하는 행위이다. 그리고 시공*Construction*, 감리*Supervision*의 행위가 있다.

이러한 다양한 행위에 관여하는 사람들을 계획자, 설계자, 시공자라고 하는데, 계획자*Planner*에는 건축계획자*Architectural Planner*, 도시계획자*Urban Planner*, 조경계획자*Landscape Planner*

▸ 디자인*Design*의 분야 및 구성

등이 있다. 설계자*Designer*에는 건축설계자*Architectural Designer*, 도시설계자*Urban Designer*, 조경설계자*Landscape Designer*, 내부설계자*Interior Designer*, 구조설계자*Structural Designer* 등이 해당된다. 시공자에는 기술자*Construction*가 있는데, 여기에는 구조기술자*Structural Engineer*, 건축기술자*Architectural Engineer*, 기계기술자*Mechanical Engineer*, 전기기술자*Electrical Engineer*, 토목기술자*Civil Engineer*, 음향기술자*Acoustic Engineer* 등이 있다.

1-2 관련 분야 및 역할

건축행위의 단계별로는 기획단계에는 행정당국자, 법규 관련자, 마케팅 관련자, 경제전문가, 개발업자 등이 있으며, 계획단계에는 구조계획가, 토목계획가, 기계설비전문가, 전기설비전문가, 조경전문가, 음향전문가, 기타 특수전문가 등이 관련된다. 그리고 디자인단계에는 구조디자인, 토목, 조경디자이너, 설비디자이너, 자재업자가, 시공단계에는 시공기술자가 관련 있다.

이러한 관련 분야를 전문적으로 취급하는 사람을 '전문가'라고 하는데, 이들의 역할을 보면 다음과 같다.

① 구조공학가 : 건축물의 안전성을 고려하고 하중, 응력, 기후 조건, 재료의 강도 등을 생각하고 구조에 대한 디자인을 행한다.

② 설비전문가 : 건축물의 다양한 설비를 취급하는 사람이다. 설비는 아주 복잡한 경우도 있다. 냉난방시설, 환기장치, 전기배선, 수도, 위생, 하수구 등을 다룬다.

③ 전기기술자 : 전력과 조명을 다루는데, 전력에 대한 수요, 설비, 전력이입 장치의 위치 등을 고려하여 다룬다.

④ 토목기술자 : 건축대지의 배수정화 지하매설물과 같은 토목에 대한 기술자를 말한다.

⑤ 교통전문가 : 건축물에 대한 교통영향평가, 주차 출입 등에 대한 전문가라 할 수 있다.

⑥ 도시계획전문가 : 건축물의 주위환경과 도시와 연관된 계획을 보완하여 준다.

⑦ 조명전문가 : 건축물 내의 각 부분에 필요한 밝기, 조명장치의 범위, 조명의 숫자와 건축물이 요구하는 안전에 대한 결정을 내린다.

⑧ 인테리어 디자이너 : 건축물의 내부에 대한 디자인과 가구, 액세서리, 내부의 형태, 질감, 색깔, 무늬 등을 검토한다.

⑨ 조경가 : 환경을 다루는 분야로서 건축물과 그 주위환경이 결합될 수 있도록 하여 주로 옥외 퍼니처, 조명, 초목, 대지의 표면 등을 다룬다.

⑩ 그래픽 디자이너 : 각종 사인, 환경그래픽, 건축물 이름의 표시, 건축물에 관계된 시각적 이미지를 강화하는 것이 주된 역할이다

⑪ 순수미술가 : 회화나 조각과 같은 요소들을 이용하여 건축물 내에서의 생활을 풍요롭도록 도와주는 전문가이다.

⑫ 음향전문가 : 강당, 체육관, 교실, 강의실, 극장 등과 같이 음향의 창출과 전달을 취급하는 전문가

⑬ 기타 전문가 : 견적산출자, 운송전문가, 의사, 법률가, 사학자, 사회학자, 경영과 마케팅 전문가 등 특수한 분야에 대한 특수 전문가가 있다.

2. 건축계획

2-1 계획의 본질

계획은 목표*Goal*와 방향*Rationale*을 수반하게 되는데, 사람에 따라서 목표와 방향이 각기 다르며, 그것을 달성하려는 방향이나 방법도 다르다. 그러므로 계획을 수립한다는 것은 목표와 방향을 세우고 또 그것을 달성하기 위한 수단과 방법을 강구하는 것이라 하겠다. 계획은 미래의 어떤 일에 대해서 인간이 의도적으로 꾸며내는 목적과 수단이다. 따라서 계획이란 인간에게 왜 필요하며, 인간에게 어떤 영향을 주는 것인가 하는 의문점을 고려하면 계획은 인간생활의 전부라고까지 말할 수 있다.

인간생활은 변화의 연속이며 사람의 생각이 달라지게 됨에 따라서 생활형태가 변하게 된다. 이에 따라 건축은 인간생활을 담는 그릇이라는 공간을 창조하는 일이기 때문에 인간의 생각과 생활형태가 변하면 건축계획은 자연히 새로운 방향으로 개선되어야 한다. 따라서 계획에는 항상 창조성과 변화성이 내포되어 있어야 한다. 인간은 누구나 계획을 할 수 있는데, 이것의 성취는 인간마다의 계획의지에 달려 있다고 할 수 있다. 즉 창조성과 변화성에 얼마만큼 대응하고 있는가를 의미한다고 하겠다.

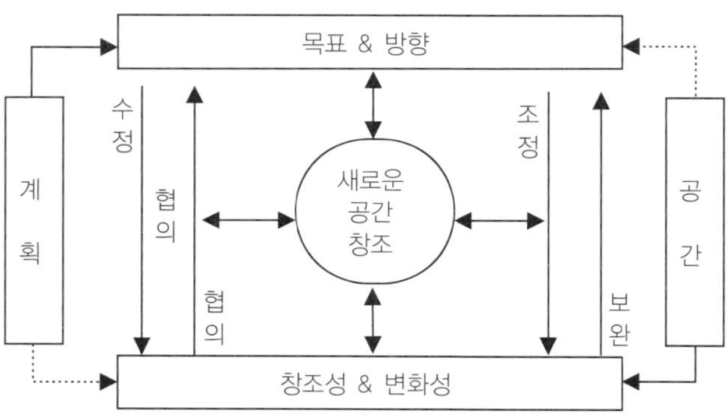

▸ 계획과 공간의 관계

2-2 계획의 목적

계획은 모든 설계자료를 만들어내는 역할을 함으로써 공간을 창조하는 것이다. 여기서 공간을 창조한다는 의미는 바로 종합을 말하는 것이기 때문에 결국 계획의 목적은 종합을 하는 방법이라고 할 수 있다.

건축의 3대 요소라 하는 기능*Function*, 구조*Structure*, 미

*Aesthetic*를 종합하는 기술을 설계라 한다면 설계의 기본목표와 방향의 제시, 설계자료의 제공 및 자료들의 출처와 근거를 해석해 주는 것이 계획의 목적이다.

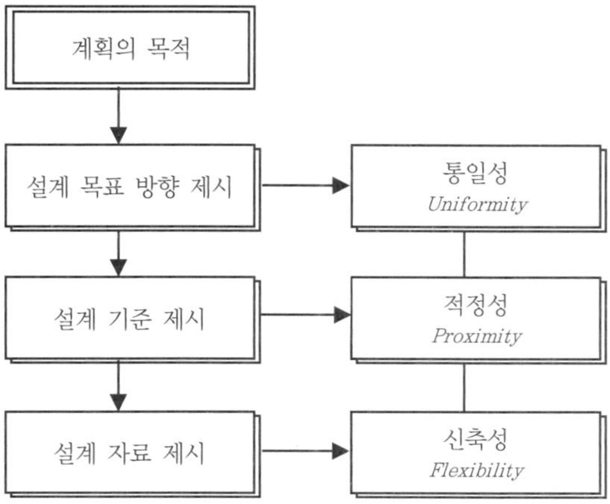

▸ 계획의 목적

계획*Planning*은 수학적으로 가능한 1+1=2가 될 수 있지만 그렇지 않을 수도 있다. 또한 주관적일 수 있으며 매우 합리성을 요하는 학문이다. 그러나 계획에 의해서 만들어진 공간은 한 사람만이 사용하는 것이 아니고 여러 사람이 공동으로 이용하기 때문에 반드시 객관성이 있어야 한다. 이를 위해서 객관적인 설계기준*Design criteria*을 설정하게 되는데, 예를 들면 40명 수용의 강의실을 계획할 때 그 적정한 규모는 40명 × $1.4m^2$(1인당 적정기준)=$56m^2$가 될 수 있다. 그러나 이 기준보다 작아도 다소 불편한 대로 사용할 수가 있으며, 더 크면 여유가 있게 이용할 수 있다. 강의실 실내온도의 경우 17℃로 항상

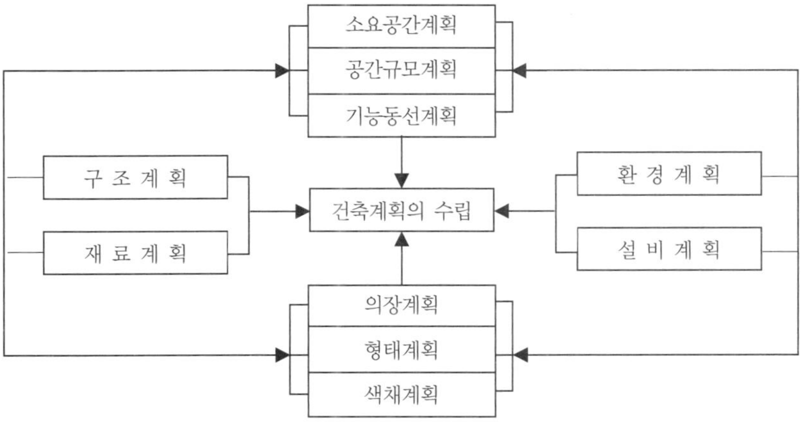

▸ 건축계획의 수립과정

유지하는 것이 좋으며, 적정 조도가 200Lx이지만 실제로는 그 이하나 그 이상의 상태로도 이용할 수 있다. 그래서 부족한 경우는 인체의 물리적 환경에 악영향을 미치게 되며, 필요 이상으로 많은 경우는 경제적인 손실을 초래할 수 있다.

이와 같은 문제를 해결하기 위해서 합리적인 적정치를 제시하여 주는 것이 건축계획의 목적이다. 따라서 계획은 설계의 전제조건으로서 계획이 수립됨에 따라 훌륭한 인간환경을 개발하고 개선해 나갈 수가 있다.

2-3 계획의 구성요소

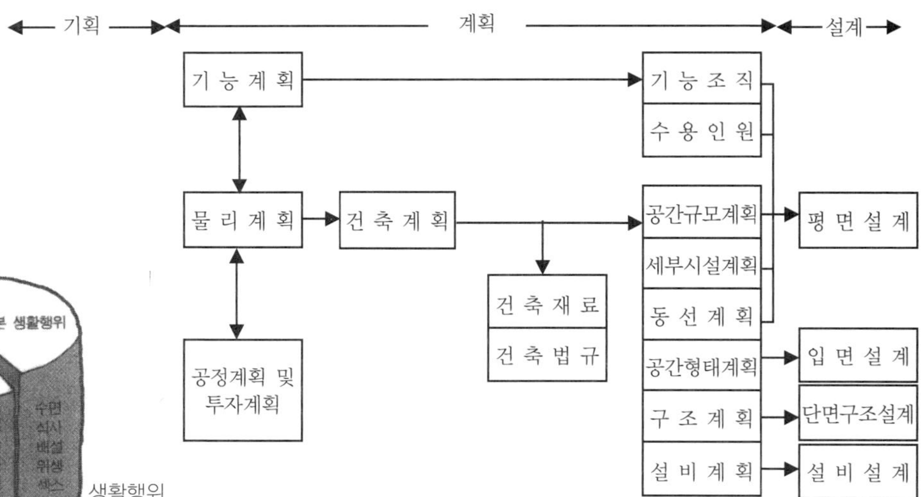

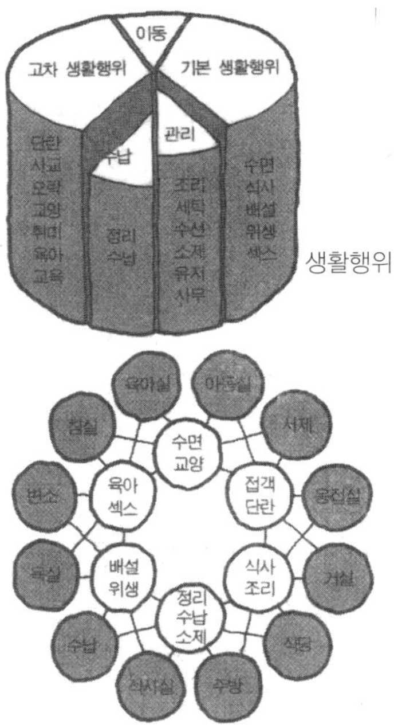

▸ 주택에서의 인간의 생활행위 & 공간형성

인간이 필요로 하는 생활공간에 따라서 그것을 만족시켜 주는 여러 가지 시설들이 있으며, 생활행위에 따라 건축 공간도 달라지게 된다. 이를 위해서 소요공간계획이 요구되는 바, 소요공간계획이라는 것은 건축물의 용도에 적합하게 필요한 공간을 수립하는 것을 말한다. 건축계획의 기본방향이 수립되면 건축공간 내에서의 인간활동에 필요한 공간의 성질이나 종류를 결정하여야 한다. 그런데 인간의 활동은 그 성질에 따라서 단순기능과 복합기능이 있으며, 이용패턴에 따라서 일시성과 계속성으로 구분된다. 또한 공간의 용도에 따라 공용공간 혹은

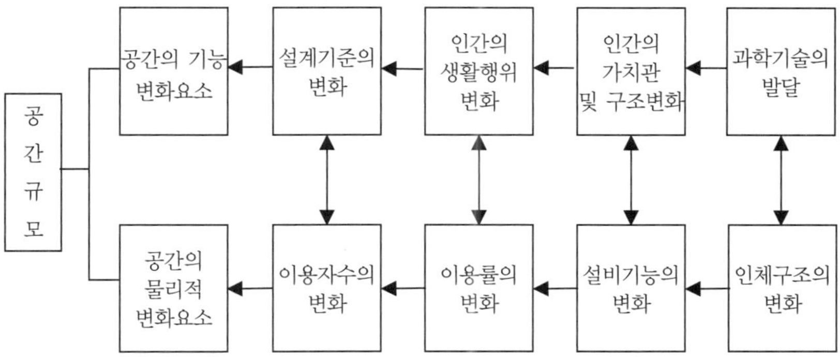

▸ 공간계획의 진행과정

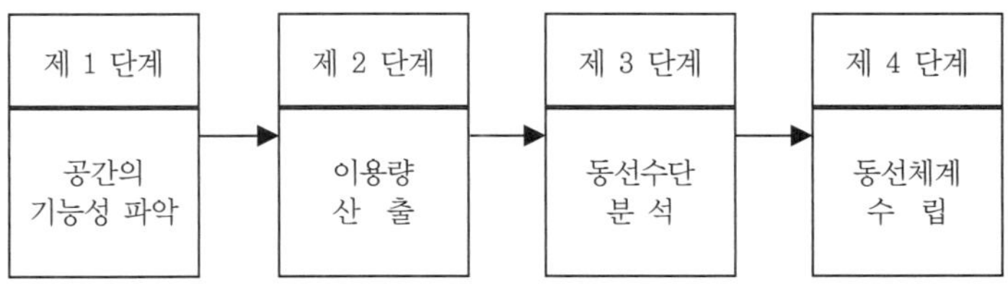

▸ 기능 동선계획 진행과정

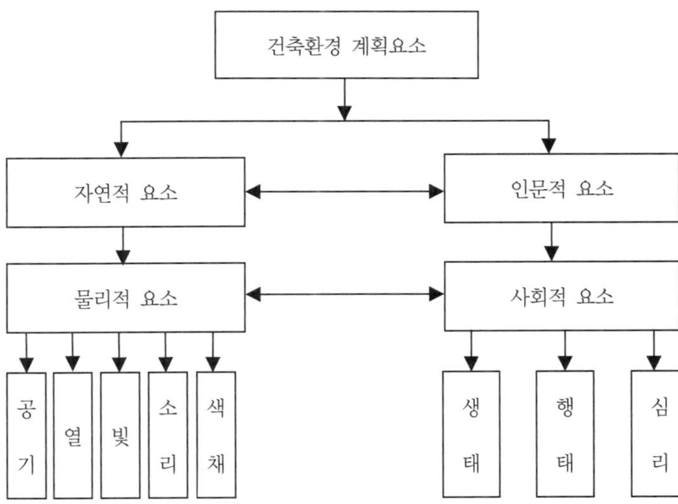

▸ 건축환경계획 및 구성요소 및 진행과정

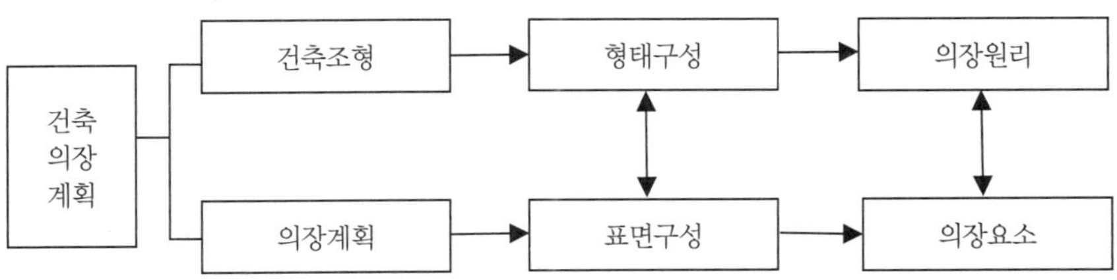

▸ 건축의장계획의 구성요소

지원공간으로 구별된다. 이렇듯 건축공간의 성질은 인간의 생활행위에 따라서 다르기 때문에 인간의 생활행위나 여건의 요구에 적합한 공간을 설정하여야 한다.

공간규모계획은 소요공간계획에 따른 공간의 척도나 규모를 정하는 일이다. 이러한 규모를 결정하는 방법으로는 규모계획과 치수계획 등 두 가지 방식이 있다. 규모계획은 인간의 생활을 고려하여 적정한 시설규모를 결정하기 위한 것이며, 치수계획은 공간을 구성하는 각 요소의 척도조정을 포함해서 인간의 생활동작과 밀접한 관계가 있다.

적정한 공간의 규모를 계획하기 위해서는 건축공간의 기능과 인간의 생활행위의 변화에 대응하는 변화에 대해서 잘 파악해야 한다. 왜냐하면 공간의 성질에 따라 그 이용률을 높일수록 가치가 있기 때문이다.

기능동선계획은 소요공간계획 및 공간규모계획과 함께 건축평면계획의 3대 요소 중 하나라 하겠다. 이 계획은 건축물 내의 각 실이나 공간들의 기능을 원활하게 함으로써 인간의 활동을 편리하게 해주는 역할을 한다. 또한 동선은 수평 및 수직동선 등 크게 두 가지로 나눌 수 있는데, 짧을수록 기능적이며, 어디서나 단절되어서는 안 되며 연결이 원활해야 한다. 여기에 해당되는 요소로서는 층계나 복도, 승강기나 에스컬레이터가 있으며, 지체장애인들의 편의를 위한 경사로 등이 있다. 따라서 동선계획은 이용자에 알맞은 수량, 치수, 규모, 위치 등을 결정해주며, 동선을 위한 공간은 공용 또는 서비스 공간으로 불린다.

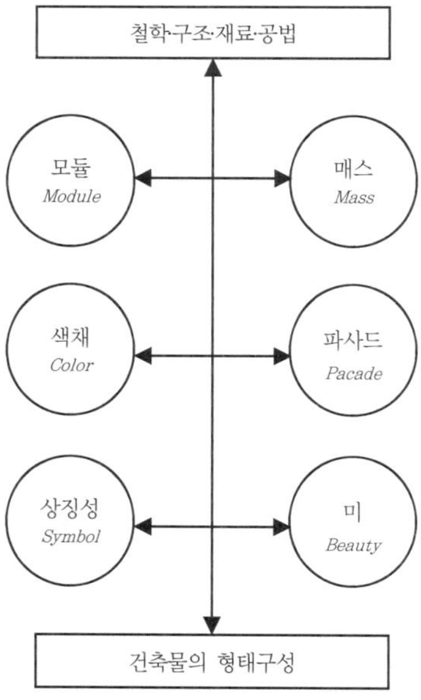

▸ 건축의장계획 요소 & 수립 과정

환경계획이라 함은 인간이 지각할 수 있는 물리적, 심리적 요소나 인간의 생태, 행태, 심리 등의 모든 여건을 만족시킬 수 있는 계획을 수립하는 것을 말한다. 즉 인간이 요구하는 각종 용도에 맞는 적당한 규모의 공간계획이 형성되었다고 할지라도 질적으로 훌륭한 공간이 되기 위해서는 공기, 열, 음향, 빛, 색채 등의 환경적인 요소들이 만족되는 계획이 이루어져야 한다. 또한 건축물의 발전패턴이 대형화나 고층화로 변화함으로써 발생하는 각종 환경문제는 기능상 요구되는 다원화와 복합화 등의 문제와 더불어 해결해야 하는 중요한 문제로 부각되고 있다.

의장계획은 형태구성에 관한 계획으로서 조형상의 미*Beauty*를 다루는 것이다. 조형상의 문제는 건축에 있어 매우 중요하며, 건축물 형태의 구성원리 및 구조형태를 잘 파악해야 한다. 왜냐하면 건축물의 형태구성은 재료의 종류와 성질, 공법과 효과에 많은 영향을 받기 때문이다. 또한 이에 대한 영역은 감각적인 성질이 요구되는 관계로 주관성에 좌우되는 경우가 많지만 구성의 원리를 객관화할 수 있어야 한다. 즉 철학이나 이념을 바탕으로 하는 주관적인 가치 요소가 중요한 동시에 인간생활의 심리적 측면과 공간의 기능을 객관적으로 파악하려는 의지가 요구된다.

2-4 계획과 설계의 차이

계획과 설계는 개념상으로는 뚜렷하게 구분되는 것은 아니다. 그러나 실제적인 행위에 있어서는 분명한 차이점이 있는데, 계획은 목표와 방향을 정립함으로써 기본적인 개념을 설정하는 것이라면 설계는 그러한 개념을 근거로 물리적이고 구체적인 자료를 가지고 기술적으로 처리하는 수단이다. 이러한 행위에 있어서의 계획과 설계의 차이점을 다음과 같이 정리할 수 있다.

계획은 공간의 성질에 따라 요구되는 공간의 양을 정해주며, 기능동선과 및 상호관계를 해결해 주는 반면에 설계는 공간의 성질과 규모, 그리고 상호관계를 시각적인 형태로 구성해 주는

설계 ↑

설 계	가구, 그래픽, 인테리어 등	
설 계	실 내	
설 계	건 축	계 획
설 계	단 지	계 획
설 계	도 시	계 획
	지 역	계 획
	국 토	계 획
	국가, 사회, 정보 등	계 획

↓ 계획

▸ 계획과 설계의 적용범위

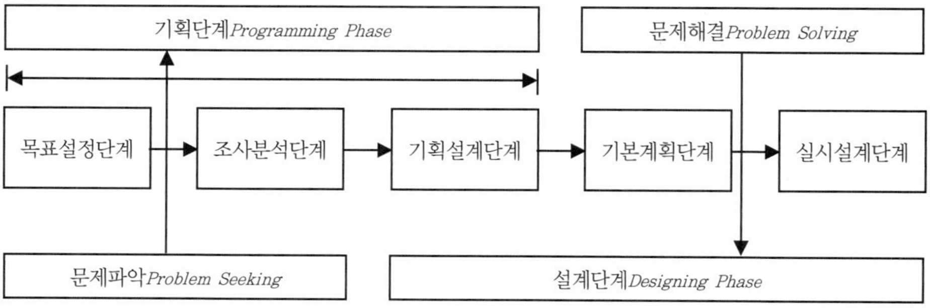

▸ 문제파악과 문제해결

것이다. 또한 건축물 내부의 생활공간을 규정해 주는 것이 계획이라면 그 공간을 둘러싼 외부형태는 설계라 할 수 있다.

계획이 기능적이고 눈에 보이지 않는 비시각적인 의도 및 공간구성을 하는 행위라면, 시각적인 공간구성을 하는 행위를 설계라 할 수 있다. 또한 평면적이고 2차원적인 공간은 계획이며, 입면적이고 3차원적인 공간은 설계이다. 프로젝트 대상이 도시공간이나 국토공간 등과 같이 규모가 큰 대상은 계획의 개념이 강한 반면에 시계, 라디오, 세부적인 공간처럼 규모가 작은 대상은 설계요소가 많다. 또한 계획이 추상적이고 개념적인 측면이 강한 평면계획이 해당된다면 설계는 세부적인 처리수단인 입면구성이라 하겠다. 또한 어떤 프로젝트에 대하여 계획이 문제를 찾는 일이나 설계할 수 있는 자료를 만들어주는 일이라고 한다면, 설계는 문제를 푸는 일이나 형태를 구성하는 일이라 하겠다. 따라서 계획은 '문제를 찾는 일*Problem Seeking*'이라고 하며, 설계는 '문제를 푸는 일*Problem Solving*'이라고 한다. 현대에 들어서면서 계획을 하는 설계를 전문으로 하는 분

계 획	설 계
• 공간의 성질에 따라 필요한 양 결정 • 공간의 기능동선/호연관성 해결 • 기능적, 비시각적인 의도 및 공간구성 • 평면적이며, 2차원적인 공간 • 대상 프로젝트가 대규모인 것 (EX : 도시공간, 국토계획, 단지계획) • 구성물의 기본적인 목표와 방향 • 추상적, 개념적 측면 강조 • 설계수행을 위한 자료수집/분석	• 계획에 의한 공간의 성질, 규모 및 상호관계 – 시각적인 형태로 구성 • 형태적인 공간구성 • 입면적이며, 3차원적인 공간 • 대상 프로젝트가 작은 것 (EX : 건축물, 실내, 시계, 자동차) • 부분적, 세부적인 처리수단 • 구체적, 세부적인 측면 강조 • 자료수집/분석에 따른 형태구성

▸ 계획과 설계의 개념적 정의

야로 구분되고 있으며, 그 규모에 따라서도 전문영역의 성질이 달라지고 있다.

3. 건축설계

3-1 설계의 본질

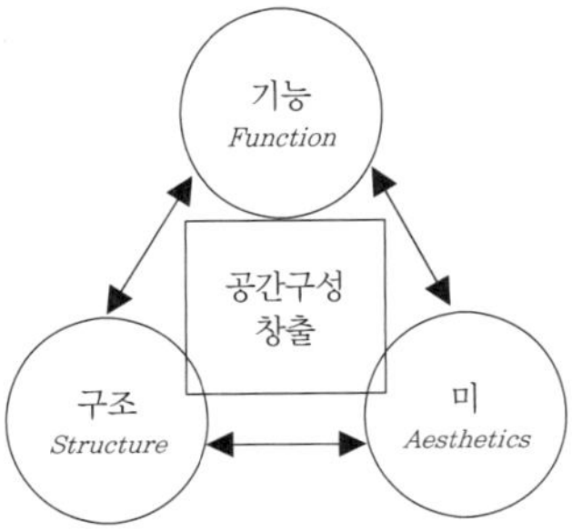

▸ 건축의 3요소와 공간구성

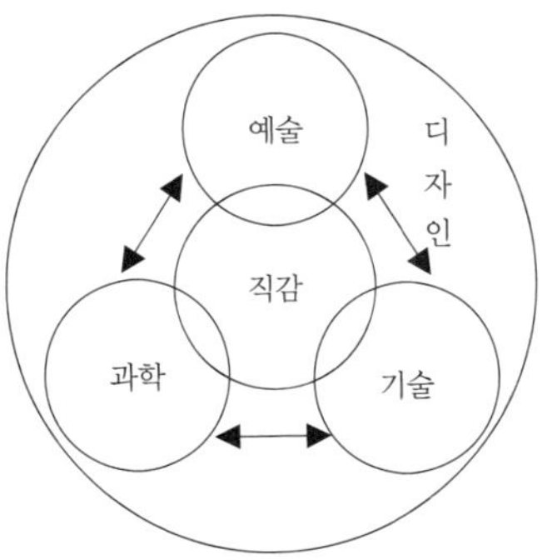

▸ 건축설계의 범위

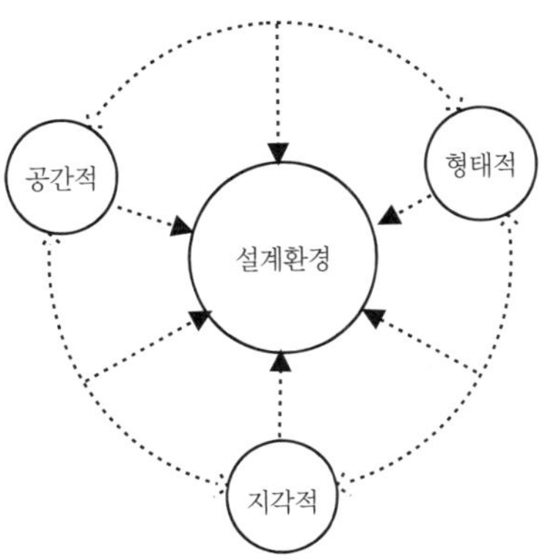

▸ 설계환경 내의 상호 연관성

설계라는 말은 일상생활에서 계획이라는 의미로서 사용하며, 조형적인 측면에서는 구상이라는 의미로 사용되고 있다. 설계에 대한 어원을 보면 라틴어의 'Designare' 또는 불어의 'Dessin'에서 찾을 수 있다. 이 어원의 뜻은 '사소한 머리핀에서부터 자동차, 건물, 도시 일체의 조형정신과 미의식으로 나타내려는 구체적인 계획'을 의미한다.

디자인이란 말에는 인간의 생활에 있어서 어떤 목적에 대한 이상적인 계획을 포함하고 있는데, 이상적인 계획이라는 의미는 설계가 영원히 고정적일 수 없음을 의미한다. 즉 기술의 발달에 의한 인간생활에 대한 요구에 따라 새로운 재료 및 기능, 새로운 방향과 조직적인 체계가 필요하다는 것이다.

여기서 조직적인 체계라는 것은 어떤 설계에서나 중요하다. 그러나 아무것도 하지 않는 비조직적인 것도 역시 설계의 한 형태라 할 수 있는데, 위험한 디자인이라 할 수 있다. 왜냐하면 조직적으로 디자인을 하지 않음으로써 생기는 인간적, 물리적 손실을 우리는 감당할 수 없기 때문이다.

설계는 어느 분야에 속하는지 분명하지 않아서 곤란한 경우가 있다. 예술이나 과학 중 어느 한 가지가 아니고 그 두 가지의 복합체이며, 이외로 물리학, 생물학, 글쓰는 것, 그림 그리는 분야와 관계가 있다. 따라서 설계는 필요할 때 독립된 각 분야의 특성을 모으는 총체적인 접근방법이라고 할 수 있으며, 예술, 과학, 기술, 직감의 복합체이다. 이와 같이 설계라는 용어는 광범위하게 사용되고 있으나 건축에서의 설계 혹은 디자인이란 용어는 시각조형상에 표현하는 인간의 수단을 의미한다.

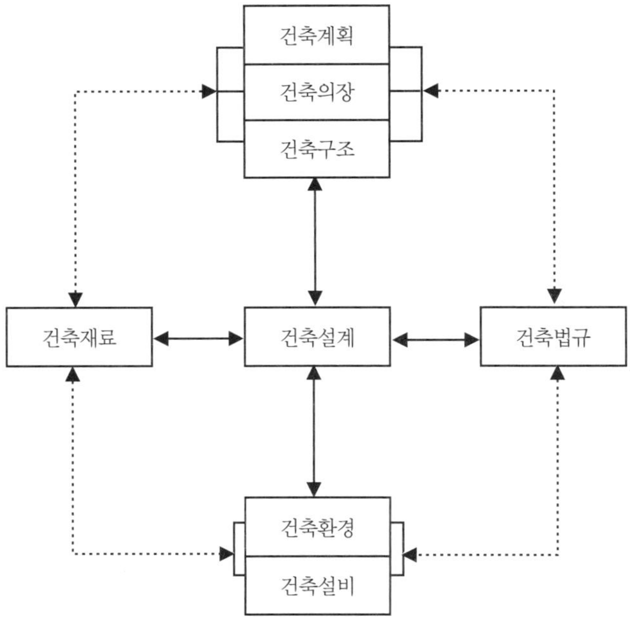

▸ 건축설계 관련분야 구성

건축물은 인간이 시각조형상 표현하는 건축물 가운데서 그 규모 및 기능이 대규모적이며 그것이 복합화 할수록 그 규모는 더욱 확대된다. 이러한 경우에 주의할 것은 확대된 조형물이 기계화되고 조직화됨으로써 인간성 상실의 조형물이 될 수 있다는 점이다.

이를 방지하기 위해서는 조형상의 기본원리와 설계의 성공여부를 판단할 수 있는 기준을 고려해야 한다. 이러한 기준은 인간의 요구와 인간환경의 가능성 사이의 관계에 바탕을 둔다. 어떤 특정한 설계의 성공여부를 판단하는 척도는 그 건축물을 이용하는 사람들의 요구에 얼마나 잘 부합되느냐에 있다. 훌륭한 설계란 주어진 상황에 최선의 결정을 내리는 것으로서 다양한 변수에서 최적의 해답을 찾아내는 것이다.

3-2 설계의 목적

설계는 여러 가지 재료, 복잡한 구조, 설비의 방식 등 현재의 기술적 가능성 속에서 각 분야의 요구에 적합한 것을 선택하여 설계도로 정리하는 것이다. 그 구체적인 조작으로는 조사, 연구, 계산, 실험 후에 계획에 맞는 설계도로서 정리해 나가는

▸ 월터 그로피우스 *(1920)*

것이다. 이러한 설계의 시작은 19C 후반기에 정신적 문화와 물질적 문명과의 대립이 심했던 상황 속에서 조형물의 인간성과 비인간적 가치의 갈등이 싹트기 시작한데서 찾을 수 있다. 1919년 월터 그로피우스*W. Gropius*는 미술과 공업을 조화시키고 융합시킬 수 있는 것은 건축뿐이라고 하였으며, 건축을 하나의 예술과 기술을 통합된 수단으로 삼았던 것이다. 이러한 기계문명의 인간화 교육목표의 바우하우스*Bauhaus* 교육정신이 모든 세계에 전파된 것이 설계의 발상이라고 할 수 있다.

바우하우스의 교육정신에서 출발한 설계는 목적이 있는 행위이며, 그 설계 자체가 목적이 아닌 목적달성을 위한 수단으로서 목표를 향하는 변화를 위한 도구로서의 역할을 한다. 이러한 설계의 목적을 구체적으로 정리하면 설계는 여러 가지 요소들을 통일된 전체로 구성하며, 물질적인 것들로 인간적 환경을 개선하여 사물과 인간 사이의 차이를 메워 준다.

또한 어떤 프로젝트의 창조와 유지에 필요한 경비를 절감하도록 해준다. 더불어 인간과 그 주위환경 사이의 감정교류의 안전성을 증가시키는 동시에 사물의 사용효율을 증가시킨다. 즉 시간과 재료를 절약하고 최적의 효용성을 제공하는 동시에 커뮤니케이션을 효과적으로 하는 수단으로 작용하는 것 등이다.

3-3 설계의 영역 및 유형

원시시대의 설계가는 진흙, 돌, 나무, 눈 등 주변에서 구하기 쉬운 재료를 사용하여 실용주의적인 접근으로 목적을 달성하였을 것이라 볼 수 있다. 즉 체계적으로 설계에 관한 공부를 했건 안 했건 간에 누구나가 설계는 할 수 있다. 그러나 이러한 설계는 이전에 설계상의 기본원리를 배운 적이 없기 때문에 설계는 신통하지 않겠지만, 설계행위의 일환으로 간주할 수 있다. 예를 들면 옷을 선택할 때 옷의 모양, 색상, 가격 등을 고려하게 되는데, 그 모든 요소들이 모두 설계와 관련된 행위이다. 이 외에 거실의 벽에 페인트를 바를 때 색·질감·광택 등을 선택하고, 가구 장식품을 사거나, 벽에 그림을 걸고 장식하는 행위들이 모두 설계행위로 행동하고 있는 것이다.

설계의 종류 및 범위는 인간의 눈에 보이는 모든 조형물이라고 할 수 있으나 순수미술을 제외하고는 몇 가지로 분류할 수 있다. 왜냐하면 설계는 인간의 일상생활에 스며들어 있으며, 그 기본원리는 스케일이 바뀌더라도 모든 수준에 적용되기 때문이다. 설계상의 몇 가지 중요한 영역을 정리하면, 건축디자인*Architectural Design*을 중심으로 산업디자인*Industrial Design*, 광고디자인*Advertize Design*, 포장디자인*Package Design*, 도안디자인*Lettering Design*, 섬유 및 의복디자인*Textile & Custom Design*으로 분류할 수 있으며, 이외로 실내 및 가구디자인*Interior & Furniture Design*, 도시디자인*Urban Design*, 조경디자인*Landscape Design*, 환경디자인*Environmental Design*으로 구분할 수 있다.

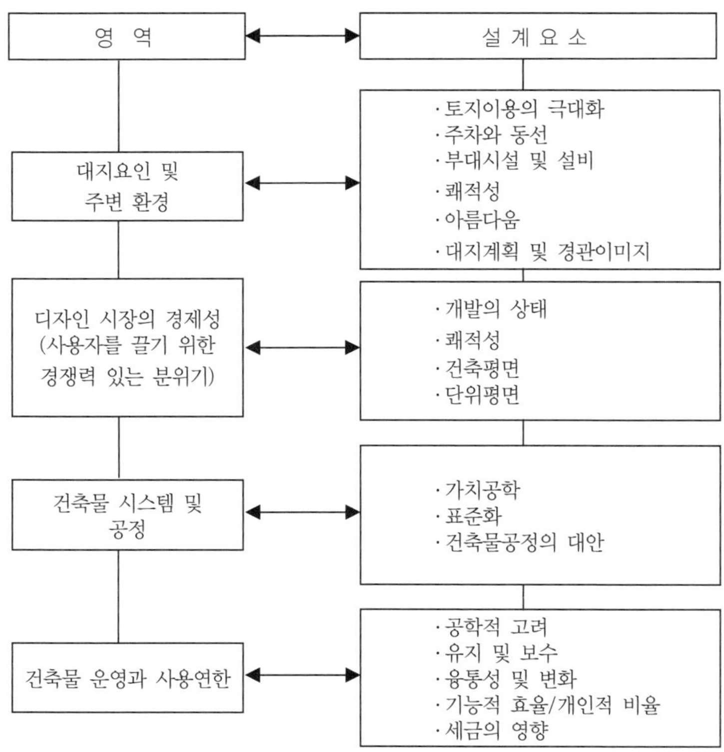

▸ 건축설계와 경제성

이러한 설계 유형으로는 대표적으로 세 가지가 있는데, 먼저 규범적인 설계는 주로 건축물의 외관에 관계되는 것으로서 주로 배치, 형태 및 모양, 미 등을 설계결정의 우선으로 삼는 것이다. 다음으로 합리적인 설계는 그 배치나 구조가 간단할 경우에 외관보다는 옛날의 형태를 모방하거나 기능 분석을 우선적으로 하는 것이다. 마지막으로 유추적 설계는 형태와 세부적인 내용이 과거의 것을 그대로 지켜온 경우를 말한다. 예를 들면 고대 이집트의 석조건축물은 진흙과 갈대벽의 오두막에서 발전한 것이며, 고대 그리스의 건립된 후기에 대리석 사원도 본래 목재였던 것이 점차 발전된 것을 들 수 있다.

3-4 설계와 아이디어

(1) 아이디어 의미

아이디어*Idea*란 창조적인 분야라면 어디에나 사용되며, 이것은 문학이나 순수미술 등의 분야와 마찬가지로 건축에도 해당되는 말이다. 새로운 아이디어를 찾아낼 수 없는 것은 창조성이 없는 것으로서 단순히 예전의 것을 되풀이하는 것을 의미한다.

아이디어라고 하는 것은 현실을 있는 그대로 결정하는 것은 아니고 새로운 것으로 만들어 보려고 하는 인간의 의식적인 행위라고 말할 수 있다. 그러나 건축에서의 아이디어는 현실이라

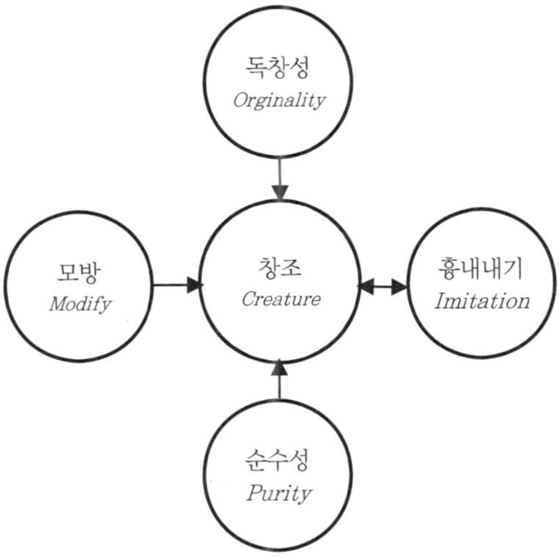

▸ 창조와 모방

고 하는 것을 토대로 한 새로운 통일성이 요구되는데, 이는 기능과 표현의 조화된 과정으로 생각할 수 있다. 왜냐하면 건축은 기능적인 것과 표현적인 것을 모두 지니는데, 그들은 각기 고유의 원리를 지니고 있는 관계로 서로 모순되는 경우도 많기 때문이다.

하나의 아이디어는 새로운 프로젝트마다 그 자체가 창출되어 적용되는 것으로서 선입관 없이 그 프로젝트를 수행할 수 있어야 한다. 즉 새로운 프로젝트와 접한다는 것은 새로운 아이디어를 만들어내는 흥미로운 일을 맡게 되는 경우로서 엄청난 노력이 요구된다. 그러나 아이디어 창출이란 컴퓨터와 마찬가지이다. 컴퓨터를 조작하는 사람이 어느 버튼을 언제 누를 것인가를 알고 있다면 아이디어를 찾아내는 일은 마치 시계바늘처럼 정확하게 해낼 수 있다.

그 외에 새로운 아이디어를 찾는 경우, 다시 말하면 창조가 성립되는 경우에는 두 가지의 입장을 생각하여야 한다. 즉 아이디어를 만드는 사람의 입장과 받는 사람의 입장이다. 여기서 만드는 사람의 입장은 계획을 수립하고 실시하는 입장이고, 받는 사람의 입장은 아이디어에 따라 간접적으로 영향을 받거나 제3자의 입장에서 비판하는 사람의 입장이다. 전자의 입장은 냉철하고, 이론적·창조적이고 예리하나 불안정한 경우도 있다. 반면에 후자의 입장은 감정적, 실제적, 전통적이고 여러 사람을 대표하여 안정된 경우가 많다.

(2) 아이디어 과정

새롭고 훌륭한 아이디어라도 구체화되지 않으면 가치가 없다. 작업과정이나 렌더링, 드로잉, 기본계획 등을 통해 아이디어를 적용시킴으로써 그것이 하나의 실체로 바꾸어지도록 하여야 한다. 따라서 아이디어의 구체화 과정으로는 문제점 파악, 실태파악, 분석검토, 결정 등 4단계로 구분할 수 있다.

문제점 파악은 새로운 프로젝트를 다룰 수 있기 위해서는 우선 그 프로젝트의 문제점을 파악해야 한다는 것이다. 이 단계에서 주의해야 할 일은 정말로 문제라고 생각되는 것을 메모하는 것인데 그것은 때때로 디자이너들은 기존의 선입관에 의해 오류를 범하는 경우가 있기 때문이다.

실태파악의 단계는 창조적이라기보다는 오히려 분석적이어야 하는 단계이다. 즉 아이디어를 요구하는 것이 정확하게 무엇이며, 기존 건축물의 기능과 수행 예산은 얼마나 확보가 되어 있으며, 새로운 건축물은 어떤 용도를 갖게 될 것이며, 과거에는 이와 유사한 문제점을 어떻게 처리해 왔는가 하는 의문점을 가져야 한다.

분석검토 과정은 실태파악에서 제기된 의문에 대한 결론을 내리는 과정으로서 순간적으로 먼저 떠오르는 해결책이 반드시 최상의 것은 아니라는 점을 유의하여야 한다. 그러므로 이 과정에서는 항상 생각하고 검토해야 하며 최종적인 해결책은 결정하지 말아야 한다. 그러나 일시적으로나 순간적으로 떠오르는 아이디어는 모두 적어 두고 결정은 보류하여야 한다.

결정 과정은 이미 거쳤던 과정에서 얻은 자료와 그 내용을 다시 한 번 재검토하여 최종적인 해결책, 즉 아이디어를 결정하는 것이다. 단 아이디어가 얼마만큼 판단기준을 충족시키는가, 그 아이디어는 얼마만큼 가치가 있는가, 그 아이디어는 나중에 건축물의 용도와 어떻게 어울릴 것인가, 그 아이디어가 심미적으로 어떤 느낌을 주는가 등을 재검토하는 것이 바람직하다.

이러한 물음에 대해 그 아이디어가 만족스럽다면, 문제점에 대한 타당한 아이디어를 창출할 수 있도록 하는 아이디어 과정을 거쳤다고 하겠다.

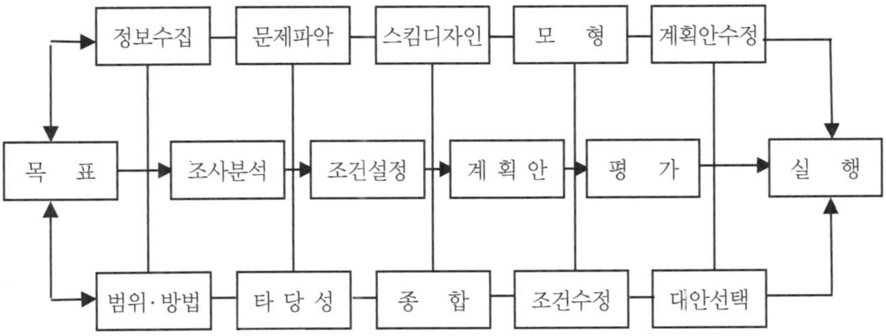

▸ 아이디어*idea*의 구체화 과정

4. 설계방법론

4-1 설계방법론의 의미

설계방법론*Design Methodology*은 설계방법*Design Method*, 설계과정*Design Process*, 설계기법*Design Technique* 등 세 가지를 포함하고 있다. 방법은 설계의 접근방법을 비롯해서 종합하는 내용을 의미하는 반면에 과정은 방법을 구체적인 내용에 의해서 수행해 나가는 일이다. 기법은 과정에서 발생하는 모든 내용을 표현하는 기술적인 방법을 의미한다.

예를 들면 환경요소를 대지계획과 건축설계를 모두 묶어서 해결하는 방법을 설계방법이라 한다. 그리고 세부적으로 대지계획을 수립함에 있어 분석, 종합, 평가의 과정을 통해서 먼저 구역계획을 하고, 다음으로 토지이용계획을 하여 교통동선계획을 수립하는 등의 방법을 설계과정이라 할 수 있다. 또한 분석, 종합, 평가 등에 해당하는 모든 내용을 차트나 그래프, 다이어그램 등으로 나타내는 분석기법, 계획기법, 평가기법 등 표현방법을 설계기법이라 하겠다.

이와 같이 방법론을 세 가지로 분류하고는 있지만 실제로 설계방법론에 있어서는 이것들이 전부 하나의 설계방법론 범주에 속하기 때문에 동일하게 취급한다.

설계방법에서 설계는 목적이 있는 행위이며, 건축은 생활을 담는 그릇이라 할 때 인간생활에 적합한 공간을 만들어 내는 방법이라 하겠다. 이러한 생활에는 휴식을 위한 생활, 생산을 위한 생활, 요양을 위한 생활 등 여러 가지가 있다. 따라서 생활

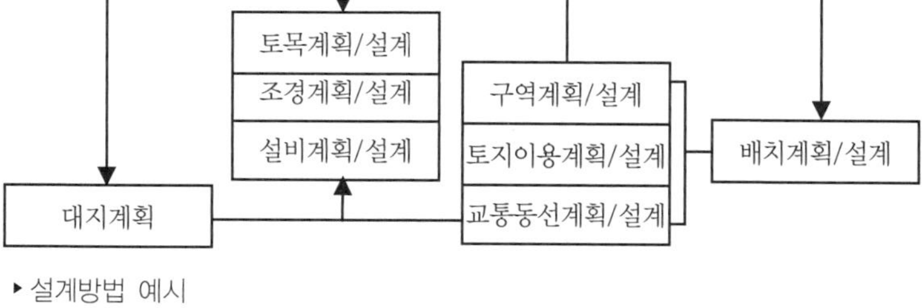

▸ 설계방법 예시

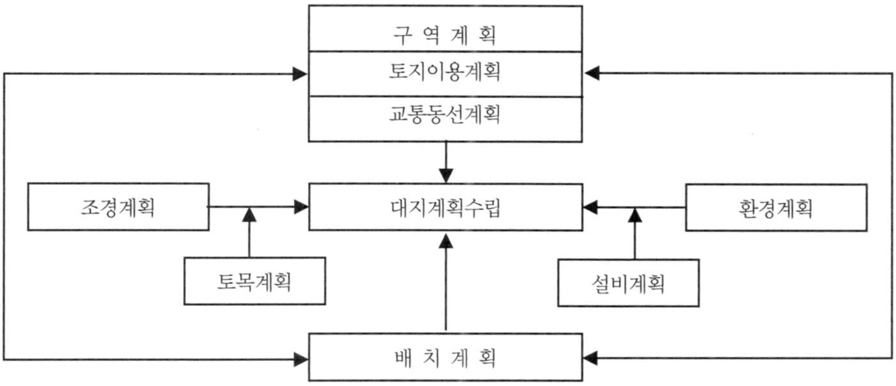

▸ 설계과정 *Design Process* 예시

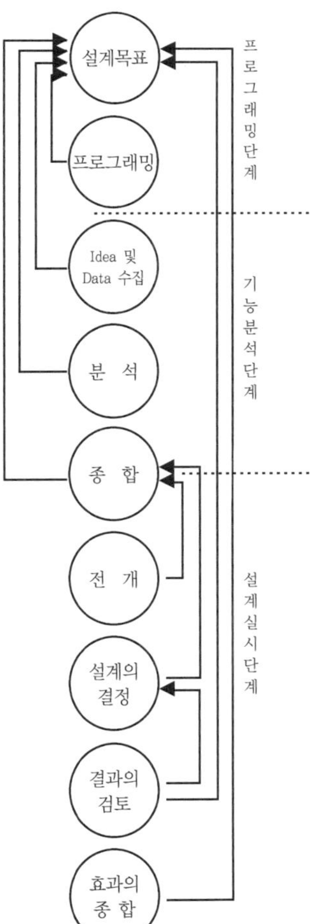

▸ 설계진행 과정의 종합

에 적합한 여러 가지 공간을 구하는 설계방법에는 요구되는 공간의 생활을 아는 것과 생활에 적합한 공간을 만드는 것 등 두 가지가 있다. 즉 공간의 생활에 대해서는 건축의 사회경제적 요소, 공학기술적 요소, 예술적 요소 등의 세 가지 요소를 기초로 하여 과거와 현재의 인간생활과 건축과의 관계를 파악토록 한다. 그리고 미래의 인간생활과 건축과의 관계에 대한 의견을 제시하여 설계하려는 건축에 대한 제안을 하는 것을 말한다. 또한 적합한 공간을 만드는 것은 여러 가지 계획방법, 난방, 향, 조명 등에 대한 환경정비의 계획, 구조계획 등을 통하여 최종적으로 심미성이 있는 건축물 창조로 정리하는 것을 의미한다.

설계과정 중의 하나인 프로그래밍*Programming* 과정은 조사, 분석, 조합으로 이루어진다. 프로그래밍에서의 정보처리의 성격은 자료를 종합하기를 원하며 문제를 해결하고자 하는 디자이너의 성향과는 약간 상반된다. 그렇지만 직관적이고 창조적인 설계과정은 체계적이고 객관적이며 분석적인 수단인 프로그래밍 과정을 통하여 적절성, 신뢰성, 정당성을 크게 향상시킬 수 있다.

이러한 프로그램의 진행과정은 조금씩 차이점은 있으나 대체로 목표설정, 작업의 체계화, 정보수집, 정보분석, 정보종합, 그리고 브리핑, 평가, 그리고 이 과정을 다시 반복하는 피드백*Feed back* 과정으로 이루어진다. 또한 이 과정에 참여하는 사람

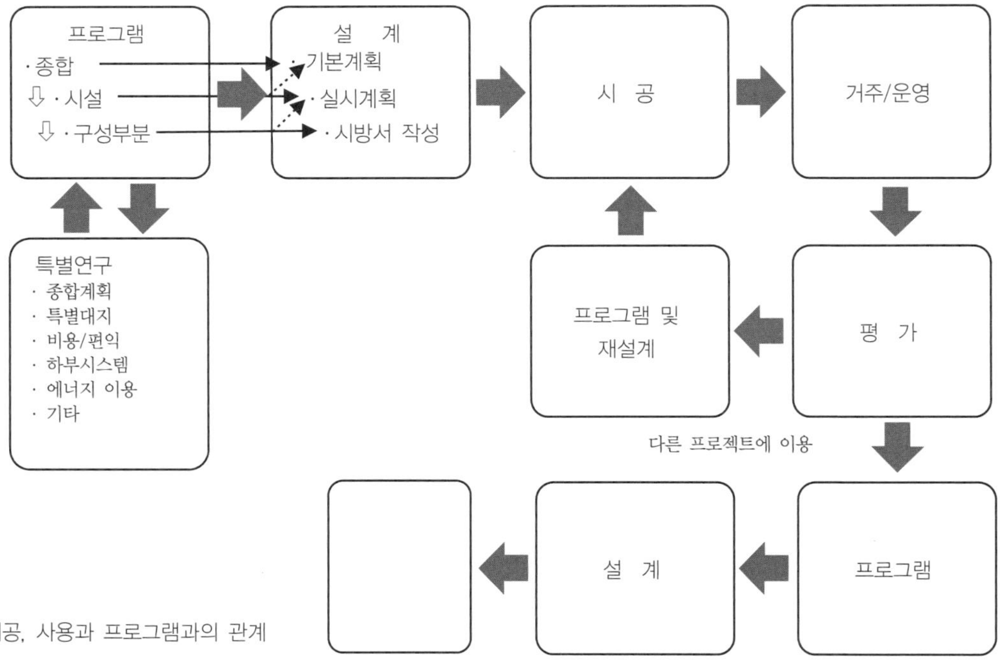

▸설계, 시공, 사용과 프로그램과의 관계

은 건축주, 프로그래머, 디자이너로 구분된다. 건축주는 개인이나 집단으로서 시설의 소유주, 개발업자, 이용자가 포함된다. 프로그래머는 프로그래밍을 수행하고 프로그램을 만들어내는 사무소나 개인을 의미하며, 디자이너는 해당되는 프로젝트를 설계하는 디자이너를 지칭한다.

설계기법 중 프로그래밍 기법은 프로그래머가 체계화된 수행 능력과 다양한 문제를 해결할 수 있는 분석, 계획, 평가기법을 갖추고 있어야 한다. 프로그래밍의 효과는 객관적이며 효율적인 자료수집, 신뢰성 있는 정보를 획득할 수 있어야 한다. 이러한 목적을 달성하기 위해서는 프로그래밍 기법들의 상호작용이 연계된 정보처리, 절차, 참여자, 기법 등으로 구분된 의사결정과정이 중요한 역할을 한다.

4-2 설계 프로세스 및 개발

(1) 설계 프로세스

디자이너가 어떤 방식으로 디자인에 접근하면 프로젝트나

내용에 관계없이 의식적으로나 무의식적으로 일정한 과정을 거치는 경우가 많다. 그러한 과정들은 어떤 건축물의 개념을 파악하는 것에서부터 완공에 이르기까지 일종의 프로세스로서 일정한 과정으로 진행된다.

설계의 진행은 상당히 표준화되어 있으며 훌륭히 개발되어 있는 과정을 따르는 것이 정상적이다. 이러한 진행과정을 거치는 디자이너는 실제적으로 설정한 목적을 달성할 뿐만 아니라 내용적, 경제적, 정서적 요구까지도 충족시키는 설계를 창출시킬 수 있다. 이러한 요구를 충족시키는 표준화된 설계과정은 문제점 파악, 자료수집, 세련화, 분석, 결정, 실행, 피드백*Feedback* 등의 7단계를 거쳐 이루어진다.

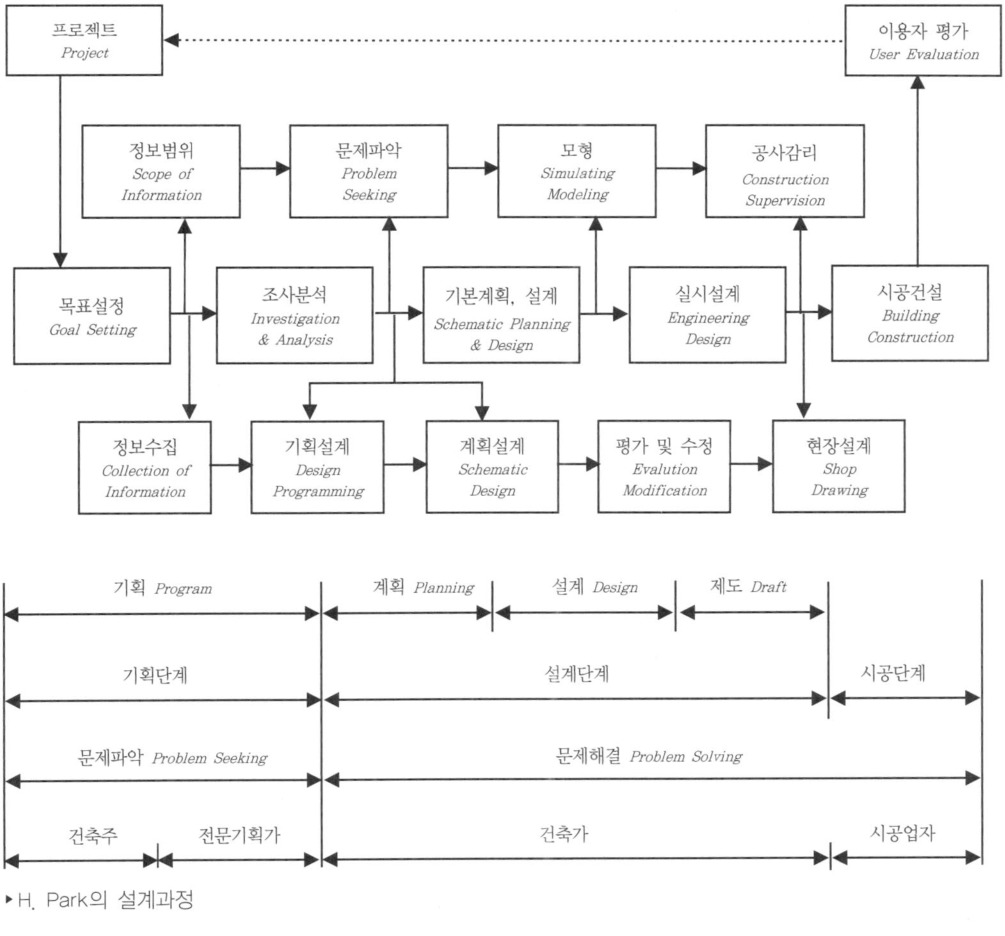

▸H. Park의 설계과정

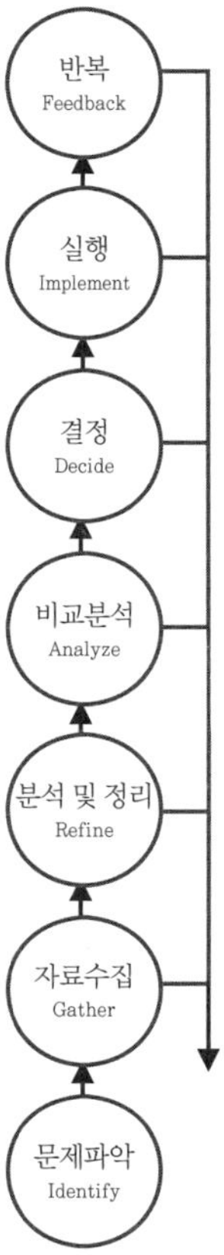

▸ 설계 프로세스
design process

① 문제점 파악*Identify* : 디자이너는 설계진행상에 무엇이 필요하며, 어떤 기준하에서 이루어져야 하는가 하는 문제를 파악해야 한다. 이 과정은 일반적으로 필요한 것들을 서술하고 한계점들을 정의하고 쓰일 수 있는 데이터를 정리하는 것과 관련이 있다. 그런 다음 어떤 유형 및 기능의 건축물이 필요한가, 클라이언트의 요구, 예산의 한계 등을 적어 놓는다.

② 자료수집*Gather* : 가능한 모든 아이디어를 위한 모든 자료를 수집하며, 문제점을 해결할 수 있는 해결책을 모색하는 과정이다. 이 과정은 디자인 프로세스 가운데 가장 창조적인 단계로서 해결책이 될 만한 아이디어가 떠오를 때마다 아이디어를 메모하는 것이 좋다. 아이디어를 얻는 방법에는 지금까지 다른 경우의 유사한 상황하에서 어떻게 해왔는지 자료를 검토하는 것, 다른 사람들과 그 문제를 집중토의하는 것, 중요하다고 생각되는 문제 및 해결책을 열거하며 검토해 보는 것 등이 있다.

③ 분석*Analyze* 및 정리 : 수집한 자료를 재분석하고 아이디어를 정리하여 이제까지의 요구사항과 비교하여 세심하게 검토하여 정선하는 과정이다. 즉 요구조건에 맞지 않는 것들은 버리고 적합하다고 생각되는 것을 골라 더욱 세련화시킨다. 예를 들면 아이디어를 스케치한 것을 확대하여 세밀하게 그리거나 세련화시키는 과정에서 이미 확립해놓은 필요와 기준에 따라 판단하도록 하며, 동시에 경제성, 재료의 적용가능성, 미적인 심미성 측면도 고려한다.

④ 비교분석*Analyze* : 지금까지의 진행과정 중 나타난 각각의 서로 다른 아이디어 중 제일 효과가 있는가를 분석하는 단계이다. 즉 가장 훌륭하다고 생각되는 것의 모델을 만들어 보거나 경제성, 기능성, 심리성 등 필요한 기준에 따라 그 효율성을 분석한다.

⑤ 결정*Decide* : 분석대상이 된 아이디어나 계획안 중 가장 효과가 뛰어난 것을 하나만 결정하는 과정이다. 만족할 만한 것이 없을 경우에는 처음부터 다시 시작하여야 한다.

⑥ 실행*Implement* : 가장 훌륭하다고 생각되는 아이디어나 해결책을 실행에 옮기는 과정이다. 그것을 세부적이고 상세한 모델을 만들거나 시공을 위한 재료, 형태, 기술적 방법을 제시한 도면을 만드는 과정이라 하겠다. 또한 이 과정에는 클라이언트*Client* 로부터 최종 승인(비용과 도면을 포함)을 받거나 시공을 위한 회사나 개인을 결정하여야 하며, 공사를 감독하는 일 등을 수행하여야 한다.

⑦ 반복*Feedback* : 완결된 설계는 새로운 경험을 집적시킴으로써 앞으로의 다른 문제에 적용이 가능하도록 해준다. 이 과정은 반복되는 과정으로서 설계경험을 축적시켜 주는데, 경험이란 아주 훌륭한 교사이며 설계경험으로부터 교훈을 얻어 수행된 설계는 훌륭한 설계라 하겠다. 그보다 더 훌륭한 설계는 다른 설계경험으로부터 피드백과 같은 중요한 정보를 얻게 됨으로써 자료조사를 되풀이한다든지 시행착오를 저지르는 시간의 낭비를 피하는 설계라 하겠다.

(2) 프로세스의 유형

디자인 프로세스에는 순환적 프로세스와 분화적 프로세스 등 두 가지의 방법이 있다. 순환프로세스*Cyclic Process* 는 시작점과 끝나는 점이 명백하지 않은 프로세스이며, 분화프로세스*Branching Process* 는 어떤 시작점에서 시작하여 일정한 단계에 이르러 프로세스가 여러 방향으로 뻗어 가는 프로세스이다.

이러한 디자인 프로세스의 유형을 진행하는 데 있어 유의해야 할 사항이 있는데, 그것은 변화, 반복, 예측 등 세 가지이다. 먼저 변화성*Changes* 은 디자인상 문제점이 있을 때 나타나는

• 순환 프로세스

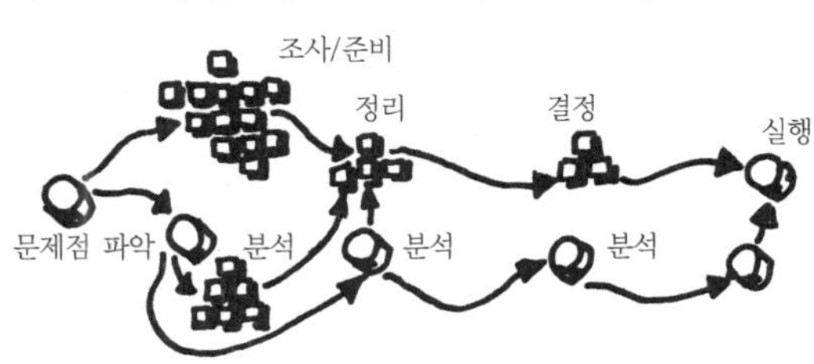

• 분화 프로세스

▸ 디자인 프로세스의 유형

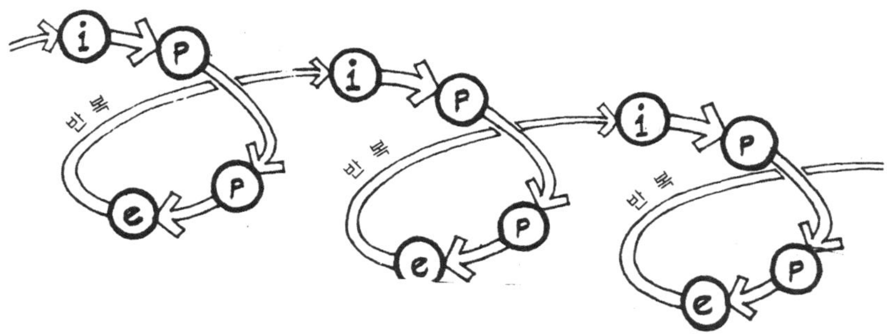

▸ 5단계 설계과정
착수*Initiation*, 준비*Preparation*, 제안 작성*Proposal Making*, 평가*Evaluation*, 집행*Action*

것을 말한다. 이는 디자인 프로세스를 잘 진행했다 하더라도 각 단계에서 해결책이라고 생각되는 것을 지속적으로 변경해야 할 필요가 있음을 의미한다. 따라서 변화를 모색하고 각 디자인에 대한 개선된 프로세스를 개발하여야 한다.

반복성*Feedback*은 완성한 디자인에 대한 미래의 문제점에 대해 적용할 수 있는 새로운 감각을 제공해 준다는 점을 의미한다. 설계과정은 디자인하고 피드백하는 순환과정으로서 경험을 축적하는 것이라 할 수 있다. 훌륭한 설계는 앞에서 설명하였듯이 피드백을 잘 하고, 다른 경험에서 생생한 정보를 얻어 조사나 실수를 반복하여 시간을 허비하지 않는다. 예측성*Projection*은 디자인 프로세스에서 항상 미래를 내다보아야 하며, 각 프로세스에서 그 결과에 대해 생각하여야 한다. 즉 효율적인 설계과정은 창조적 노력이 시작될 때부터 마음속에 그 프로젝트의 완성단계를 예견해 볼 수 있어야 한다는 것이다. 그것은 프로세스와 최종적인 성과물을 얻는 과정 사이에 필요로 하는 일관성을 제공해주기 때문이다.

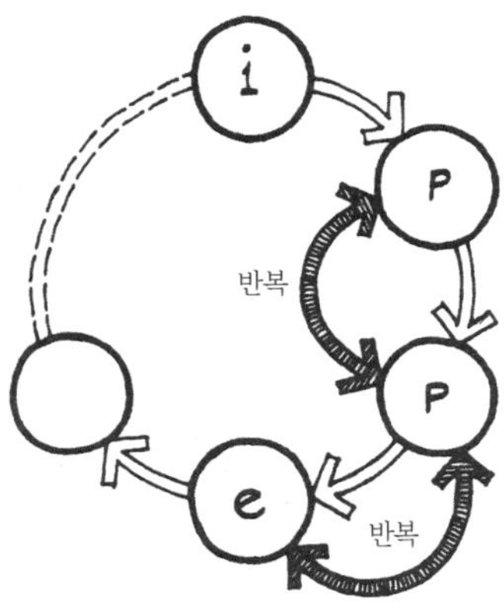

• 순피드백

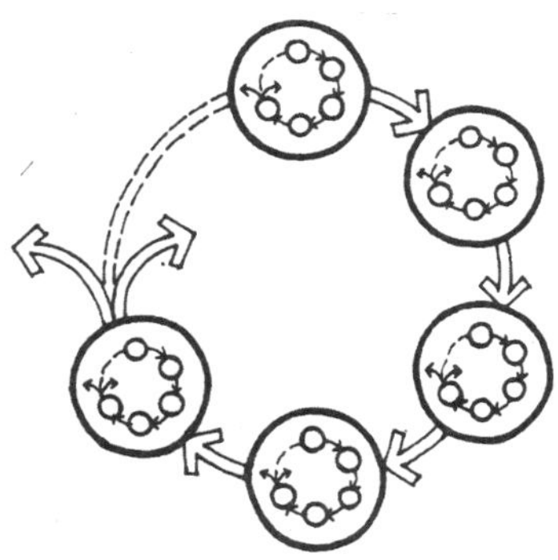

• 순환적
▸ 설계과정의 유형

(3) 디자인의 개발

하나의 디자인 문제에 대한 해결책을 시각화하고 구체화되기 전이라도 충분히 예상할 수 있어야 한다. 그렇게 하기 위해서는 가능성 있는 모든 해결책을 시각화해 보는 것이 필요하며, 그것을 종이 위에 그림으로 표현하여야 한다. 종이에 처음 옮기는 내용의 질이 좋거나 나쁘다는 것은 하등 문제가 되지 않으며, 중요한 것은 가능한 한 많은 아이디어를 얼마나 종이 위에 표현할 수 있느냐 하는 사실이다. 이러한 디자인의 개발을 위한 수단으로는 몇 가지가 있다.

① 이미지 스케치*Image Sketches* : 스케치의 처음 단계에 해당하는 것으로 '러프하게'라는 말이 중요하며, 연습지에 스케치를 해 나가는 것을 말한다. 마음에 드는 필기구는 어느 것이나 이용해도 무방하며, 가벼운 마음으로 아이디어가 떠오르는 대로 그려보는 것이 중요하다.

② 연구용 모델*Study Models* : 이미지 스케치 후 또 하나의 수단으로 스케치한 것 가운데 가장 훌륭한 것을 골라 모델을 만들어 본다. '러프하게'라는 말을 항상 염두에 두어 너무 정교하게 만드는 것이 아니기 때문에 매스모델*Mass Models*이라고도 한다. 이는 아이디어를 삼차원적인 형태로 나타낸다는 정도로 모델을 만들며, 보다 훌륭히 효과를 발휘하게끔 고쳐나가야 한다. 이 연구용 모델은 다른 사람에게 보여줄 것이 아니라 단지 만들 수 있는 가장 훌륭한 디자인이 이루어지도록 돕는 수단에 지나지 않는다.

③ 제시용 모델*Presentation Model* : 마음에 드는 모델이 만들어지면 더 나은 모델을 만드는 것으로서 다른 사람에게 보여줄 모델이다. 이 과정은 어떤 프로젝트이든지간에 디자인 개발시 필수 불가결한 요소라 할 수 있다. 모델을 만들기 전까지는 디자인 문제에 대한 완벽한 해결책이라고 생각하지만 모델을 만들어 보면 여러 가지 문제가 틀림없이 제기된다. 일차원적인 도면에서 삼차원적인 모델로 전환시킬 때 해결책이 수월하게 나타날 수 있다는 것이다.

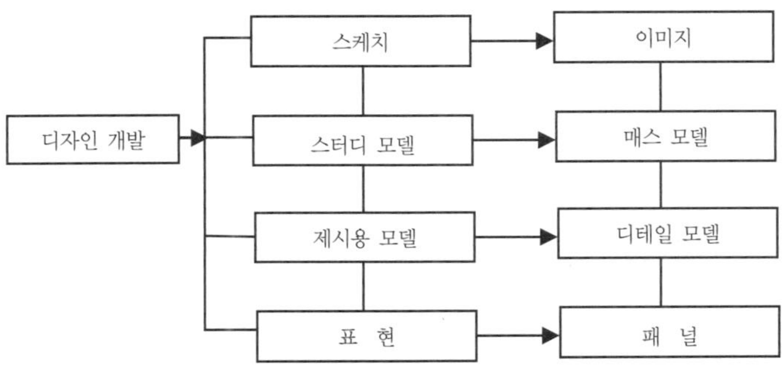

▸ 디자인 개발과정

④ 표현*Renderings* : 채색이 이루어지고 원근감을 살린 도면을 작성하는 단계로서 건축물 내부에 있는 것과 같은 느낌을 주는 수단이다. 건축물은 사람, 조명, 가구, 조경, 환경조각 등을 갖춘 완성된 최종적인 형태를 이루게 되는데, 렌더링을 위해 어떤 수단을 이용하는가는 문제가 되지 않는다. 중요한 것은 사실적이어야 한다는 점이며, 건축물 내부에 존재하고 있는 것처럼 느끼도록 해야 한다. 완성된 렌더링은 다른 사람에게 보여주기 위해 두꺼운 종이 위에 붙이거나, 슬라이드로 찍거나, 패널을 작성하여 시각적 효과를 높이는 경우도 있다.

4-3 설계방법론의 발전과정

과거에는 설계를 한다는 것이 사고에 의한 것이라기보다 소질이 있는 사람들의 직감에 의한 것이었다고 해도 과언이 아니다. 이유로는 미, 기능, 구조 등의 건축 3대 요소를 조화시킬 능력이 부족하였으며, 건축물의 기능이나 배치도 단순한 관계로 설비기술이 필요 없거나 환경상의 관심도가 깊지가 못했기 때문이다.

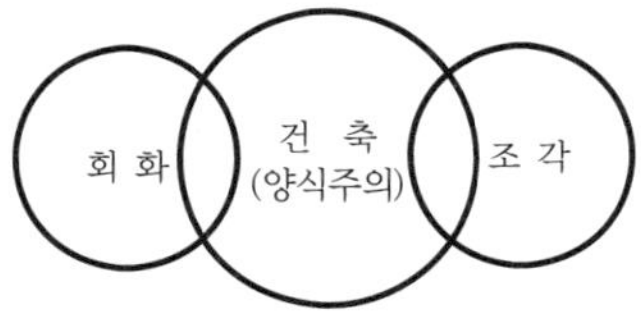

▸양식주의건축

(1) 과거의 설계방법

과거에 사용된 설계방법들을 살펴보면 실용위주법, 아이코닉*Iconic* 설계, 유추적 방법, 표준적 설계, 양식적 설계 등 다섯 가지로 정리할 수 있다.

① 실용위주법 : 원시시대의 설계자들이 흙·돌·나무 그리고 심지어 눈과 같이 쉽게 구할 수 있는 재료들을 사용한 방법이다. 생활에 필요한 각종 물건들과 주거를 시행착오를 통해 실용 위주로 만들고 건설하는 방법들을 발견한 것을 말한다.

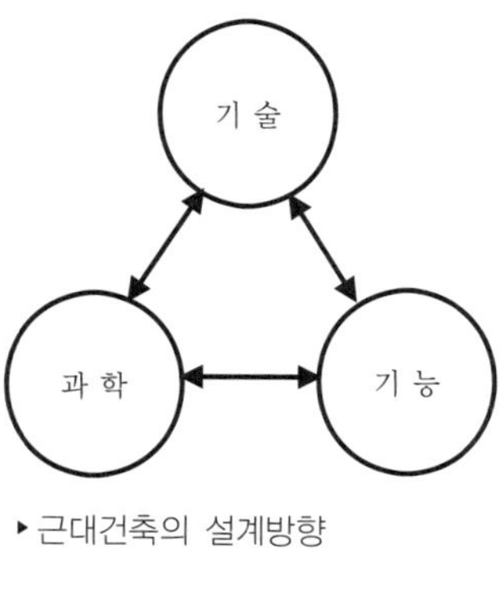

▸근대건축의 설계방향

② 아이코닉 설계 : 실용적인 방법이 발전하게 됨으로써 어느 정도 표준화의 기준이 요구되고, 이것들이 서로 관습적인 유형으로 정리되어 나가는 방법이다. 이를 아이코닉 설계 또는 관습적 유형의 이미지 방법이라고 한다.

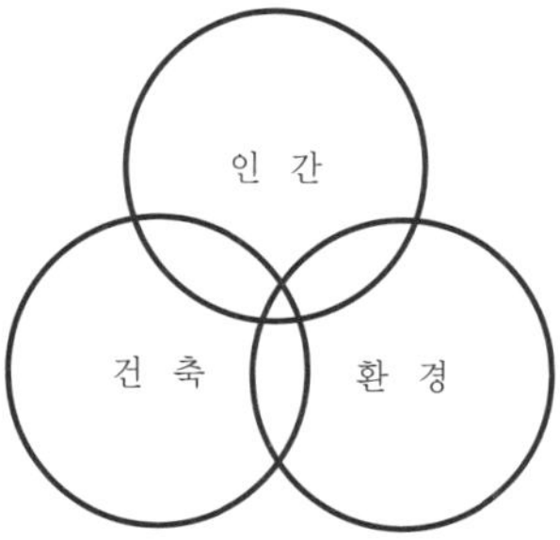

▸ 현대건축의 설계방향

▸ 표준적 설계의 예*로마의 성 바오로 성당)*

③ 유추적 설계 : 기술의 발전과 생활여건의 보다 높은 욕구로 새로운 재료들과 방법들이 개발되고 적용되지만 그 형태나 디자인은 그 이전의 양식에서 유래한다는 것을 중요하게 생각하여 설계하는 방법이다. 이를 아날로그*Analogous* 설계라고도 한다.

④ 표준적 설계 : 기하학적이고 좌우대칭적 등의 신비적인 원리를 지녔다고 생각되는 법칙들이나 규칙들에 따라서 설계하는 방법이다. 주로 고전건축의 원리나 수학적인 원칙들을 건축적으로 해결하려는 방법이라 하겠다.

⑤ 양식적 설계 : 주로 외관이나 형태상 측면을 중요시하는 동시에 합리적인 계획을 기본으로 기능에 대한 분석에 치중하는 방법이다. 즉 외관의 양식을 중요하게 생각하여 설계하는 방식을 말하며, 이를 케노익*Canonic* 설계라고도 한다.

이러한 양식적 설계방법은 근대에 이르러 과학기술의 발달로 건축물 외관이나 기능적인 배치계획 등이 개발 범위를 확대시키고 있다. 최근에 와서 설계방법에 대한 기술이 점차 개발됨에 따라서 설계사고의 심리나 의사결정, 환경문제 등의 건축 외적인 요소에 지대한 관심이 쏠리고 있다. 예를 들면 정보분석, 선택, 최종설계까지 만족스럽게 할 수 있는 기구나 프로그램이 개발되고 있으며, 상상력과 창조력이 자유롭게 구사될 수 있는 설계방법론이 많이 개발되고 있다.

(2) 설계방법론의 발전과정

설계방법론의 시발점은 바우하우스*Bauhaus*의 교육정신에서 찾을 수 있는데, 바우하우스는 디자이너의 직관과 예술을 강조하는 단계에서 크게 벗어나지 않았다. 즉 설계된 건축물의 유형과 시공재료 및 방법을 반영하는 독특한 해결책과 형태에 대한 탐구를 장려하였다. 이후에 울름디자인*ULM Design*학교는 1956년 이후 Maldanado학장에 의해 철저히 과학적 교육방법을 추구하고 디자이너와 사회의 긴밀한 통합을 시도하였다. 이 학교의 설계방법은 예술과 직관에 의한 방법론으로써 분석과학적 방법론이라고 한다. 그 외에 한스 길포트*Hans Gufelot*

는 설계방법으로 정보단계, 연구단계, 설계단계, 의사결정단계, 계산단계, 모형제작단계로 분류하여 정립하였다.

제1차 설계방법에 대한 회의(1962년 영국 런던, Imperial대학)에서 건축가, 산업디자이너, 항공기, 엔지니어, 도시계획가, 화가 등이 모여 각자의 예술이나 과학의 특수분야에서 과학적 방법과 인식의 적용을 응용하려는 그들의 공통언어를 추구하였다. 또한 건축적인 관점에서 이 회의의 중요성은 설계분야에서 응용되는 기술은 건축이 의미하는 요구나 상호작용보다 훨씬 더 풍부하기 때문에 건축기술에 부적합할지도 모른다는 것을 명확하게 정립하였다는 점이다. 제2차 설계방법에 관한 회의(1964년 Scarborough)에서 과학적 방법이라는 용어를 사용하여 체계적으로 정리하였다.

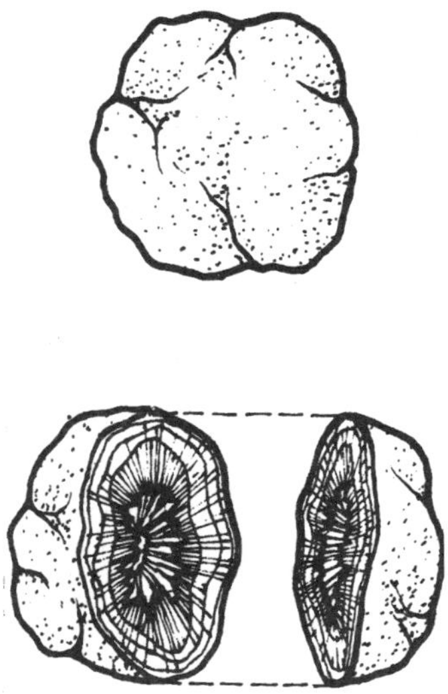

▸ 이질동상적 건축의 유추

페이지*J. K. Page*는 설계방법론을 분석, 종합, 평가의 3단계로 지칭하였으며, 설계방법이 분석을 통하여 종합하고 평가하는 직선적이고 단순한 순서가 아니라 설계가 진행되는 동안에 반복되는 것이라 하였다. 크리스토퍼 존스*Christopher Jones*는 설계방법이란 논리적 분석과 창조적 사고 사이의 존재하는 갈등을 해결하려는 수단으로서 체계적인 설계방법은 주로 논리와 상상력을 내적인 것보다는 외적인 수단에 의해 분리하는 방법이라 하였다.

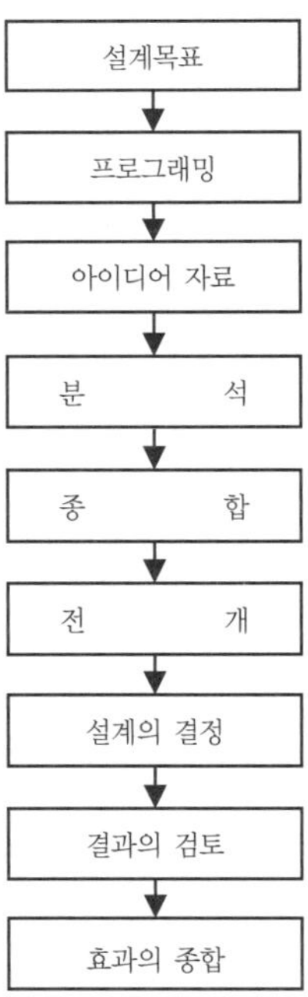

▸ 브루스 아처의 설계진행 방법

브루스 아처*Bruce Archer*는 설계과학의 기초를 수립하였으며, 설계는 아이디어의 상념과 제안된 시스템, 인공물 또는 인공물의 집합에 대한 설명의 준비라고 보았다. 그리고 설계방법을 정책수립, 예비적 연구, 스케치연구, 상세설계, 원형구축, 시장평가, 실시설계, 생산계획, 상품화, 생산과 판매 등 10단계로 압축하였다. DGM*Design Method Group*과 캐나다 EDRA *Environmental Design Research Association*와 영국의 DRS *Design Research Society*의 연합회의의 최근 경향은 환경분석과 건축기준, 그리고 평가와 설계, 계획데이터를 수집하고 조작하는 정보체계를 갖추는 것이었다. 또한 단순화, 컴퓨터 모델, 빌딩 레이아웃 모델 등을 제시함으로써 설계방법상 여러 분야를 포함시키기 위한 전략에 관한 연구가 집중적으로 이루어졌다.

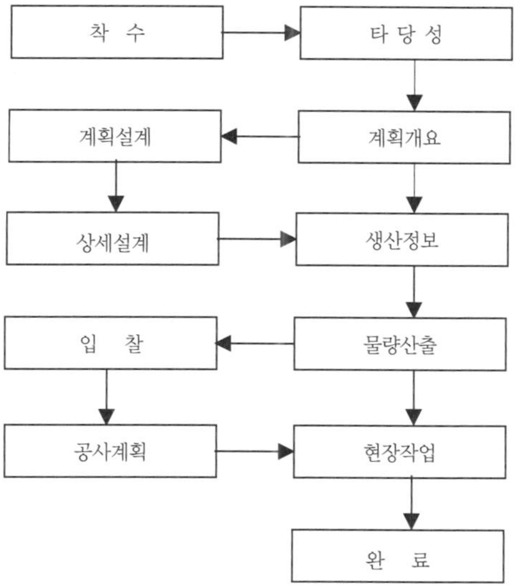

▸R.I.B.A의 설계진행 방법

제널드 네드럴*Gerald Nadler*은 IDEALS *Ideai Design of Effective And Logical System* 개념을 도입함으로써 설계하는 7개 기본요소로 기능, 인푸트, 아웃푸트, 계기, 환경, 물리적 촉매, 인간의 조작을 꼽았다. 이러한 7개 기본요소를 4개의 차원에 대응시키는 디자인 매트릭스를 작성하였다. RIBA *The Royale Institute of British Architects*는 작업계획의 각 단계를 작업개시, 타당성 연구, 개요안 작성, 초안설계, 상세설계, 생산정보, 적산, 입찰, 시공계획, 건설, 완공, 피드백 등 12단계로 구분하였다. 여기서 초안설계와 상세설계의 분기점을 두 가지로 들었는데, 하나는 어느 시점부터는 수정되어서는 안 된다는 작업지침과 다른 하나는 어느 시점 이후부터 기능, 규모, 현상 및 비용의 변경은 반드시 작업의 실패를 초래한다는 지침을 제시하였다. 또한 작업계획의 각 단계에서 생기는 의사결정순서를 설명하였는데, 먼저 목표에 대한 기술과 관련사항의 융합, 요구되는 정보원의 평가와 적절한 조직의 설정, 그리고 작업계획과 공정표작성, 작업수행, 계획안 작성, 의사결정 및 다음 단계를 위한 목표설정 등의 과정을 제시하였다. 이외에 설계에 이용될 수 있는 많은 기법도 기술하였는데, 그것은 네트워크분석, 프로그램, 원가계산, 사용자요구, 연구 및 커뮤니케이션 등이다.

5. 디자인과 커뮤니케이션

디자인은 시각적인 분야이기 때문에 대부분 눈으로 평가된다. 특정 프로젝트의 디자인이 아름다우면서도 효과적인 디자인이더라도 커뮤니케이션*Communication*이 원활하게 이루어질 수 없다면 쓸모없는 것이 된다. 따라서 디자이너가 작성한 디자인은 디자이너 자신이나 고객, 시공회사나 개인에게 전달하는 능력은 중요하며, 이러한 커뮤니케이션 과정에는 세 가지 단계가 있다.

5-1 디자인 커뮤니케이션

효과적인 디자인 커뮤니케이션은 클라이언트*client*로 하여금 전문적인 디자이너의 해결책이 요구에 얼마나 잘 부합하는지를 볼 수 있게 해준다. 클라이언트는 앞으로 완성될 디자인을 건축주 자신의 관점에서 살펴볼 필요성이 있다. 이는 역으로 생각하면 디자이너는 자신의 아이디어를 알리는 데 가능한 한 많은 그림을 사용하라는 의미이기도 하다. 왜냐하면 디자이너와 클라이언트는 두 가지 언어, 즉 그림과 말로 이야기하고 있기 때문에 눈으로 보는 것과 말로 설명하는 것 사이의 차이를 메워 줄 필요가 있다.

디자이너의 설명은 그 디자인이 완성되었을 때의 모습과 가능한 한 가까워야 한다. 도면을 그리기 전에 표현상의 기준을 세워야 하는데, 그 기준은 일정해야 한다. 예를 들면 도면의 글씨는 명확하고 읽기 쉬워야 하며, 선의 굵기는 일정해야 한다. 그리고 이 도면을 처음 보는 사람의 관점에서 다시 관찰하고 검토하여야 한다. 설명할 때에는 클라이언트가 그 공간을 어떻게 이용할 것인가에 대해 강조하며, 동시에 전문적인 설명을 곁들여 한다. 결과적으로 클라이언트가 디자이너의 디자인을 실제로 보는 것처럼 느낄 수 있도록 하여야 한다는 것이다. 이러한 설명을 보편적으로 사용할 수 있는 몇 가지 방식들을 예시하면 다음과 같다.

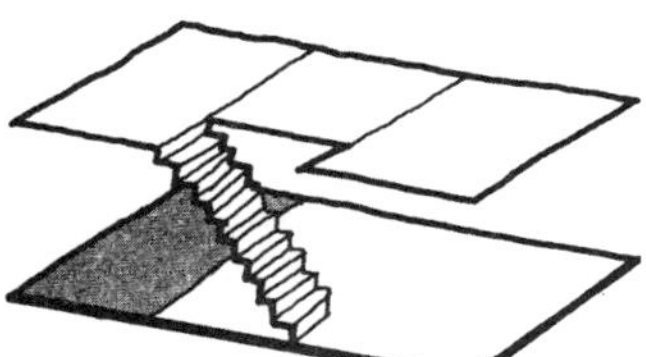
• 조닝

• 평면도

먼저 렌더링*Rendering*을 꼽을 수 있는데, 이것은 채색된 투

• 투시도

• 이미지 보드

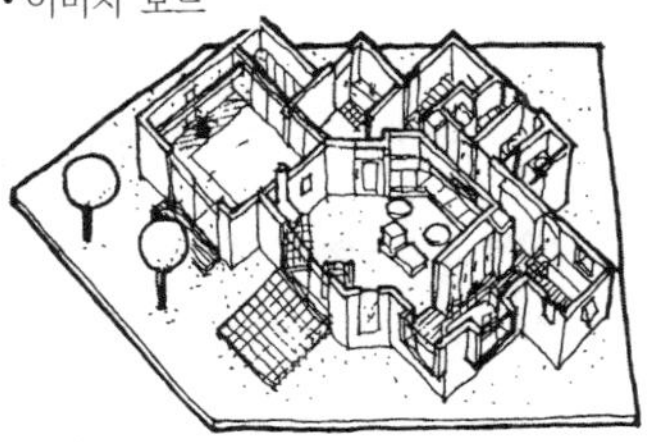

• 모형

▸ 디자인 커뮤니케이션의 유형

시도이다. 이 투시도는 건축물 내부를 보여주는 방법으로서 주로 재료, 사람, 조명, 가구 등의 액세서리 배치가 첨가되어야 하는데, 실제로 이미지가 어떻게 나타날 것인지 보여주는 것이 중요하다. 렌더링이 완성되면 설명을 위해 하드보드나 패널을 작성하거나 최종 모델을 만들어야 하는데, 이 과정은 렌더링이 결정되기 전에 만들어질 수 없다. 특히 이 모델의 목적은 최종적인 디자인이 어떻게 보일 것인가를 예상할 수 있도록 도와주는 것이다.

다음으로 컬러 보드를 이용하여 실제로 인테리어에 사용될 색과 재료들을 보여주는 것이다. 이것은 샘플이나 그림, 사진 등을 부착시키는 것으로서 특히 카펫, 커튼, 타일, 나무 등과 같은 물건들은 실물을 부착하여야 한다. 이 방법은 디자이너가 제시하는 것을 더 잘 이해할 수 있게 하는 효과적인 수단이다. 즉 컬러 보드는 직접 느끼게 하고 재료를 만져보게 함으로써 추후에 일어날 수 있는 문제점을 미리 수정할 수 있다.

이 밖에 슬라이드 프레젠테이션이라는 방식이 있다. 디자이너는 작업결과에 대해 미리 사진으로 보여줄 수 있으며, 또한 계획하는 것과 유사한 다른 경우를 제시할 수도 있다. 대형 스크린을 통해 클라이언트에게 생생한 느낌을 줄 수 있으며 그 계획에 대해 보다 나은 인상을 갖게 될 것이다. 슬라이드를 보여주기 위해서는 먼저 어디서 시작하여 끝낼 것인가를 결정하여야 한다. 다음으로 각 슬라이드를 보여주면서 할 이야기의 대본을 만들어야 하는데, 즉 무엇을 설명한 것인가를 분명하게 설정해야 한다. 또한 사용할 장비를 익숙하게 다룰 수 있도록 하여야 하는 데 익숙해지면 다른 방법도 병용할 수 있으며 음향효과도 가능하다. 이러한 수단에 능숙해지면 비디오나 스크린을 사용하여 디자인의 동적인 면을 보여줄 수 있다는 방법도 있다.

5-2 시공상의 커뮤니케이션

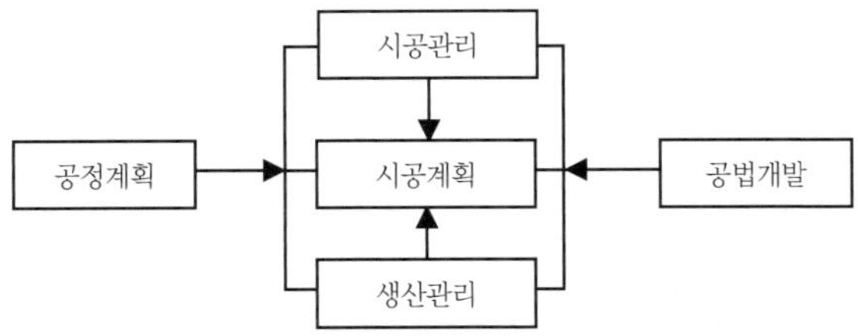

▸시공계획의 수립과정

실제로 디자인계획이 실행되기 위해서는 시공자에게 여러 작업도면과 계획서로 전달된다. 시공자들과 대화하기 위해서는 그들의 언어를 알아야 한다. 왜냐하면 그들은 자신들의 관점이 있으며, 그들 자신의 접근방법이 있다. 또한 디자이너가 그들에게 필요한 것을 제공해 줄 수 있다면 디자이너 또한 필요한 것을 얻어낼 수 있을 것이다.

시공자들에게 주어야 할 것 중 평면도가 가장 중요한데, 이 평면도는 시공자가 쉽게 이해하고 시공에 착수할 수 있어야 하기 때문에 완벽해야 한다. 평면도를 통해 작업하는 사람이 그 디자인을 처음 대하게 되는 관계로 완벽한 평면도는 추가적으로 결정하여야 할 사항들을 없애주고 디자이너가 시공자한테 주어야 할 서류들과 함께 중요한 자료가 될 수 있다.

다음으로 실내전개도를 제시한다. 이것은 건축물 내부의 입면 계획인데 특히 내부벽에 부착될 의자, 장식장 캐비닛 등의 가구에 대한 도면이라 하겠다. 시공자는 이 도면으로 가구나 조명 등의 설치비용을 계산할 수 있으며, 그것을 어떻게 설치할 것인가를 사전에 계획할 수 있다.

그 밖의 커뮤니케이션 수단으로 상세도*Details*를 꼽을 수 있다. 상세도란 특별한 주의를 요하는 문, 창문, 화장실, 독특한 벽면, 부착된 가구에 필요한 세부적인 설치계획을 확대시킨 도면이다.

그리고 단면도*Cross Sections*가 있는데, 건축물 내부를 수직방향이나 수평방향으로 수직적으로 절단하여 내부의 일정한 단면을 보여주는 도면이다. 이것은 시공자가 그 건축물의 삼차원적인 모습을 알 수 있게 해주는 동시에 시공자가 건축물 전체를 파악하기 위해서는 필수적으로 요구되는 도면이다. 전체적인 단면도는 한 지점에서의 내부 전체를 보여주며, 부분 단면도는 상세도를 확대시켜 그리는 것이다. 이러한 다양한 단면도를 제공함으로써 시공자는 어떻게 계단을 설치할 것인가와 모델링을 어떻게 할 것인가 등을 알 수 있다.

마지막으로 전체일정을 나타낸 스케줄*Schedules*이라 할 수 있다. 모든 건축물에는 중요한 요소들이 많이 있는데, 그 요소들은 모두 시공과정의 생생한 부분이다. 따라서 스케줄은 건축물을 나열하여 그것들이 언제, 무엇으로 만들어지고, 어디에 설치하여야 하며, 다음에는 무엇을 해야 하는지를 나타내 준다. 각각의 요소들은 각기 다른 스케줄을 가지고 있다. 예를 들면 건축물내의 문에 대한 스케줄을 갖고 있다면, 그 스케줄은 문의 크기, 재료, 구입처, 부착장소, 마감재료 등등에 대한 것을 나타낸다. 이러한 요소들의 스케줄은 시공자와 대화할 때 중요한 요소가 된다.

8장 건축과 기술

▸ 도구와 기술은 처음부터 오랫동안 사용된 동굴형 주거지와 같이 영구적인 주거지를 세울 수 있게 하였다.

1. 건축에서의 기술

조물주는 동물보다 뛰어난 두 가지 이점을 인간에게 주었다. 그것은 커다란 두뇌와 두 손이라 할 수 있는데, 인간은 이 두 가지를 조화롭게 이용하여 나무막대, 가죽, 돌조각, 부싯돌, 뼈 등으로 도구를 만들었다. 또한 덥거나 추운 지방에서는 생존을 위해 의류 만드는 기술을 터득했으며, 사냥과 방어를 위한 무기제작기술을 익혔다.

이러한 진보적인 기술을 가짐으로써 부족한 것을 보조할 수 있었는데, 도구를 갖고 있는 인간들은 자연적인 보호수단이 없는 곳에서도 단순하나마 보호처를 만들 수 있었다. 보호처를 만드는 기술은 환경에 따라 좌우되었다. 예를 들면 나무가 많은 지역에서는 목재로, 구릉지역에서는 돌로, 평평한 초원과 사막에서는 가죽으로, 북극지방에서는 얼음으로 주거환경이 형성되었다.

이러한 주거환경은 신석기시대에 들어서 인간들이 씨앗을 심고 식량이 주거지 근처에서 재배될 수 있다는 사실을 발견

▸인간 최초의 거주지인 보호처를 만드는 기술은 환경에 따라 좌우되었다.

함으로써 변화를 맞이하게 되었다. 이제 식량을 찾아다닐 필요가 없게 되었으며, 농업을 통해 먹을 것을 생산하게 되었고, 소나 양들은 길들여지고 다루어졌으며, 사회집단은 자급자족체계로 변하였다.

이러한 체계변화로 사람들은 농사를 위해 좋은 땅에서 거주할 필요가 생겼다. 도구와 기술을 이용하여 처음부터 영구적인 주거지를 세울 수 있게 되었다.

2. 건축과 구조

2-1 구조의 개념

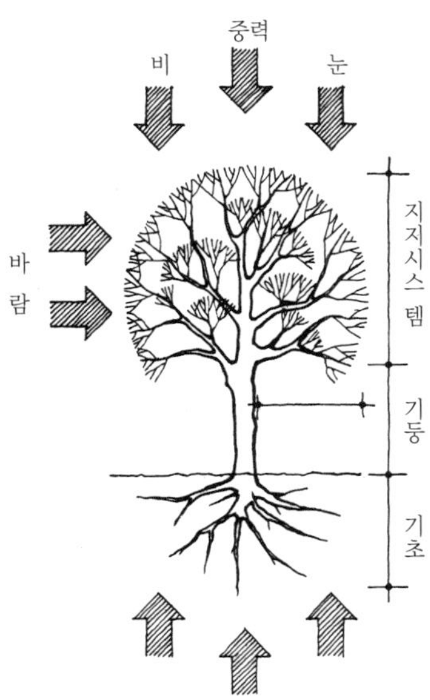

▸나무와 구조의 개념

건축가 페레트*A. Perret*는 “구조야말로 건축의 모국어이며, 건축가는 구조를 통하여 생각하고 자기를 표현하는 시인이다”라고 하였다. 이 의미는 자신이 설계하는 건축물이 적절한 강도와 안정을 지니기 위해서는 구조공학의 도움을 받아야 함을 의미하는 말이다.

이러한 구조공학의 유형과 이를 형성하기 위한 모든 재료와 그 재료를 구사하는 시공은 어떤 일정한 구조공학의 원리들에 근거하고 있다. 이상적인 설계는 구조공학자와 시공업자와 밀접한 관계를 유지하면서 작업을 하여야 한다. 하나의 건축물에는 여러 가지 힘, 즉 중력, 건축물을 이용하는 사람들의 체중, 비품의 무게, 바람 등이 작용한다. 따라서 건축물의 설계는 이러한 힘을 지탱할 수 있도록 세심한 구조원리나 계산이 이루어지지 않으면 안 된다.

2-2 기능과 구조

건축의 원형은 보호처*Shelter*라는 것은 이미 앞에서 주지하였는 바, 이는 자연의 외부환경으로부터 내부를 어떻게 구획하는가에 있다고 하겠다. 이러한 내부구획의 기본적인 요소는 벽체와 천장이다. 이는 공간을 에워싸는 최소의 것이라 할 수 있다.

따라서 우수한 건축이라는 것은 그 시대의 공간과 구조적 요소가 유기적으로 하나가 되어 이루어진 것이라 할 수 있다.

이에 따라 계획 및 설계와 구조계획은 동시에 같이 생각되어야 하며, 현실적으로는 구조의 개념이 전문화, 고도화됨으로써 구조기술자의 분야는 분화되어 가는 경향이 있다. 그러나 복잡한 구조의 건축물일 경우 건축가와 구조기술자는 계획초부터 밀접하게 상호협동하는 동시에 새로운 공간질서를 만들어야 한다. 다시 말해서, 구조기술자는 어느 구조체의 하중상태에서의 응력을 구하는 것은 가능하나, 새로운 형태의 공간을 만들어내는 능력은 부족하기 때문에 새로운 공간의 창조는 공간의 창조능력을 갖춘 건축가와의 조화로 이루어진다고 하겠다.

이탈리아의 구조기술자인 네르비*Pier Luigi Nervi*는 재료와 구조로부터 새로운 조형미를 끌어내서 대표적인 작품인 스포츠 팰리스*Sports Palace*를 셸구조를 사용하여 설계하였다. 건축의 아름다움이 성립하는 것은 건축의 기능·구조를 지배하는 물리적 법칙성에 가능한 충실한 해결을 추구하는 곳에 있다는 주장이다. 이는 철저한 합리주의적 정신으로서 구조적 측면을 강조

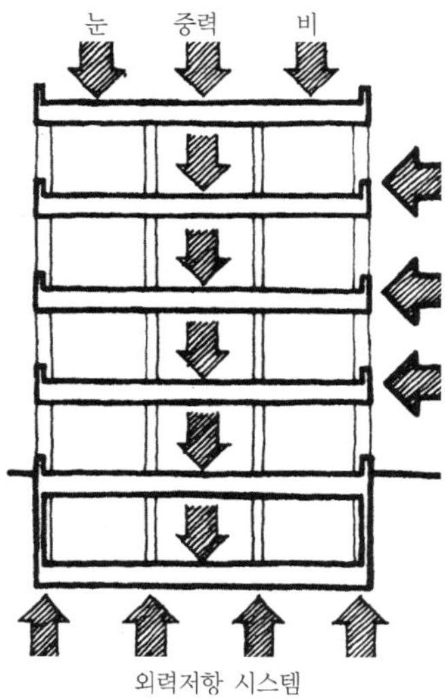

▸ 건축물에 미치는 힘들

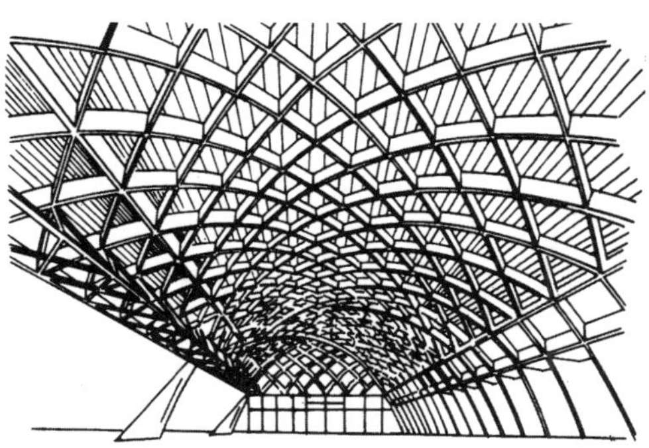

▸ 구조를 이용한 조형미 *(비행기 격납고, 네르비, 1936)*

한 건축관이며, 비합리적인 형태는 장식적 유희에 불과하며 그 가치를 잃게 될 것을 의미한다.

2-3 재료와 구조

▸로마 스포츠 팰리스 야경
(네르비 설계, 1959)

▸로마 스포츠 팰리스 천장
(네르비 설계, 1959)

건축의 구조는 기능적 요소와 구조적 요소라는 두 가지의 역할을 하는 요소로 구성될 수 있다. 예를 들면 원시건축의 텐트에서도 기능적 요소와 구조적 요소가 분명히 분리되고 있다. 동물의 가죽은 내부공간을 창출하고 거주자를 보호하는 역할을 한다고 할 때 동물의 가죽은 기능적 요소인 반면에, 이 가죽을 지탱하고 있는 중심의 포올*Pole*과 로우프는 가죽의 펴짐을 유지시키는 역할을 함으로써 구조적인 요소가 되는 것이다. 이를 인간의 신체와 비교해 볼 때 이러한 구조적인 요소는 건축물의 뼈대 혹은 골조라고 말할 수 있다.

이러한 기능적, 구조적 요소의 분리에 따른 개념을 실현하고자 하는 욕구를 구조재료의 개발이 충족시켜 주지 못했다. 철근 콘크리트, PS콘크리트 고강도 강재를 제외하고 오늘날 우리가 사용하고 있는 재료는 과거부터 사용해 온 재료라 하겠다.

예를 들면 현재에도 보편적으로 토착적 재료인 목조, 벽돌, 돌, 흙 등이 아직도 사용되고 있으며, 이들 재료는 가구식, 조적식, 일체식 등의 독자적인 구조형식을 형성케 하였다. 이러한 각 구조형식은 건축의 형태에 크게 영향을 미쳤으며 수세기 동안 변화가 없었다.

산업혁명을 계기로 건축재료에 큰 변화가 초래되었다. 근대건축의 거장인 미스 반 데어 로에는 철(기둥·보)과 유리를 사용한 마천루를 설계하였고, 르 코르뷔지에는 철근콘크리트의 특성을 최대한 활용하였다. 또한 구조재료로서 큰 고강도를 가진 철제 케이블*Cable*을 제조할 수 있게 됨에 따라 스팬이 거의 1,800m에 이르는 현수교를 설계할 수 있게 된 경우도 있다. 이들 경우가 모두 구조재료의 특성을 충분히 고려하여 구조·재료·형태의 조화를 이룸으로써 훌륭한 건축의 결과를 보여주고 있는 것이다.

이렇게 재료가 발달함에 따라 훌륭한 건축물이 만들어지고 있다는 것은 구조기술이 획기적으로 발전하고 있음을 의미한다. 오늘날 높이가 450m에 달하는 고층건물과 스팬이 210m에 이르는 구조로 지붕이 이어진 스타디움 등은 과거에 비해 더욱 복잡하고 강건한 구조물을 필요로 하게 되었음을 보여주는 것이다.

2-4 자연현상과 구조

구조의 이해는 과학적 사고와 기술지식 습득을 필요로 한다. 규모가 크고 대담한 건축물조차도 과거에는 아무런 이론적 지식이 없는 기능공에 의해 세워졌으며, 구조원리도 순수 물리적 직관에 의해 확립되었다.

구조물은 인간의 창조성에 관한 여러 가지 측면 중 하나의 측면을 표현하는 인공물이지만 자연의 법칙에 대한 깊은 관점 없이는 창조될 수 없다. 하나의 아름다운 구조는 바로 자연의 법칙을 구체적으로 나타내는 것이다. 근대의 콘크리트 구조의 개척자인 네르비*Pier Luigi Nervi*는 뉴욕에 있는 조지 워싱턴교*George Washington Bridge*를 보고 첫 마디가 "이 다리가 건조되기 전에 인간은 결코 이토록 아름다운 곡선을 본 적이 없었다고 생각한다."고 말했다. 이 말은 올바른 구조라고 해서 반드시 아름답다는 것이 아니라, 구조적 미는 구조적인 정당성 없이는 존재할 수 없다는 것을 의미한다.

이러한 자연법칙에 따른 아름다운 구조는 지구의 중력에 의한 역학적인 법칙성에 의해서도 영향을 받는다고도 할 수 있다. 지구중력의 작용은 지구상의 어느 지역에서도 일정하지만 자연법칙 중의 하나인 지진은 지역에 따라서 크게 달라진다. 왜냐하면 지진의 유무에 따라서 건축부재의 크기, 구조계획에 대한 사고의식, 건축구조 및 형태가 바뀌기 때문이다. 지진이 적은 나라에서의 구조에 대한 제반 조건들을 지진이 많이 일어나는 일본이라는 나라에 적용시키는 경우에 이와 같은 변화의 과정을 겪어야 할 것이다.

예를 들면 르 코르뷔지에가 지진이 없는 파리 교외에 설계한 사보아주택과 지진이 많은 일본에 설계한 주택은 다르다. 먼저, 사보아주택의 기둥배치를 내진설계가 주류인 일본의 주택에 적용시킬 경우 사보아주택의 형태와는 거리가 먼 구조를 이룰 수밖에 없음을 알 수 있다. 여기서 우리는 자연현상의 하나인 지진의 힘이 건축의 구조형태에 얼마나 많은 영향을 미칠 수 있는가를 이해할 수 있다.

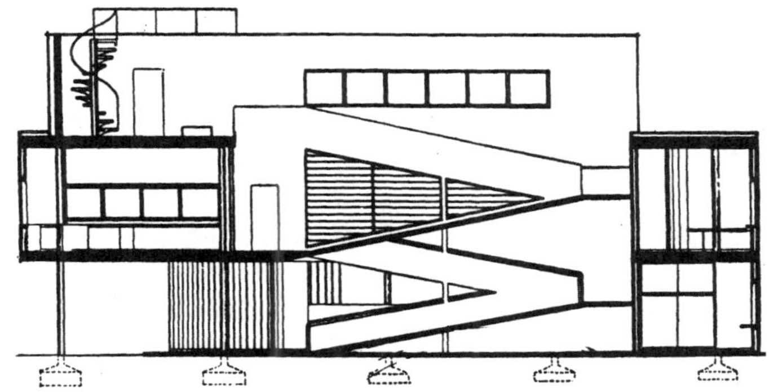

• 단면도

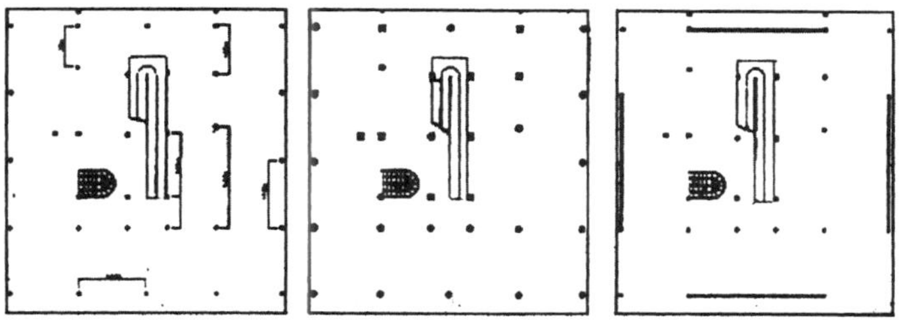

• 사보아주택의 1층 플랜 • 일본에 세운 경우 -1 • 일본에 세운 경우 -2

▸ 르 코르뷔지에의 사보아주택의 구조계획

• 사보아주택과 같은 기둥의 배치를 내진설계가 주류인 일본에서 기둥의 단면수치는 약 2배인 50㎝의 직경이 필요하게 되며, 르 코르뷔지에가 의도한 스마트(Smart)한 디자인과는 거리가 먼 대체적인 모양이 된다(1). 기둥의 단면치수를 그대로 하고 벽의 힘을 빌려서 1층을 구조계획한 것이 그림의 (2)이다.

결과적으로 건축은 다양하고 중요한 구조형태를 통해서 강도, 우아함, 낭비, 절약, 추함, 아름다움 등에 관한 하나의 메시지를 사람들에게 전달한다. 그러므로 유용성, 경제성, 에너지, 안전성에 관하여 구조는 인간들에게 창조성과 미를 이해하도록 요구하고 있다.

2-5 구조체의 종류

▸ 아치시스템

다목적이고 새로운 기능을 수용하려는 요구에 따라 새로운 공간에 대한 생각하는 방법이나 이를 위한 구조형식의 제안이 나오고 있다. 이는 구조체의 종류에 따라서 구조적 구성요소와 기능적 구성요소가 분리되는 동시에 기능의 선택이 달라짐으로써 다양한 구조체로 분류되는데, 이를 정리하면 다음과 같다.

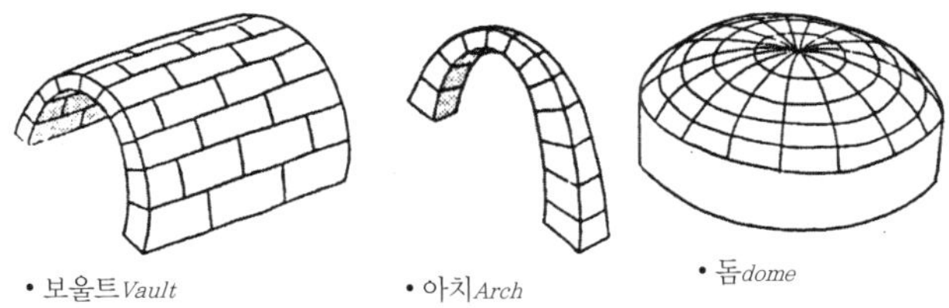

▸ 아치의 변형 유형

① 아치*Arch* 구조체 : 다른 어떤 구조체보다 미관이 양호한 구조체라 할 수 있다. 석조로 된 블록이나 벽돌을 잘라서 아치 형태로 만든 형식으로 초기의 로마인들에 의해 개발되어 다양하게 적용된 구조체이다. 아치구조는 모두 압축원리를 따름으로써 주로 석조, 벽돌, 콘크리트 등과 같이 압축이 강한 재료로 이루어진다. 아치를 지탱해 주는 데 필요한 압축과 마찰력을 안정시키는 쐐기돌*Keystone*이 중요한 역할을 한다. 왜냐하면 아치를 받혀주는 기둥 하부 양쪽을 단단하게 고정함으로써 상부의 하중을 전달시키도록 해야 하기 때문이다. 이 구조체는 많은 기초적인 작업과 시공상의 시간과 노력이 많이 요구되는 반면에 보다 넓고 개방된 스팬*Span*에 따른 공간을 형성하는 데 적합한 구조체이다. 시공기술과 조적술이 발달하였으며, 콘크리트를 개발한 로마시대의 체육시설, 레저·목욕시설, 신전 등의 건축물에서 많이 볼 수 있다.

▸ 볼트시스템

② 보울트시스템*Vaults System* 구조체 : 가장 단순한 터널형식으로 돌로 만든 블록을 쌓아 깊이가 긴 아치를 이루는 구조체이다. 구조원리는 아치와 돔과 같이 압축원리에 근거를 둔 것으로서, 블록이나 벽돌 사이에 압축력과 마찰력을 이용하여 터널을 이루는 원리이다. 따라서 이 구조는 스팬이

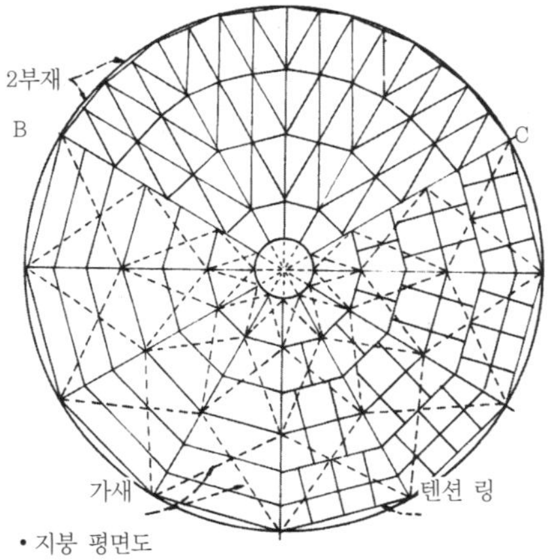

• 지붕 평면도

• 단면

▸ 돔*Dome*의 구성원리

▸ 산타소피아 성 마크사원(1063–1083)

▸ 돔 시스템

긴 경우에는 부적합하며, 재료 자체의 중량에 대한 비율이 높기 때문에 많은 시공상의 주의와 시간이 요구된다. 특히 볼트의 중심축을 따라 박힌 쐐기돌*Keystone*은 볼트를 단단하게 결합시키는 데 필요한 압축력과 마찰력을 안정시키는 데 중요한 역할을 한다. 부벽이나 플라잉 버트레스*Frying Buttress*는 볼트가 무너지는 것을 방지하는 기능을 하는 중요한 요소이다.

③ 돔*Dome*구조체 : 아치구조에서 볼트구조를 거쳐 발전된 구조형식으로 아치를 원형의 평면에 360° 회전시킨 돔형태의 구조이다. 구조원리는 아치나 볼트구조체의 압축원리에 근거를 둔 것으로서 원형 기초를 갖고 정상부나 정점에서 합치됨으로써 일련의 동일한 아치를 연상케 한다. 이에 따라 아치구조의 쐐기돌과 같은 기능의 압축고리*Compressionning*는 돔을 결합시키는 데 필요한 압축력과 마찰력을 안정시키는 아주 중요한 요소이다. 그러나 아치구조체는 부벽이나 수평보가 필요한 반면에 이 구조체에는 필요 없으며, 대신에 기초가 튼튼해야 하는 동시에 원형의 버팀벽*Drum*이 요구된다는 점이 차이점이다. 시공상 많은 시간과 노력이 요구되는 반면에 대규모 공간의 스팬을 확보할 수 있는 관계로 인류가 정신적, 기술적 발전을

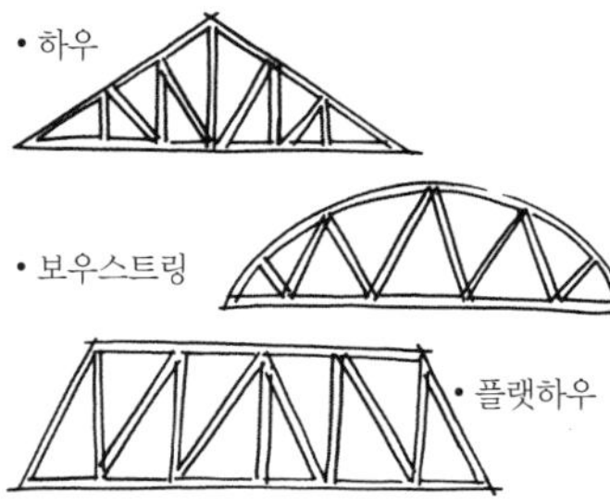

▸플랫 트러스 시스템

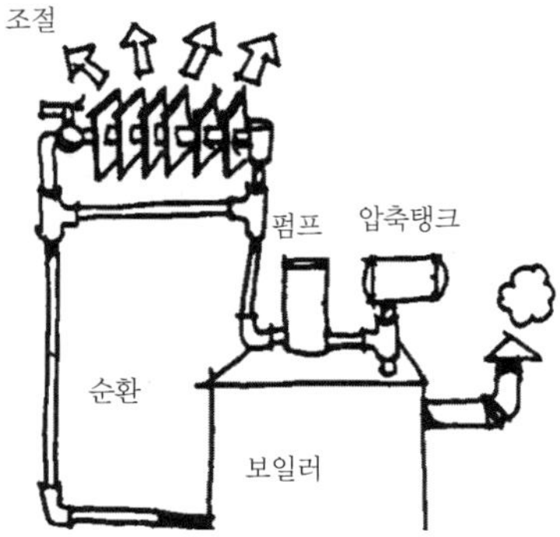

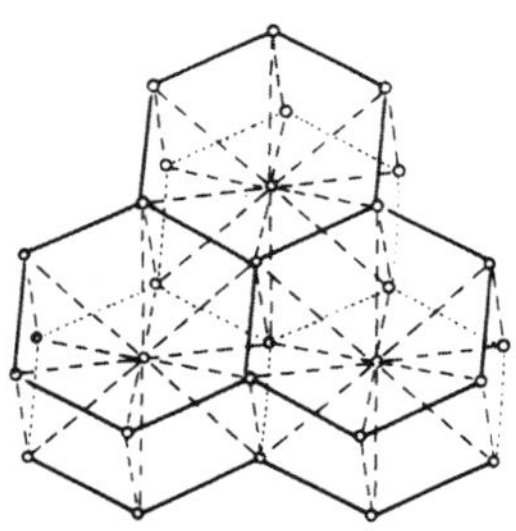

• 6각형 스페이스 프레임

이룩한 가장 위대한 구조물의 업적으로 생각할 수 있다.

④ 플랫 트러스 시스템*Plat Truss Systems*구조체 : 이차원 구조체로서 목재, 철재, 콘크리트 등으로 만들어진다. 상부와 하부의 부재는 삼각형의 그물처럼 된 부재들에 의해 분리되며, 스팬이 긴 구조체로서 바닥면적이 중단되지 않아야 하며, 무게가 아주 가벼워야 효율적이다. 구조원리는 하중이 삼각형의 부재에 의해 효과적으로 배분되며 트러스는 옆으로 하중이 가해지는 원리이다. 특히 이 구조의 기본적인 트러스 종류에는 킹 포스트*King Post*, 퀸 포스트*Queen Post*, 타운*Town* 또는 래티스*Lattice*, 워렌*Warren*, 보우스트링*Bowstring*, 프래트*Pratt*, 플랫 프래트*Flat Pratt*, 하우*Howe*, 플랫 하우*Flat Howe*, 핑크*Fink*, 팬 핑크*Fan Fink*, 시저즈*Scissors* 등이 있다.

⑤ 스페이스 프레임*Space Frame* 시스템 : 플랫 트러스구조체의 발전형식이며, 형태는 삼차원적으로 짧고 가느다란 부재를 트러스같이 결합시킨 것이다. 구형, 3각형, 6각형 등 3가지 종류가 있으며, 트러스구조보다는 재료가 적게 드는 구조체이다. 형태는 삼각형, 사면체, 육면체, 팔면체 등의 기하학적인 형태가 있으며, 스팬이 길거나 공간이 넓은 구조에 경제적이다. 특히 조립식의 단순한 부재로 만들어 프레임은 섬세하며, 하중이나 무게가 다른 구조체보다 가벼운 것이 특징이다. 이 구조의 특기할 사항은 지지부재가 되는 기둥이나 벽체 구조에는 나중에 가해지는 하중에 대비하기 위한 기능의 브레이싱*Bracing*이 특별히 요구된다는 점이다. 또한 부재와 부재, 프레임과 프레임을

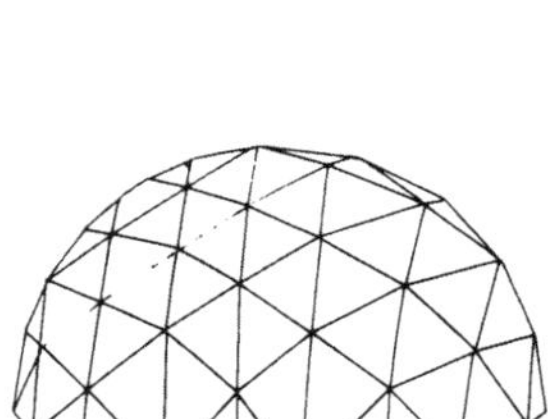

• 구형 지오데식 돔

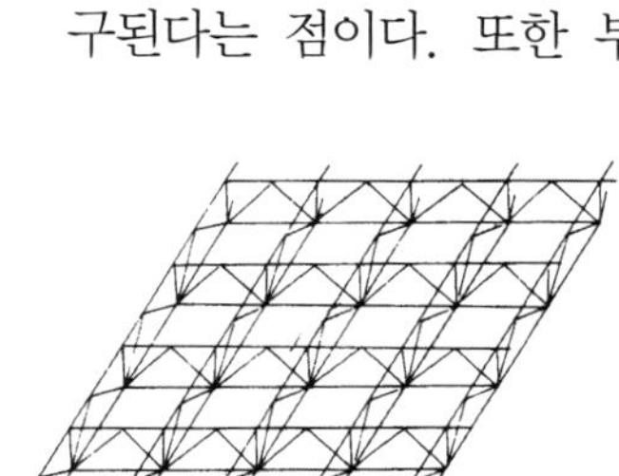

• 구형 스페이스 프레임

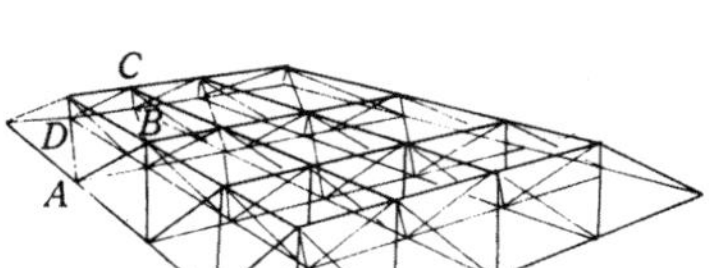

• 3각형 스페이스 프레임

▸스페이스 프레임의 종류

연결하는 접합부인 커넥팅 조인트*Connecting Joints*는 세심한 디자인과 시공상 정밀한 시공으로 다루어져야 한다는 점을 들 수 있다. 이 구조는 콘라트 박스만*Konrad Wachmann*이 처음으로 구조체로서의 디자인과 이에 대한 연구를 확립하였다.

⑥ 지오데식 돔*Geodesic Dome*구조체 : 구면의 스페이스 프레임으로서 미국의 벅민스터 풀러*Buckminster Fuller*가 기하학적 철학에 바탕을 두고 만들었다. 풀러의 지오데식 돔의 원리는 물체를 구면으로 만들고 그것을 스페이스 프레임*Space frame*으로서 구축해 나가는 것은 무게와 힘의 균형이 가장 합리적이기 때문에 자연의 물질구조의 이치에 맞는다.

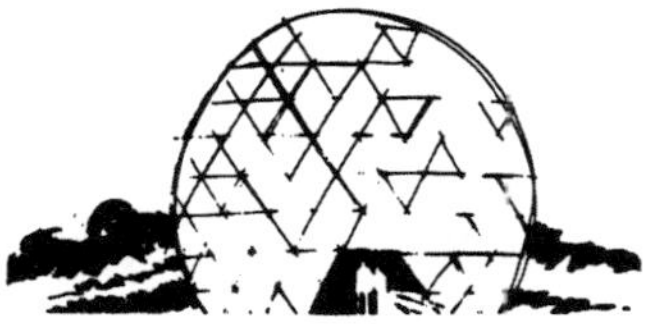

• 원형
▸ 지오데식

▸ 벅민스터 풀러 돔*(알루미늄판 사용)*

이 구조체는 곡면을 이루는 트러스구조로서 여러 가지 각도의 면의 그리드를 사용해서 구면을 형성한 입체가구의 구조체이다. 즉 그리드를 삼각형으로 분리함으로써 내부의 지지부재가 없어도 대규모의 공간이나 영역을 형성할 수 있는 구조이다. 따라서 가늘고 짧은 단단한 부재를 사용하기 때문에 구조의 하중은 다른 구조체에 비해 가벼우며 튼튼한 구조를 이룬다. 반면에 접합부를 디자인하고 만들어내는 것이 중요하다. 돔 외형에 문이나 창문과 같은 개구부를 내면 돔의 구조가 약해지는 특징이 있다.

⑦ 뉴메틱*Pneumatic*구조체 : 공기막구조라고도 하며, 내·외부

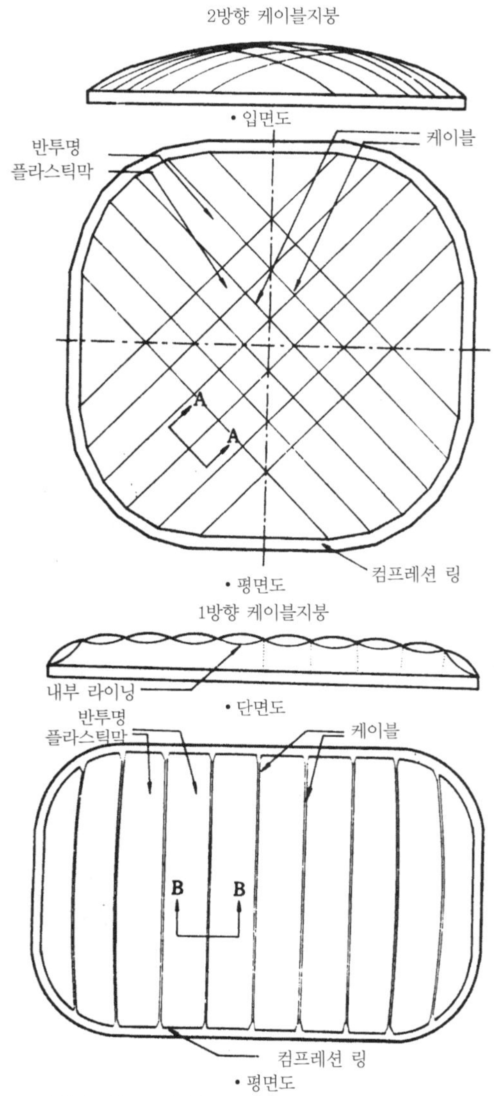

▸뉴메틱 구조 시스템

의 기압 차이로 지지되는 막구조물이다. 또는 유체가 채워진 구조체이며, 이 유체는 공기가 가장 흔히 사용되기 때문에 다른 구조체보다 가벼운 동시에 유연하다. 공기가 밀폐된 부재로 플라스틱, 비닐, 테플론*Teflon*이 코팅된 파이버 글라스 *Fiber Glass*가 사용된다. 원래 미공군의 레이저기지 막사의 덮개로 개발된 것으로서 공기가 팽창된 것과 공기가 지지해주는 두 종류가 있다. 이 중에서 공기가 팽창된 것은 내부의 기압에 의해 브레이싱*Bracing*된 섬유의 관이나 렌즈 모양으로 만들어지기 때문에 스팬이 짧을 때 가능하다. 반면에 공기가 지지해주는 것은 이론상으로는 스팬의 길이가 무제한이며, 내표면에 가해지는 기압에 의해 섬유가 직접 지지를 받는다. 특히 둘러싸는 것은 내외부의 미세한 기압의 차이에 의해 지지됨으로써 지속적인 기압을 가해줄 수 있는 장치가 필요하다. 또한 출입은 공기를 봉쇄해주는 문을 이용하며, 바람에 약한 단점이 있다. 상대적으로 여러 가지 용도로 응용할 수 있기 때문에 경제적이며, 가설물의 덮개에 적합하고 운반이 용이하다는 장점이 있는 구조체이다.

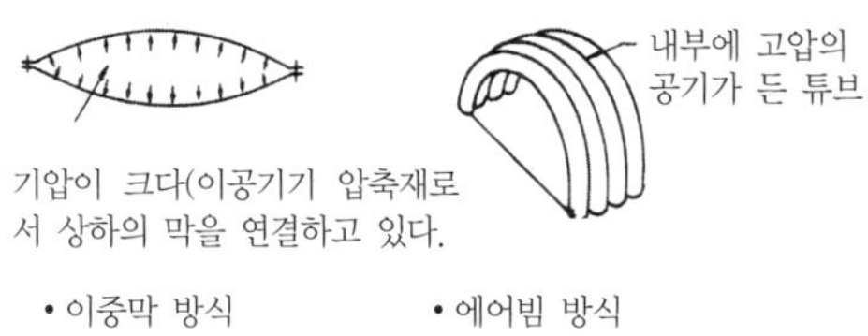

▸뉴메틱 구조의 방식유형

⑧ 셀*Thin Shell Systems*구조체 : 곡면구조를 최초로 건축물에 이용한 돔 구조의 하나로서 구형 셀, 원통형 셀, H·P셀 등이 있다. H·P셀은 2차 세계대전 후의 건축구조에 많이 사용하였다. 이 구조의 원리는 철재를 보강한 그물 위에 콘크리트를 입힌 부재로 만든 것으로서 그 두께가 얇은데

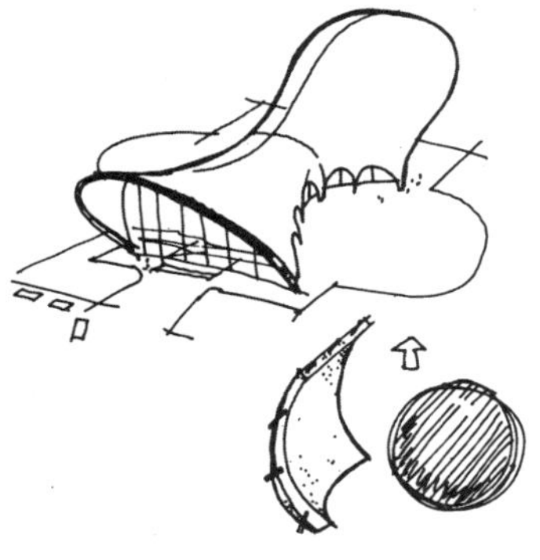

▸셀 구조체

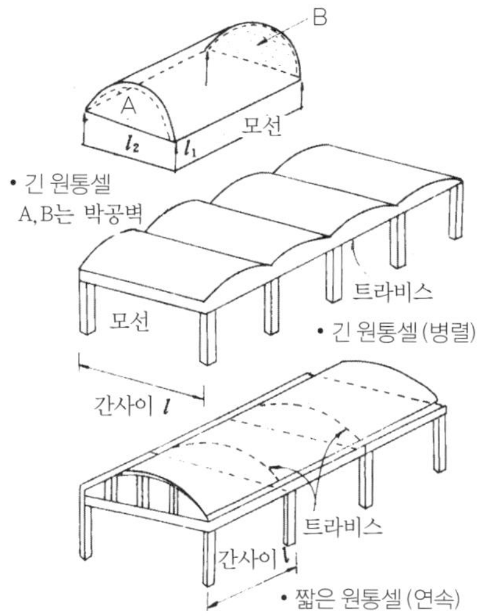

▸셀 구조 유형

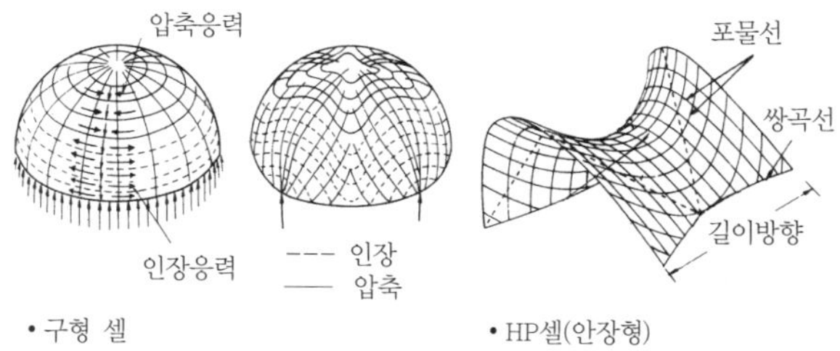

▸ 셀*shell* 구조의 유형

도 불구하고 스스로 지지가 되는 구조체이다. 이 구조체는 달걀껍질의 원리에 기인하였으며, 다양한 자유로운 형태를 지닐 수 있었기 때문에 미적으로 호기심을 느끼게 하는 구조체이다. 이 구조체는 스팬이 긴 구조에 효과적이며, 조가비 모양의 형태에서 그 곡면을 뚜렷하게 하면 할수록 구조는 보다 안정을 갖는다. 왜냐하면 조가비의 밑부분에 측면으로 가해지는 하중을 막아야 구조체가 무너져 내리는 것을 방지할 수 있기 때문이다.

▸플러드 플레이트의 적용 예

⑨ 플러드 플레이트*Folded Plates*구조체 : 절판구조라고도 하며, 주로 지붕구조에 쓰인다. 이 구조체는 보통 얇은 콘크리트와 철이 보강된 그물로 만들어진 접혀진 표면을 가지고 있는 구조체이다. 이러한 접혀진 형태 때문에 견고한 동시에 강도가 높으며, 적은 재료로서 스팬을 길게 할 수 있는 특징이 있다. 즉 접혀지는 부분의 기하학적인 형태의 효과뿐만 아니라 구조적인 강도를 높이는 효과를 얻을 수 있다. 그러나 표면이 복잡하게 접히는 경우에 받침대를 세우기가 어렵기 때문에 비용이 많이 드는 단점이 있다.

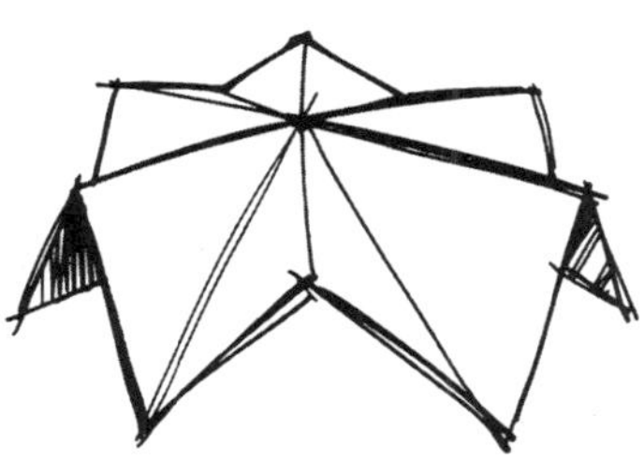

▸플러드 플레이트 시스템

⑩ 텐션 케이블*Tension Cable*구조체 : 텐실*Tensile*구조라고도 하며, 천막의 형태로 이루어진 것을 말한다. 이 구조체는 수직으로 세워진 기둥위로 유연성이 있는 섬유와 케이블을 늘어뜨리고 바닥에 고정하는데, 기둥은 섬유와 케이블을 잡아 당겨주는 역할을 한다. 가볍고 운반이 용이하며 대규모 공간을 씌울 수 있는 특징이 있다. 기압에 의해 펄럭이는 문제점이 있지만 팽팽해지는 섬유의 끝을

▸텐션 케이블 시스템

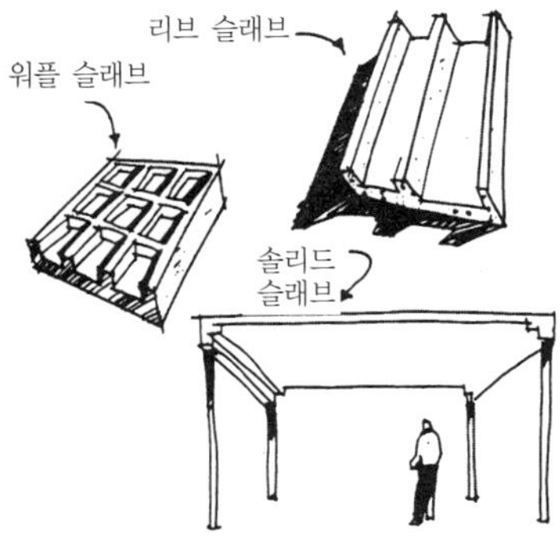

▸슬래브 시스템

느슨하게 해줌으로써 조정할 수 있다. 또한 지붕 이외의 측면을 감싸기 위해서 보통 별도의 구조체를 필요로 하는 것도 다른 구조에 비하면 단점이라 할 수 있다.

⑪ 슬래브*Slab System*구조체 : 가장 보편적인 구조체로서 넓고 편평하게 강력콘크리트로 형성된 슬래브로 구성된 구조이다. 구조원리는 보와 똑같이 하중을 끝부분의 기둥이나 지지부재에 전달한다. 종류로는 일방향 슬래브, 리브 슬래브, 양방향 슬래브, 와플 슬래브 등이 있다. 먼저 일방향 슬래브*One-way Slab*는 평행을 이루고 있는 두 보나 벽을 이어주며, 늑재를 댄 리브 슬래브*Ribbed Slab*는 일방향 슬래브의 구조로서 스팬의 길이가 긴 경우에 무게를 줄이기 위해 늑재들 사이의 콘크리트를 제거하거나 또는 슬래브 늑재를 설치한 구조이다. 양방향 슬래브*Two-Way Slab*는 정사각형의 형태에서 기둥 사이를 이어주는 슬래브 구조이며, 워플 슬래브*Waffle Slab*는 양방향 슬래브의 구조로서 스팬이 긴 경우에 무게를 줄이기 위해 가운데의 콘크리트를 제거한 구조이다. 이 구조 슬래브는 스팬의 길이가 제한되어 있으며, 단순하기 때문에 널리 사용되고 있다.

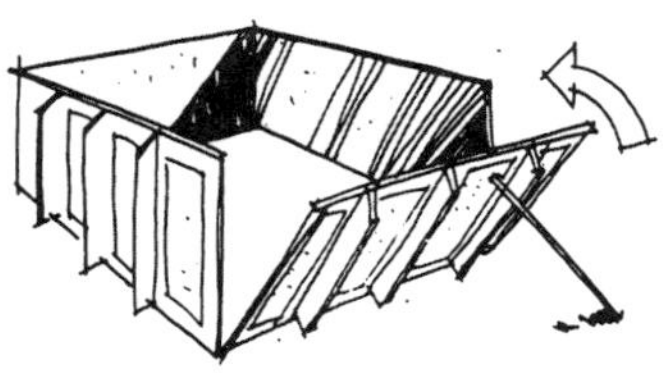

▸프레임 시스템

⑫ 프레임*Frame System*구조체 : 다른 어떤 구조보다 단단한 구조로서 단단한 접합부에 의해 보와 기둥을 결합시킨 구조체이다. 일체식으로 제작되기 때문에 보에 생기는 구부러지는*Bending Stress* 힘을 줄여주는 구조이다. 이 구조체는 적은 재료로 스팬의 길이를 확장하는 것을 가능하게 해주는 동시에 보통 철판*Rolled Steel*이나 프리 캐스팅 콘크리트로 만든다. 전통적인 보구조나 기둥구조보다 부재의 크기가 작으며, 구조체 자체의 무게를 줄여주기 때문에 스팬의 길이를 더 확장시킬 수 있는 특징이 있다.

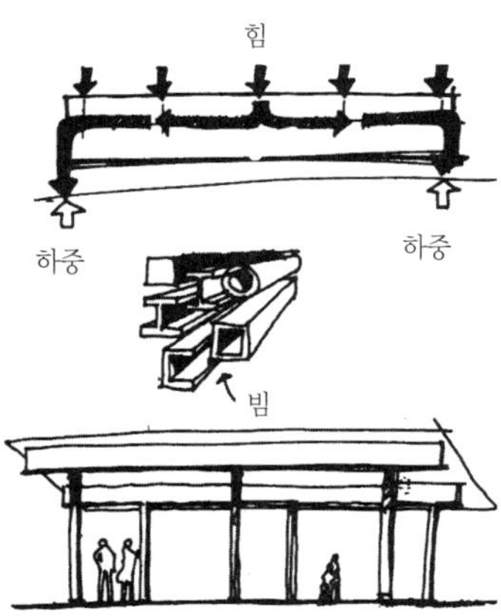

▸빔 시스템

⑬ 빔*Beam System*구조체 : 프레임 구조와 같이 단단한 구조체로서 보통 일직선의 형태를 이룬 보구조라 한다. 이 구조는 강화콘크리트, 경목이나 라미네이팅*Laminated*된 목재 또는 철판의 단면으로 만듦으로써 압축응력과 인장응

력을 이용한 구조이다. 이에 따라 하중을 축에 따라 측면으로 이동시킴으로써 양쪽 끝에서 하중을 받게 하는 원리를 근거로 한 구조이다. 단점은 스팬의 길이에 비해 무게가 무겁기 때문에 스팬의 길이가 제한되는 반면에 스팬의 길이가 짧은 경우에는 응용하기에 가장 적합하다는 것을 장점으로 꼽을 수 있다. 그러나 최근에 재료에 대한 새로운 기술이 개발됨으로써 스팬의 길이를 확장하는 것이 가능해지고 있다.

⑭ 케이블*Cable System*구조체 : 양끝이 고정된 케이블을 이용한 구조로서 단단하지 않고 유연하며 케이블 스스로를 지탱하고 있다. 이 케이블은 단순한 인장응력을 통해 외부의 정상적인 하중을 굴곡진 부분으로 이전시킴으로써 공간의 양끝을 이어준다. 스팬의 길이에 비해 중량이 작으므로 스팬의 길이가 긴 경우에 경제적이며, 스팬의 길이에 비해 중량이 작기 때문에 바람에 약하다는 단점이 있다. 그러나 펄럭거리는 것은 케이블을 지면에 고정시킴으로써 방지할 수 있다.

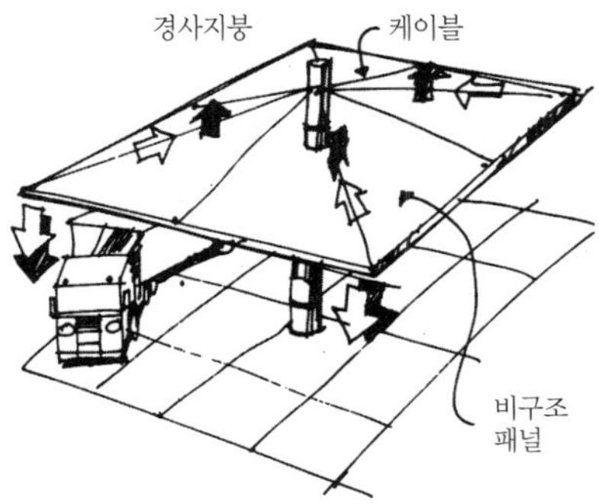

▸ 케이블 시스템

3 건축과 설비

3-1 설비의 개념

사람이 피부를 가지고 있듯이 건축물에는 외부마감재가 있다. 사람에게는 신체에 골고루 피를 순환시키는 심장이 있듯이 건축물에는 난방장치와 통풍장치가 있고 사람에게 신체 각 부분의 기능을 통제시키는 신경이 있듯이 건축물에는 전기 배선이 그 역할을 한다.

이렇듯 사람과 마찬가지로 건축물에도 각 기능의 조직적인 시스템이 있는데, 이는 건축물의 균형을 유지시키는 시스템이라 할 수 있다. 사람이나 건축물은 균형을 유지하고 극한적인 상황부터 보호하기 위하여 일체화되어 작용하는 조직적인 시스템을 갖추어야 한다. 이러한 건축물의 균형을 유지하는 것이 설비이며, 그 속에는 난방, 냉각, 급배수, 배선 및 위생설비 등이 있다.

3-2 난방 시스템

난방은 다른 어떤 설비보다 필수적이다. 왜냐하면 난방장치가 조절하는 요소들이 인간생활에서 인체의 심장과 같이 중요한 역할을 하기 때문이다. 예를 들면 대기의 온도, 건축물의 표면온도, 대기의 습도, 공기의 순환, 냄새, 대기 중의 먼지의 양, 건축물 내에 있는 인간들의 정신상태와 안락감 등과 같은 요소를 난방이 조절한다.

이러한 난방은 여러 가지 종류로서 복사열난방, 대기가열난방, 증기난방, 열펌프난방, 온수난방, 연소난방, 태양열난방 등을 사용한다.

① 복사열*Radiant Heat* 시스템 : 온수나 전기에 의해 만들어진

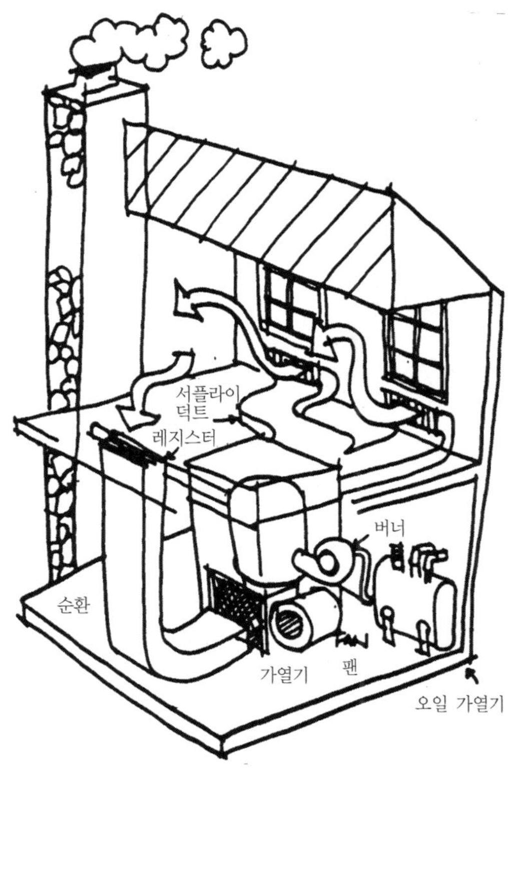

▸난방 시스템 개념도

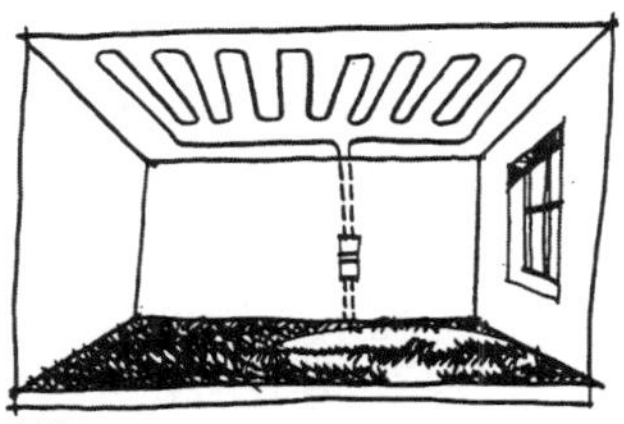

• 전기열

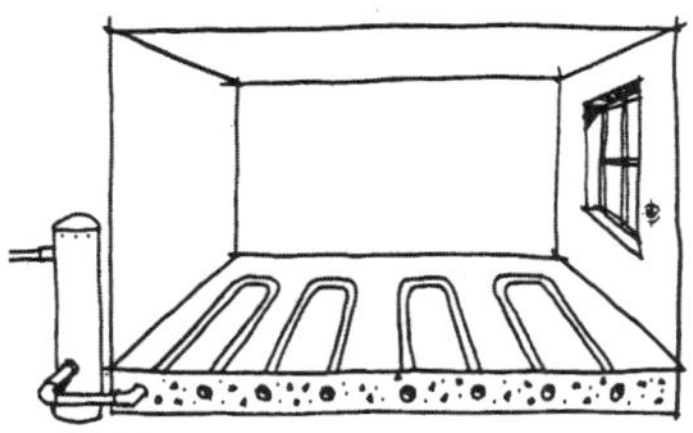

• 온수열

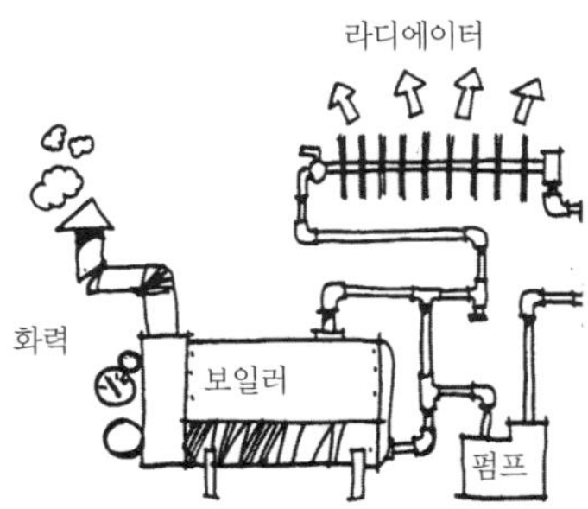

▸ 대기가열 시스템 개념

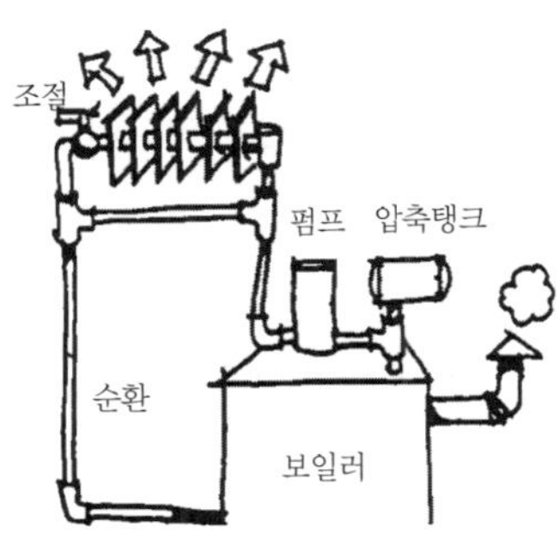

▸ 증기열 시스템 개념도

난방시스템이다. 온수를 사용하는 경우 물은 보일러에서 데워진 다음 파이프를 따라 패널*Panel* 표면으로 운반되며, 온수는 패널 속에 관을 따라 흐른다. 반면에 전기를 이용하는 경우에는 가느다란 전선으로 이루어진 패널에 전기가 흐르면서 가열한다. 복사열은 눈에 띄지 않고 난방을 가능하게 해주며, 보편적으로 다른 시스템들과 비교해 볼 때 실내의 기온은 낮은 편이다. 또한 한번 가열하는 데 시간이 오래 걸리며, 일단 가열된 것을 식히는 데도 많은 시간이 요구된다. 따라서 다른 종류의 난방보다 더 많은 단열을 필요로 하며, 전기를 이용하는 난방시스템도 비교적 비용이 많이 든다는 점이 단점으로 알려져 있다.

② 대기가열*Warm Air* 시스템 : 실내의 대기의 양을 조절하는 동시에 온도를 조절하는 시스템이다. 공기는 건축물 전체를 통하여 계속해서 반복적으로 배분되며, 대기가 중앙집중식으로 가열된 후에 건축물 전체로 배분된다.
이 방법을 이용하면 더운 기류와 찬 기류의 층이 생기는 것을 피할 수 있으며, 동시에 신선한 공기를 추가시킬 수도 있으며 습도, 통풍, 에어컨디셔너의 조절이 가능하다는 것이 특징이다. 그러나 단점으로는 먼지가 많이 발생하며 환기통 청소를 자주 해야 하고 또한 물과 복사열을 이용하는 다른 시스템들보다 소음이 많다는 점을 들 수 있다.

③ 증기열*Steam Heat* 시스템 : 보일러를 이용하여 생긴 증기열을 이용하는 난방시스템으로서 보일러에서 생긴 증기는 압력이 가해지고 단열이 이루어진 파이프를 통해 전달된다. 증기가 라디에이터에 도달하면 증기는 압력이 가해지고 열은 대류를 통하여 실내로 확산되며, 압축된 물은 다시 파이프를 통해 보일러로 되돌아간다. 이 시스템은 정밀하게 온도를 조절하기가 어렵다는 점이 단점이다.

④ 열펌프*Heat Pump* 시스템 : 열펌프란 외부의 공기에서 열을 추출하여 그것을 내부로 뿜어내는 반면에 여름에는 반대로 열을 외부로 뿜어내는 시스템이다. 이 시스템은 하나의 시설로 냉방과 난방기능의 활용이 모두 가능하며,

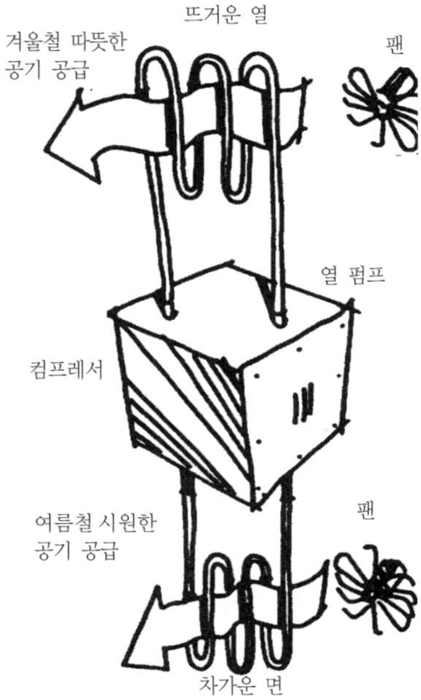

▸ 열펌프 시스템 개념도

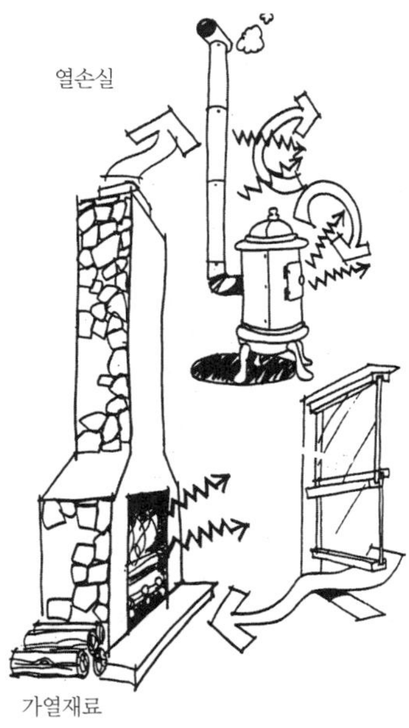

▸ 연소난방 시스템 개념도

설치방법과 내부의 온도에 따라 펌프는 자동적으로 열을 가하기도 하고 냉각시키기도 한다. 이 시스템은 외부코일, 내부코일, 압축펌프 등 세 가지 기본요소로 이루어진다. 열펌프의 효과에는 단열이 아주 중요하지만 매우 추운 경우에는 다른 부수적인 난방장치가 필요하다는 것이 단점이다.

⑤ 온수열*Hot Water Heat* 시스템 : 데워진 물이 파이프를 통해 전달되는 시스템으로서 열은 물의 온도와 유통량으로써 조절된다. 장점으로는 소리가 나지 않으며, 열조절이 상당히 용이하다는 점을 들 수 있는 반면에 가끔 부식작용이 생기는 것이 문제점이라 하겠다. 온수난방은 부분적으로 이용이 가능하며, 이 장치가 실내에 설치될 경우에 보통 걸레받이의 높이면 가능하다.

⑥ 연소난방*Combustion Heating* 시스템 : 일종의 복사열난방이라고 할 수 있으며, 주로 나무나 석탄으로 난방하는 시스템이다. 이 시스템은 다른 난방 시스템 가운데 가장 사람들의 마음을 포근하게 해주는 것으로서 주로 이용하는 방법은 파이어 플레이스*Fire Place*나 난로 두 가지 방법 가운데 하나를 선택하게 된다. 먼저, 파이어 플레이스는 매우 비효율적이라 할 수 있는데, 따뜻한 공기가 굴뚝을 통해 나가버리기 때문이다. 다음으로 난로의 경우는 외부의 대기를 이용할 수 있을 때 매우 효율적이다. 그러나 설치가 잘못되어 환기가 안 되는 실내의 경우에는 질식이나 안전사고 등을 유발시킬 수 있는 문제점이 있다.

⑦ 태양열 냉난방*Solar System* 시스템 : 태양열을 이용하는 난방시스템으로 작동하는데, 비용이 거의 들지 않으며 대기오염의 문제가 없는 시스템이다. 또한 열의 원천이 되는 태양을 언제 어디서든 이용할 수 있는 다양한 장점이 있다. 그러나 태양의 방향, 날씨, 나무, 건축물의 주변환경에 제한을 받는다는 점을 단점으로 꼽을 수 있다. 이 시스템의 종류에는 능동식, 수동식 두 가지가 있다.
능동식 태양열 시스템은 물이나 공기를 시스템을 통해

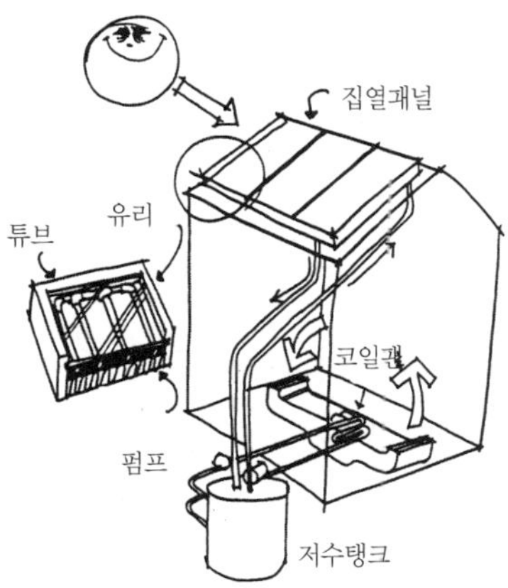

▸ 태양열 냉난방 시스템

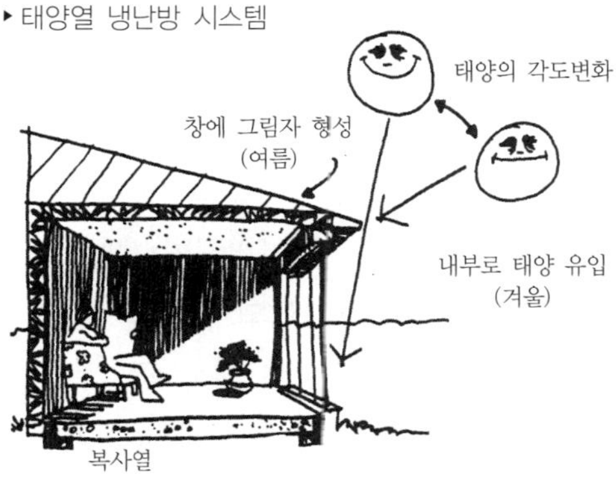

▸ 능동식 태양열 냉난방

펌프로 전달시키는 것으로서 집적판*Collector Panel*이 열을 포착하여 저장하는 데에 물이나 공기가 열의 저장을 돕는 역할을 한다. 보통 대규모 열을 저장시키는 저장고가 사용되며, 그 내부에는 액체막대나 소금이 들어 있다. 그러나 설치비용이 많이 들며, 전력을 사용하는 설비가 있어야 하고 수동식 장치보다 훨씬 복잡하기는 하지만 발열상태는 대체로 양호하다.

수동식 태양열 시스템은 수동식 장치로 창문을 통해서 단열, 열의 순환, 열의 집적을 모두 이용하는 것이다. 효율성을 높이기 위해서는 여름에는 가장 적은 햇빛을 받으며 겨울에는 가장 많은 햇빛을 받도록 창문 위치를 잘 선정해야 한다. 단점으로는 창문의 위치를 잘 정했을지라도 여름에 내부가 더워지는 문제가 경우에 따라 생기며, 열을 저장하는데도 문제가 있다. 또한 추운 날씨가 오랫동안 계속되는 경우에는 다른 난방시스템이 요구되며 창문을 통한 심한 열손실을 어느 정도 막기 위해서 블라인드나 커튼을 설치하여야 한다.

3-3 냉방 시스템

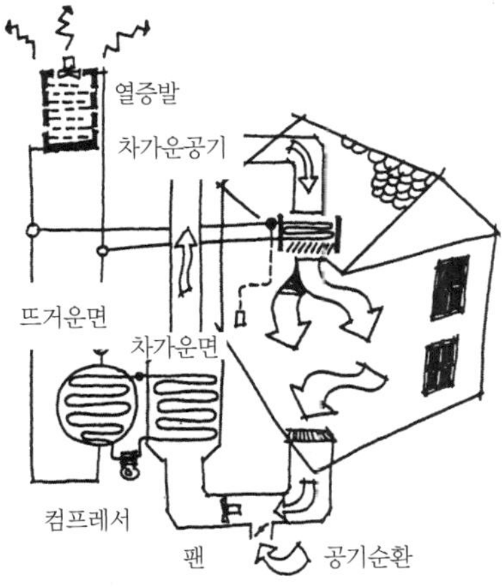

▸ 공기냉각 시스템 개념

쾌적한 인간의 생활을 위해서 난방과 같이 이루어져야 될 것이 냉각*Cooling*인데 그 대표적인 시스템이 공기냉각법*Air Cooling*이라 할 수 있다. 이 시스템을 난방장치와 함께 조화를 이룬다면 건축물 내의 내부환경을 일정한 온도로 유지할 수 있다.

공기냉각법에는 기본적으로 중앙집중식과 증발식 등 두 가지 방법이 있다. 이 두 방식은 모두 대기가 확장되면서 증발하면 열을 흡수한다는 점과 공기가 습기를 압축시키면서 흡수하면 열을 발산한다는 개념에 그 기초를 두고 있다.

먼저 중앙집중식 공기조절*Central Air Conditioning*시스템은 대기가열 방법과 병행하여 이용할 수 있다. 이 방법을 이용

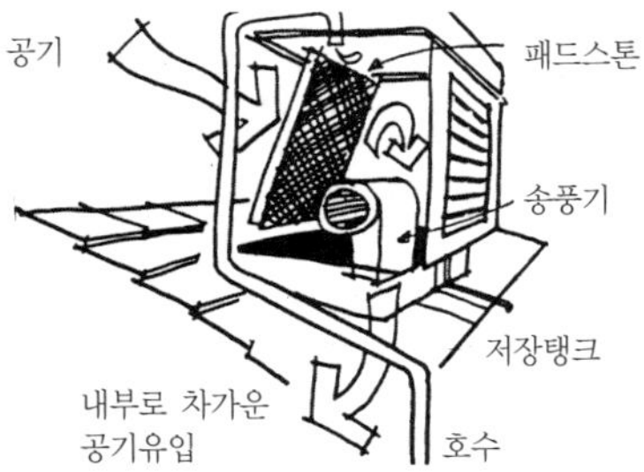

▸증발식 냉각 시스템

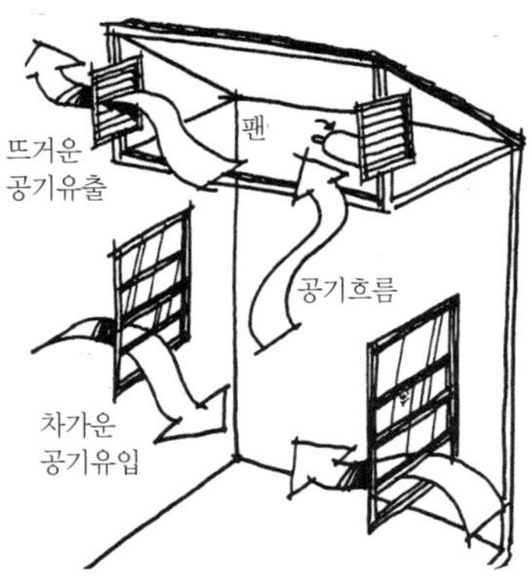

▸환기 시스템 개념도

하면 실내 전체를 냉각시킬 수 있으나 설치비용이 많이 든다. 규모에 따라서 대형, 중형, 소형이 있다. 소형의 경우는 보통 창문에 설치하지만 소규모의 실내부분 정도를 냉각시켜 주는 효과가 있을 뿐이며, 대형이든 소형이든 그 원리는 동일하다.

증발식 냉각*Evaporative Coolers*시스템은 작동시키는 비용이 비교적 경제적인 시스템이다. 팬을 돌리는 데 소모되는 전기료 정도가 기본비용으로서 상당량의 공기를 효과적으로 건축물 내에 이동시키는 시스템으로 습도가 낮을 경우 아주 효과적이라 하겠다.

난방 이외에 환기*Air Ventilation*는 더운 공기는 위로 올라오고 찬 공기는 밑으로 내려가는 기본 원칙과 공기는 압력이 높은 곳으로부터 낮은 곳으로 움직인다는 원리를 응용한 것이다. 환기 시스템이란 가열하거나 냉각시키는 것이 아니기 때문에 환기가 제대로 되기 위해서는 바깥의 맑은 공기가 필요하며, 이때 필요로 하는 공기는 온도가 적당하여야 한다. 이 시스템은 또 외부에서 공기의 흐름에 영향을 받는데, 예를 들면 바람이 충분하지 못하면 환기는 제한을 받으며, 너무 많은 경우는 내부 공기의 흐름이 지나치게 많게 된다. 이 시스템에서 가장 흔히 이용되는 것으로 창문이나 환기통을 들 수 있는데, 이를 통해 새나 벌레가 들어오는 것을 막기 위해서는 스크린을 설치한다. 또한 팬과 같은 기계장치를 사용하는 경우도 많은데 이러한 방법은 건축물에 개구부를 내지 않기 때문에 보온에는 가장 효과적인 방법이라 하겠다.

3-4 급·배수 시스템

인간의 일상생활에는 아침에 세면으로부터 취사, 세탁, 목욕, 수세식 화장실의 정수 등 물의 이용이 다양하고 필수적이다. 한편 사용한 폐수나 우수 등의 물은 신속히 건축물이나 대지의 바깥으로 배출하여야 한다. 이러한 체계를 갖춘 것을 급·배수*Water & Waste System*라 한다.

(1) 급수시스템

급수시설*Water System*이라 함은 모든 생물체가 수분을 흡수하고 물을 사용하듯이 생활터전의 연장이라고 할 수 있는 건축물 또한 급수를 받고 물을 사용할 수 있도록 적재적소에 물을 공급해 주는 시스템이다.

물은 깨끗하고 신선도가 필수적인 관계로 역사적으로 인간은 신선한 물을 얻을 수 있는 곳 가까이에서 거주하는 것을 볼 수 있다. 물은 압력이 가해져서 수도를 통해 흐르는데, 그 수도관은 수압을 이용하거나 펌프 또는 그 두 가지를 모두 이용하며, 불순물질을 제거하고 정수를 할 수 있도록 급수시설을 설치한다.

급수시스템에는 수원*水源*과 사용수량이 있는데, 건축물에 급수되는 수원으로서는 정수*井水*와 수도수*水道水*가 있다. 건축물의 사용수량은 건축물의 용도, 규모, 수용인원, 급수설비 정도에 따라 다르고 계절에 따라 변화한다. 음료, 세면, 주방 등에 사용되는 물은 상수라 하며, 수세식 화장실, 청소, 살수, 소화용수로 사용하는 것을 잡용수라고 한다. 건축물의 용도별에 따라 사용수량과 잡용수의 사용량을 요약하면 다음과 같다.

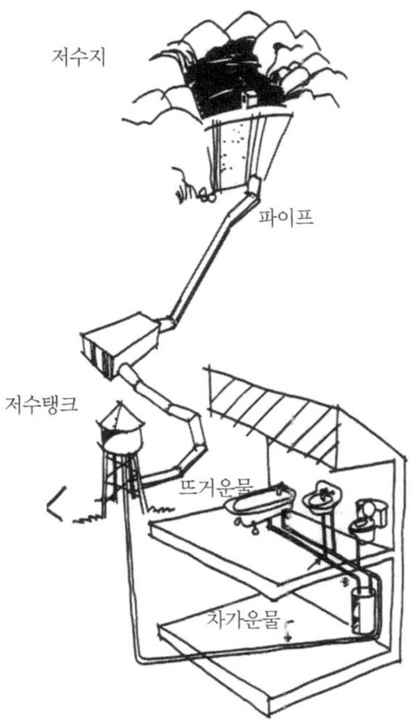

▸급수 시스템 개념도

▸건축물별 사용수량

건축물의 종류	급수량(ℓ /일)	소비시간(h)	비 고
주 택	150~250	11	거주자 1인당
공동 주택	150~250	11	〃
기 숙 사	100	11	〃
사 무 소	100~150	8	근무자 1인당
병 원	350~1000	10	병상 1개당
점 포	100	8	통근자 1인당
백 화 점	30~40	10	입장자 1인당
호 텔	250~1000	12	숙박자 1인당
여 관	200	12	〃
영 화 관	20~80	3~5	객석 1좌석당
일반 공장	60~140	8	근무자 1인당
고등 학교	80~100	6	학생 1인당

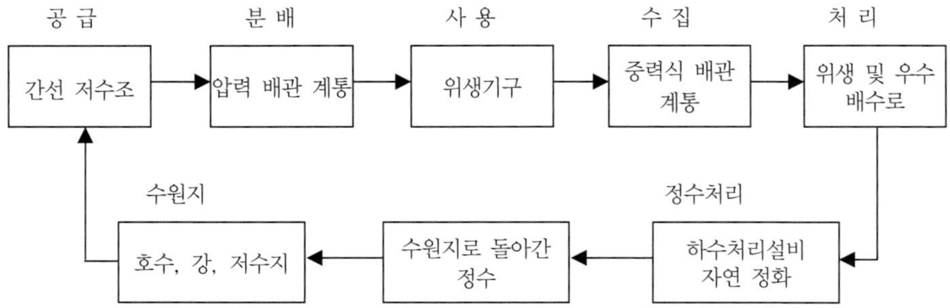

▸급수 시스템의 구성요소와 흐름

정수시설은 대지 내에 우물을 파서 펌프를 사용하여 물을 얻는 시설로서 식수로 사용하기 위해서는 수질검사를 하여 정화, 멸균 등의 적합한 처리를 하여야 한다.

▸건축물별 상수와 잡용수율

종 류	상수(%)	잡용수(%)	계(100%)
사무소	30~50	70~50	100
학 교	45	55	100
병 원	60~70	40~30	100

수세식 화장실에 사용하는 물은 사용상 지장이 없는 정도로 처리된 물을 사용하는데, 그 종류에는 개방우물, 밀폐우물 등이 있다. 반면에 수도수는 상수라고도 하는데, 공급기관에서 정화·멸균되어 공급하며, 수원지에서부터 정수장을 거쳐서 도로 내의 급수배관을 부설하여 각 건축물에 급수한다. 상수의 급수법으로는 수도직결급수법, 고가수조급수법, 압력수급수법 등이 있다.

급수배관의 자재는 아연도강관, 염화비닐관, 염화비닐라이닝관 등이 사용되고 있다. 수도본관으로는 구경 50mm 이상 주철관을 사용하는데, 최근에는 아연도강관이 녹의 발생이 문제가 되어 염화비닐라이닝강관이나 염화비닐관이 사용되고 있다. 겨울철에는 동결의 위험성으로 보온재를 사용하여야 하는데, 이때 글라스울이나 펠트를 사용하며, 동결선 이하로 매설하여야 한다.

급탕시스템은 목욕이나 세면, 주방, 그리고 뜨거운 물이 필요한 곳에 적당한 온도의 물을 공급해 주는 시스템이다. 사용되는

▸ 물의 급·배수

물의 온도를 보면, 음료용 50~55℃, 욕실용 43~45℃, 세탁용 33~37℃, 수영장용 21~27℃, 세차용 24~30℃ 등이다. 급탕시스템에는 중앙식과 개별식 등이 있으며, 급탕용 연료로는 도시가스, 프로판 가스, 등유, 중유, 전기 등이 사용된다.

(2) 배수시스템

배수시설*Waste Systems*은 배설을 위한 시스템으로서 모든 생물체나 건축물은 쓰레기나 배설물을 처리하도록 세워져야 하는데, 이러한 시설을 갖춘 것을 말한다. 만약 쓰레기가 제거되지 않으면 환경은 질병과 죽음이 만연하게 되는데, 이를 방지하기 위한 배수시스템에는 정화조, 하수도와 같은 두 가지가 흔히 사용된다. 정화조는 콘크리트나 P.V.C로 독립적인 형태로 만들어져 배설물이나 하수를 지하에 저장하여 배수시키는 것으로서 건축물에는 보통 제각기 정화조 탱크가 마련되어 있다. 탱크는 부패, 산화, 소독의 세 가지 단계를 거쳐서 배설물이나 하수를 정화시키는 장치를 말한다. 보통 건축물의 외부나 대지가 충분할 때에는 대지 내의 적당한 장소에 설치하도록 한다. 하수도는 여러 배수시설을 상호연결시킴으로써 배수된 물은 관을 통해 폐수처리장으로 운반되는데, 도시들은 도시 전체를 일관하는 하수도를 갖고 있다. 즉 하수도는 급수되어 사용한 물을 일정한 관을 통해 외부로 나가게 하는 체계이다. 건축물 내에서 사용된 폐수나 지붕, 대지에 떨어진 우수 등을 도로 내에 설치된 하수도를 통해서 바다나 강으로 흘러가게 한다. 이 중에서 우수와 같이 정화조를 필요로 하지 않는 것은 오배수펌프를 설치하여 배수하게 된다.

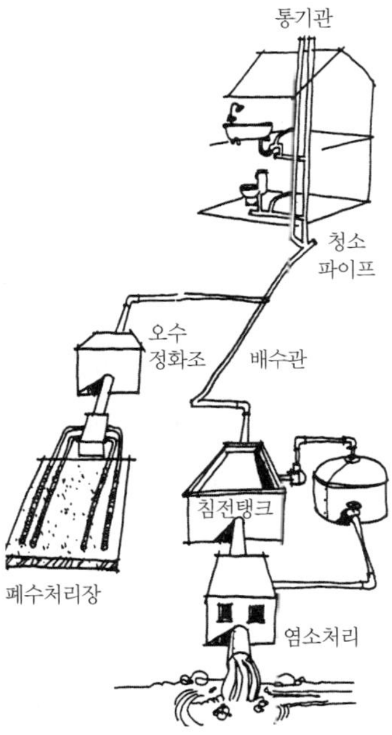

▸ 배수시설 시스템 개념

이외로 설치할 설비시설로는 기계실, 전기실, 저수조 등이 있다. 기계실은 보일러, 펌프, 냉동기 등을 설치하며, 보통 사무실건축에서는 전체 면적의 5~10% 정도의 규모로 이루어진다. 저수조는 상수를 저장하며 물탱크실로 겸하기도 한다.

3-5 전기 시스템

전기는 난방, 조명, 통신, 기계나 비품을 작동시키는 동력

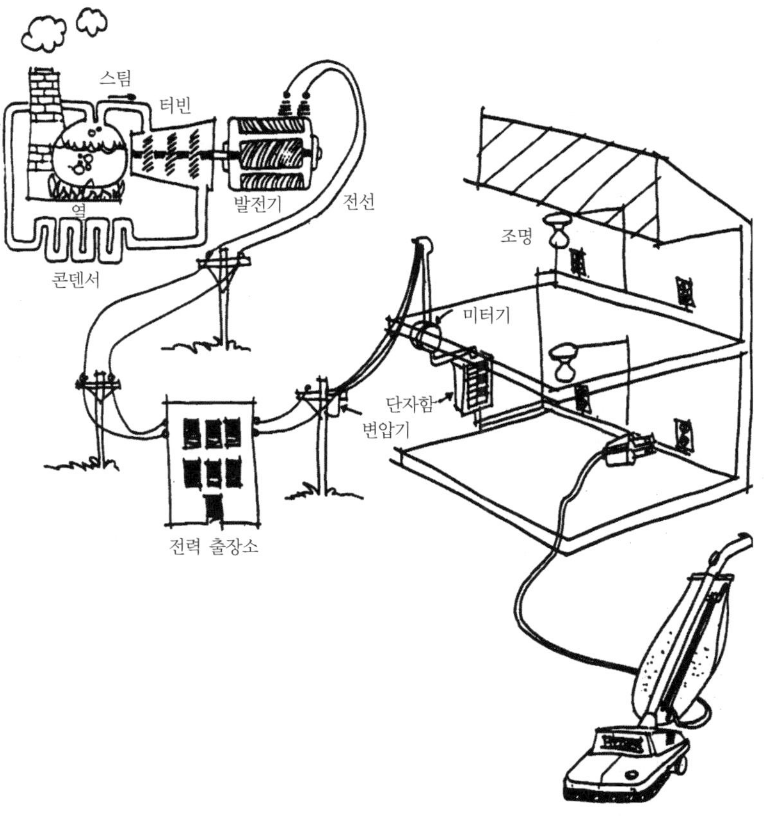

▸ 배전시설 시스템 개념

에 이용된다. 산업사회에서는 발전소에서 발전된 전기가 광범위한 지역에 걸쳐 공급되고 있다. 흔히 사용되는 방식은 석탄을 이용하여 물을 증기로 바꾸고 증기로 터빈을 돌려서 발전기를 움직이게 한다. 물을 가열하는 다른 방법에는 오일 버너, 원자력, 태양열을 이용하는 방법들이 있다. 터빈을 움직이는 다른 방법에는 지하수, 댐으로부터 낙차하는 물, 조수 등의 수력과 풍력을 이용하는 것 등이 있다. 이러한 과정을 통해서 발전소에서 생산되는 고압 전기는 일단 송전소에서 그리고 다시 변압기를 통해 전압이 낮아져 가정이나 공장, 회사 등에서 사용된다.

배전시설은 상기한 냉·난방, 급·배수시스템과 같이 일상생활에서 필수적이다. 현재 생산되고 있는 전력을 거의 전부 소비하고 있으며, 최근에는 생산이 소비를 따르지 못하는 상황에 가까워지고 있다. 이러한 경우에 앞으로 전기를 어디에서 얻을 것인가? 다른 발전방법을 찾아낼 것인가? 아니면 전력 소비량을 줄여야 할 것인가?를 생각할 때 우리는 효율적인 배전시스템의 중요성을 깨닫지 않을 수 없다. 건축물은 그것이 제기능을 발휘하기 위하여 다른 여러 가지 시설을 필요로 한다. 예를 들면 건축물에서 중요한 것으로는 소방시설, 보안시설 및 교신시설 등이 있는데, 이러한 시설들이 모두 배전시스템과 밀접한 연관이 있다. 특히 전기실은 전기배선단자함, 전화단자함, 소방관계단자함, 발전기 등이 설치되는데, 건축물이 대규모일 때는 변전실을 별도로 설치하기도 한다. 보편적으로 그 규모는 전체면적의 3~5% 정도를 차지한다. 결과적으로 디자이너는 건축물을 하나의 전체로서 세심하게 고려해야 하며, 그런 다음 그 전체의 일부들로서 냉·난방, 급·배수, 배전시설 등 각각의 시설물들을 디자인하지 않으면 안 된다. 디자이너의 작업이 훌륭하게 완성된 건축물이란 인간의 몸과 같이 통일되고 유기적으로 움직이는 실체라 하겠다.

4. 건축과 시공

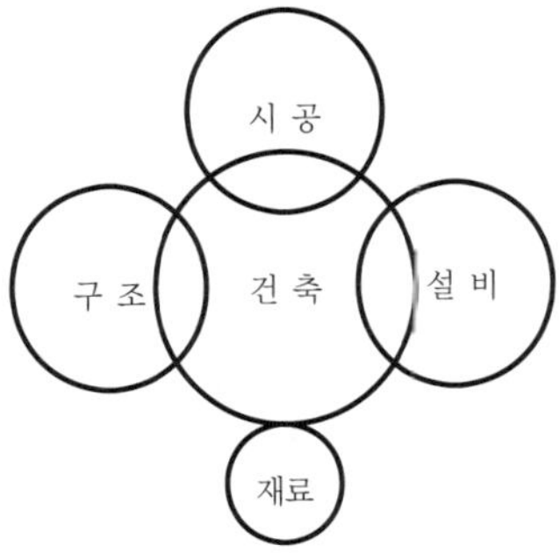

▸ 건축과 기술의 관계

디자인된 것이 건축물로 이루어지기 위해서는 실제로 공사를 하게 될 사람들에게 구조물이 어떻게 세워질 것인지 정확하게 묘사한 일련의 도면들이 전해지고 시행됨으로써 이루어진다. 공사를 하는 사람들은 그러한 도면이 있어야 아이디어를 실체화 할 수 있다. 이 도면을 보고 실체화시키는 분야를 시공이라고 일컫는다.

이러한 시공기술은 최근의 건축산업 동향이 그 규모와 물량면에서 대량화, 거대화 되고 기계류가 급격히 발달되면서 과학적인 시공법, 경영법, 관리기법을 적극적으로 도입하여야 하는데, 이를 시공의 현대화라 할 수 있다.

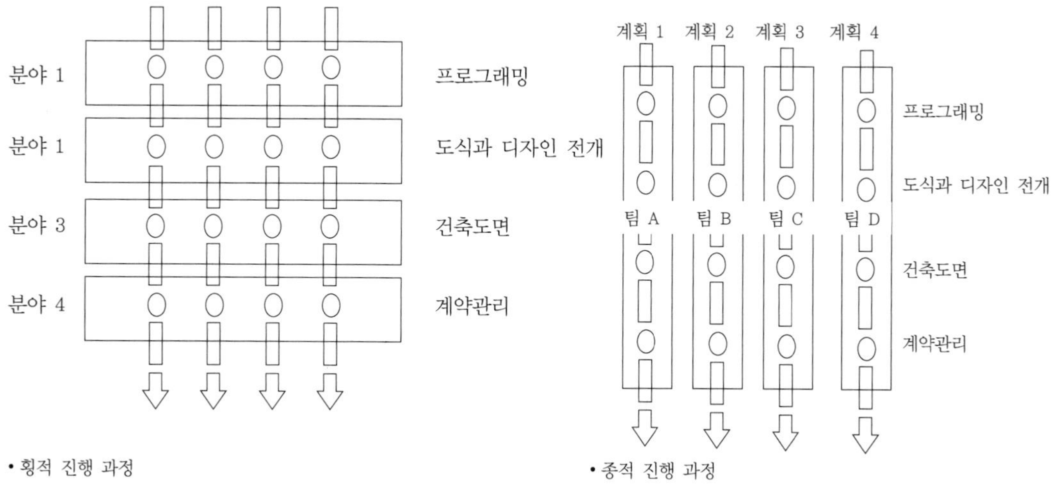

▸ 계획부터 시공까지의 진행 개념

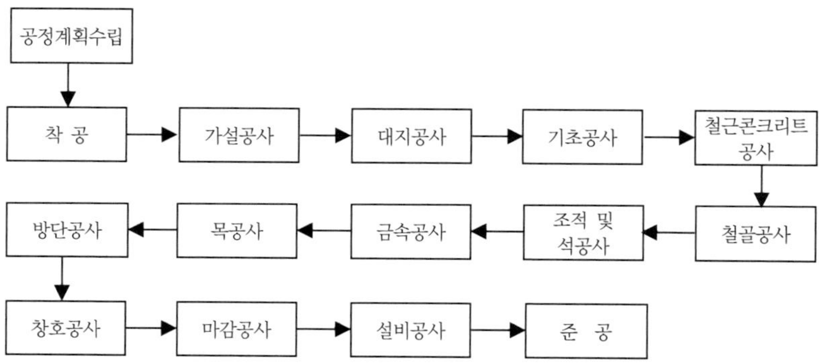

▸ 시공과정의 단계별 진행방법

4-1 시공 관련자 및 업무

시공 관련자로는 크게 건축주와 건축기술자로 구분할 수 있다. 이 중에서 건축주는 일명 클라이언트*Client*라 하는데, 보편적으로 자금을 투자하여 건축을 하는 발주자나 시공주를 말한다. 이 건축주의 주체는 개인일 수도 있으며, 정부기관이나 지방공공단체 등이 시공을 발주하는 그룹이 될 수도 있다.

(1) 설계자와 시공도면

설계자는 우선적으로 설계도, 시방서 및 시공 예산서를 작성하는 것과 건축주와 상호협조하여 도급자를 선정하는 일을 한다. 이 외로 공사 도급계약서에 의하여 공사의 지도감리를 행하며, 도급자가 제출한 청구서를 검토하여 원래의 설계가

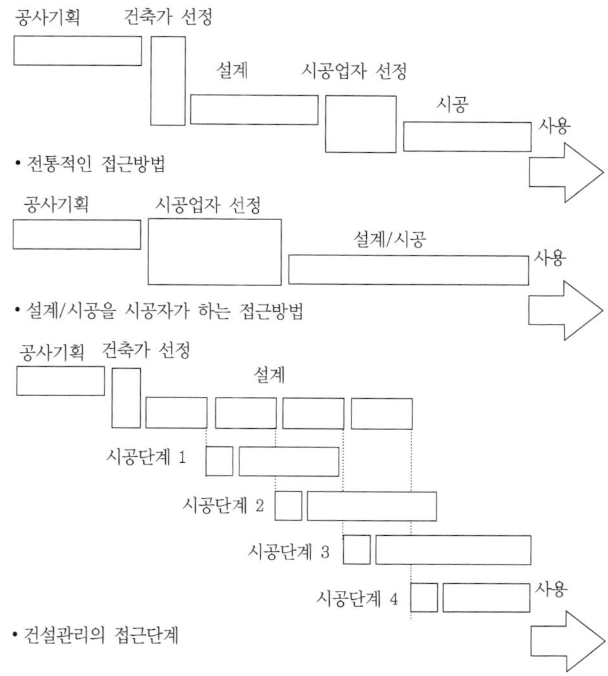

▸ 단계별 시공과정의 유형

아닌 변경에 대한 공사비의 증감을 공사비 내역서에 기준하여 산정한다. 최종적으로는 공사의 중간 및 준공 검사를 행함으로써 건축물의 완성을 수행한다. 여기서 시공자와의 커뮤니케이션이 이루어지는 내용을 시공도면이라고 하는데, 그것은 주로 배치도·평면도·기초공사도·구조도·입·단면도·상세도·설비 및 재료 표시도 등이라 하겠다.

먼저 배치도는 건축물의 위치와 대지의 관계를 보여주는 것으로 대지의 경계, 경사의 종류와 경사도, 배수, 수목, 토질 등에 관한 사항도 표시된다. 하수구, 상수도, 전기 등과의 연결을 비롯하여 현장작업에 필요로 하는 다른 내용도 포함되어야 한다.

평면도는 건축물 각 실들의 배치 윤곽을 보여주는 것으로서 여러 실들 간의 관계를 분명하게 나타내준다. 모든 도면 가운데 가장 기본적인 것을 설명해 주며, 견적산출, 부대시설물 명세표와 더불어 실제 현장공사에서 사용하게 된다. 특히 부대시설물 명세표란 건축물의 아주 중요한 여러 부분을 가리키는 말이다. 예를 들면 실의 마감재와 특정한 문 또는 창문 같은 것이 해당되며, 각 부분에는 어떤 재료가 필요한 것인가 등 그 해당분야나 부분에 요구되는 항목을 나타낸다. 평면도가 수평적인 배치를 시공자에게 제시하는 것이라 한다면 뼈대 구조도는 수직적인 배치를 제시하는 것이다. 이 도면은 건축물의 기초부분에서 시작하여 지붕에 이르기까지 그 건축물의 구성도를 수직적으로 제시해준다. 거기에는 주요 연결부분과 단면도가 표현되며, 이러한 내용들은 시공자에게 각 층과 지붕을 레이아웃하는 방법을 제시해주고 보, 기둥, 장선*Joists*, 스티프너*Stiffener* 등에 관해 필요한 정보를 제공해준다. 여기서 디테일은 따로 분리하여 확대시켜 나타낸다.

입면도는 외관을 표시하는 설계도로서 지붕, 문, 벽널, 창문 등과 같이 외부에서 보이는 여러 요소들을 나타내는 것이다. 즉 구조물 자체가 어떻게 마감되었는지, 표면마감은 어떤 재료로 하는지 등의 외부 표면을 디테일하게 나타낸다.

단면도는 건축물을 수직으로 절단하여 내부를 이해할 수 있는 것으로 건축물 내부의 특정 요소를 분명하게 해주어야 하며 계단, 벽, 보, 바닥, 실 등의 디테일도 표시한다. 이 도면은 공간적인 관계를 시각화하는 데 도움을 주기 때문에 필요한 많은 단면도를 제시하여야 하며, 더불어 입면도 및 전기 등과 같은 설비에 대한 내용도 포함시켜야 한다.

설비도면은 배전, 냉난방, 급·배수 등의 건축물의 설비를 표현하는 도면이다. 이에 관한 상세한 내용은 평면도에 표시되기는 하지만 복합화됨으로써 야기되는 실행의 혼란을 막기 위해 별도로 제시한다. 이러한 설비도면의 작업은 보통 해당 분야를 전문으로 하는 인가를 받은 전문가에 의해 이루어진다.

상세도는 건축물의 여러 부분을 세밀하게 확대한 것으로 보다 많은 주의가 필요하고 정교한 시공이 요구되는 부분에 사용된다. 예를 들면 창문 상세도를 들 수 있는데, 창문의 설치는 다른 요소보다 세밀함이 필요하며, 특히 창문의 틀과 마감재는 현장과 떨어진 장소에서 별도로 만들어지기 때문이다. 마지막으로 시방서는 건축물에 사용될 재료에 대해 명시한 것으로 무슨 재료가 필요하며, 어디에 둘 것인가, 제작상태의 수준 및 품질, 조립방법 등 시공자가 알고 있어야 하는 특성 등등이 기재된다.

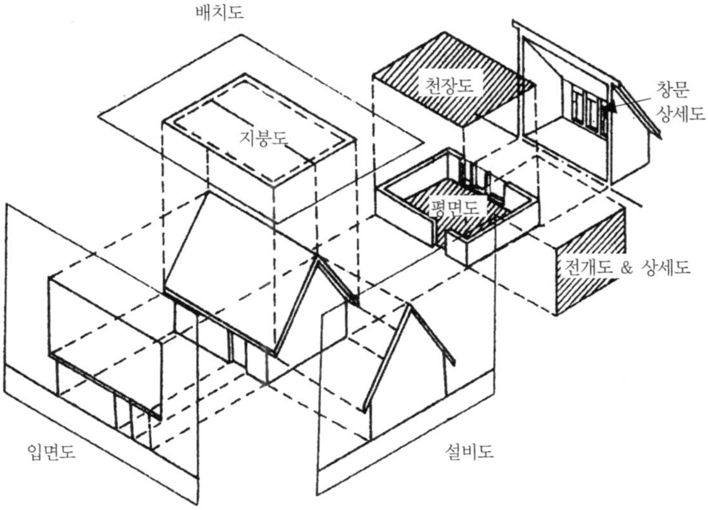

▸ 시공에 요구되는 도면유형

(2) 시공자와 근로자

도급자*Contractor*는 건축주의 요구에 의하여 일정한 공사비로 설계도서에 표현된 건축공사를 일정한 기간 내에 완성하는 것을 계약하고 실시 완성하는 시공자를 말한다. 도급자는 공사를 적당히 분할하여 특기를 가진 제3자의 시공기술자에게 도급시키고, 재도급업자를 총괄적으로 지휘 감독함으로써 전체 공사를 완성시킨다.

근로자는 주로 공사현장에서 육체노동에 종사하여 그 보수로 임금을 받는 사람을 일컫는다. 이에 해당되는 사람으로는 목공, 미장공, 비계공, 철근공, 용접공, 타일공, 가구공 등 기타 여러 가지 분야로 나눌 수 있다. 근로자의 임금제도로는 일급제, 기성고 지급제, 상여제 세 가지로 나뉜다. 일급제는 임금을 1일을 기준으로 지급하는 것으로 원도급자가 재도급자와 계약하는 대로 적용되며, 기성고 지급제는 능률증진책의 한 수단으로서 1일 기성고를 미리 명시하여 일정량의 일을 도급시킴으로써 신속히 일을 마치도록 하는 제도이다. 상여제는 특수하고 일정이 급한 공사에 한해서 행해지는 방법으로 일정한 시기까지 일정량의 일을 완성한 경우에 도급금액 이외에 어느 정도의 상여금을 주는 제도이다.

4-2 시공 계약제

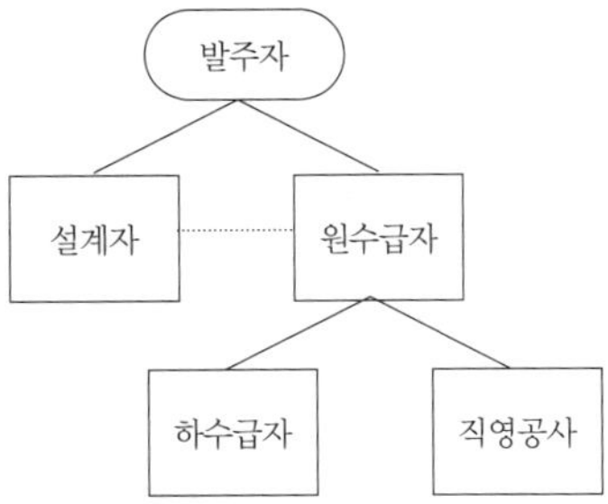

▸ 전통적 방식에 의한 계약과정

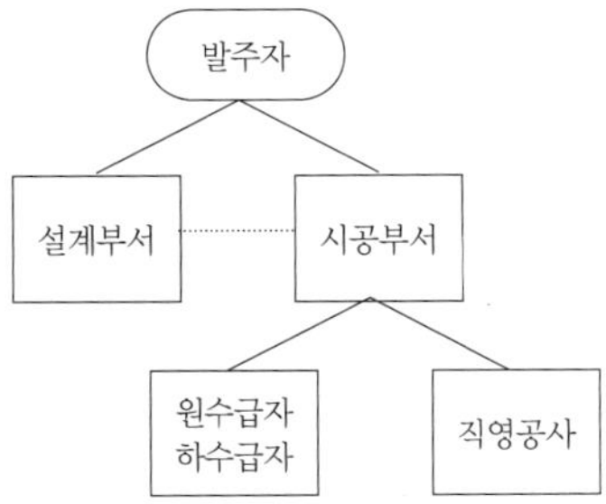

▸ 직영방식에 의한 계약과정

(1) 직영제

공사를 시공자에게 위탁하지 않고 건축주 자신이 재료의 구비, 기능공 및 근로자의 고용, 기타의 실무를 담당하는 것이다. 또한 공사에 관련된 분야나 조직을 구성하여 건축주의 책임하에 공사를 직접 지휘, 감독하는 제도를 말한다.

이러한 제도의 장점으로는 입찰 및 계약 등과 같은 번잡한 수속이 필요 없으며, 용이한 감독과 임기응변이 가능하고 우수한 공사를 기대할 수 있다. 반면에 단점으로는 공사비가 증대될 우려가 있으며, 공사기간의 지연과 재료의 낭비가 있다. 또한 근로자들의 능률이 저하될 수 있다는 점을 꼽을 수 있다.

(2) 도급제

도급제로는 일식, 분할, 공사별, 단가, 정액도급 계약제 등이 있다. 먼저 일식 도급제라는 것은 공사의 전체를 한 사람의 도급자에게 도급을 주는 제도를 말한다. 이 제도는 계약 및 감독이 비교적 간단하므로 건축주의 부담이나 업무가 용이하다. 또한 전체공사를 원활히 진척시킬 수 있으며 공사관리가 편리한 점이 특징이다. 도급자 선택이 쉬운 동시에 공사비를 절약할 수 있다는 점들이 이 제도의 장점인 반면에 건축주나 설계상 의도가 시공과정 중에 불분명해지며, 하도급이 많은 경우에는 공사가 복잡해지거나 조잡해 질 수 있는 것이 단점으로 꼽을 수 있다.

분할 도급제는 난방, 냉방, 환기, 위생, 전기, 승강기 등의 부대설비 공사를 일반적인 건축공사에 포함시키지 않고 분할하여 전문업자에게 도급을 주는 제도를 말한다. 장점으로는 전문업자가 직접 시공하므로 우수한 시공을 기대할 수 있는 반면에 단점으로는 건축공사와 상호교섭이 원활하게 이루어지지 않으며, 감독상 업무가 증대되는 동시에 비용이 증가된다는 점이다.

공사별 도급제는 상기한 분할도급을 확장한 제도로서 지상 및 지하 골조공사, 내장공사, 구조공사 등 각 공사별로 도급을

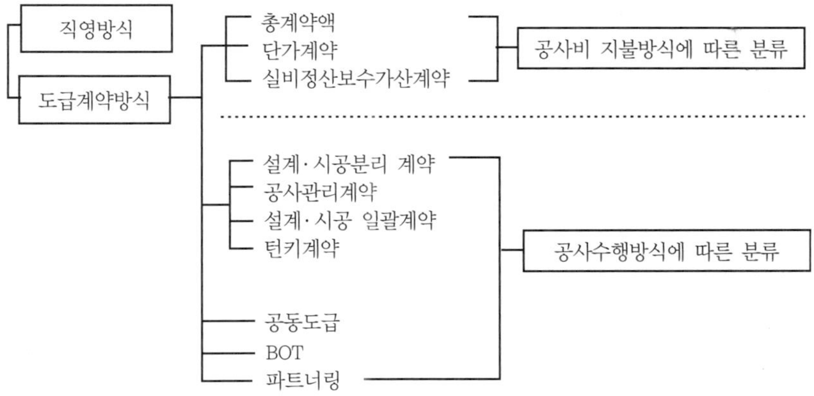

▸ 시공계약 방식과 종류

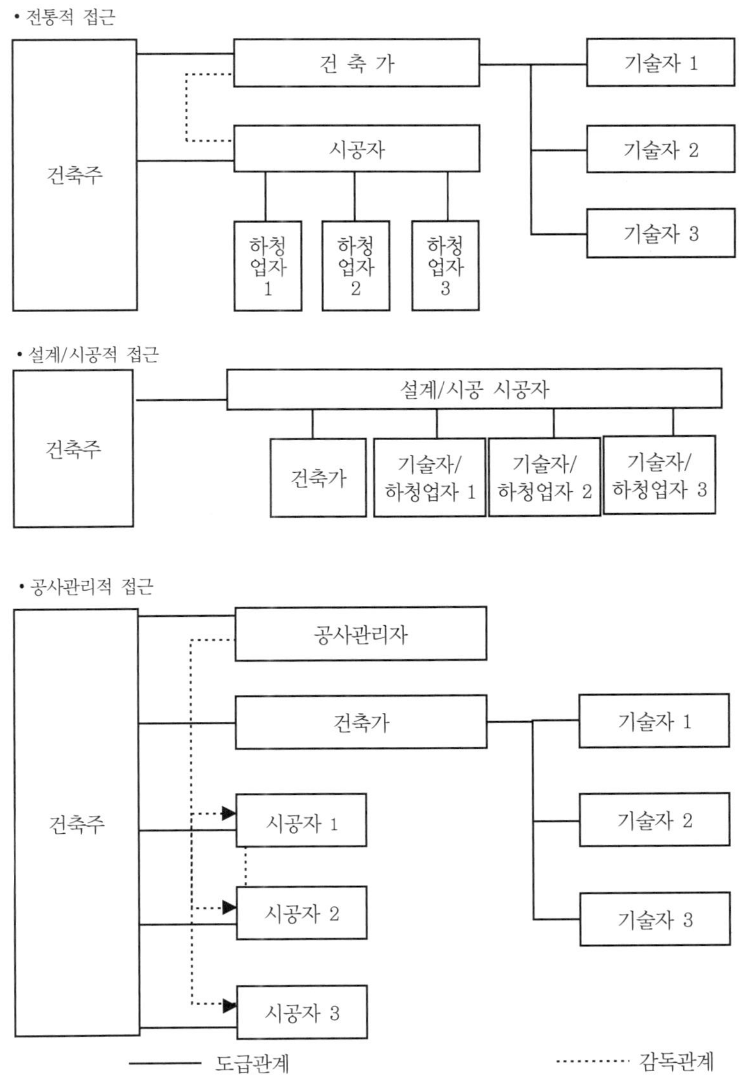

▸ 시공과정의 접근 유형

시키는 제도이다. 특히 이 제도는 공사의 규모를 작게 해서 일식 도급제보다 저렴하고 우수한 시공을 하는 데 효과가 있다. 그러나 시공상의 상호교섭이 복잡해지며 공사가 세분화됨으로써 공사비가 상승할 염려가 있으며, 긴급공사에는 적용할 수 없다.

단가 도급제는 재료 및 노력 단가 또는 재료 및 노력을 합산한 면적이나 체적 단가만을 결정하여 공사를 도급시키는 제도이다. 장점으로는 긴급공사 또는 수량이 불분명할 경우에 간단히 계약할 수 있으며, 설계변경시 수량의 증감이 용이하므로 일식 도급제에 비해 유리하다. 그러나 준공까지의 총공사비를 예측하기 어려우며, 공사비가 과도하게 상승되는 경우가 있으므로 전체공사를 도급시킬 수 없다는 문제점이 있다.

정액 도급제라는 것은 공사비 총액만 결정하고 경쟁입찰을 통해 최저 입찰자와 계약을 체결하는 방식이다. 이 제도는 경쟁입찰에 의해서 공사비가 절감되는 효과가 있으며, 총공사비가 즉시 판명됨으로써 건축주가 자금조달계획을 세울 수 있다는 것이 특징이다. 단점으로는 경쟁입찰 전에 도면, 시방서, 견적서 등을 작성해야 하기 때문에 사전에 상당한 시일이 소요되며 가격 변동, 해석의 차이, 입찰자의 경쟁심 등을 고려하면 최저 입찰가격이 합리적인 최저가격이라 할 수 없다는 점을 들 수 있다. 이외로 최저가격의 입찰자에게 낙찰시켰을 경우에 설계변경이 필요할 때 공사비 문제로 건축주와 도급자간에 의견 차이가 생겨 분쟁의 원인이 되는 경우가 있는 단점도 있다.

(3) 기타 계약제

이외의 계약제 종류로는 실비정산식, 공동도급*Joint Venture*, 턴키 도급제*Turn key Base* 등 세 가지로 분류된다.

실비정산식은 직영 및 도급제의 장점만을 택한 제도로서 설계도와 시방서가 명확하지 않을 때 주로 적용한다. 또는 설계는 명확하지만 공사비 총액을 산출하기 곤란할 때에 발주자가 양질의 공사를 기대할 경우에 채택되는 제도이다. 이 제도의 특징은 공사비가 과도하게 높아지지 않고 시공자가 불의의 손해를 입을 염려가 없으므로 양질의 공사를 기대할 수 있다.

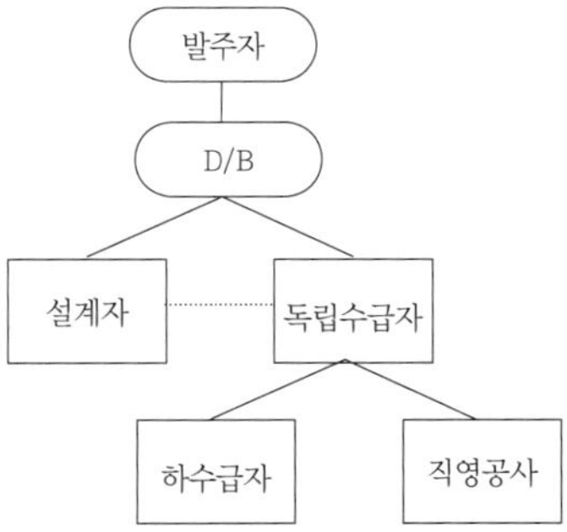

• 설계-시공

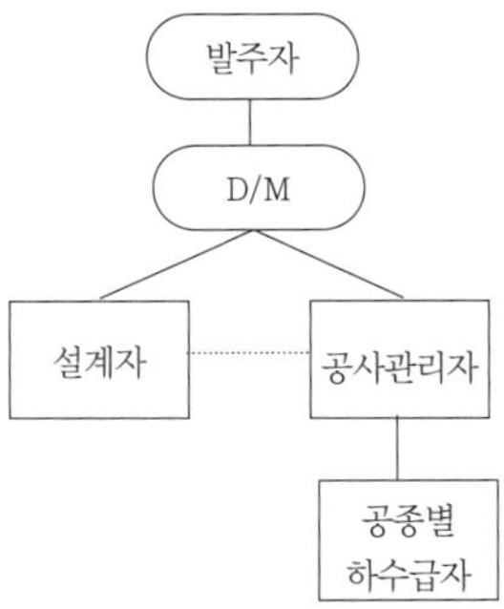

• 설계-관리

▸턴키방식에 의한 계약과정

반면에 직영일 때와 같이 공사기간이 연장되고 공사비가 상승하는 경향이 있다.

공동도급은 2명 이상의 도급업자가 어느 특정한 공사에 관하여 협정을 체결하고 협동으로 공사를 도급하는 제도이다. 특징으로는 분담비율에 따라 손익을 공동으로 분담하고 소자본으로 대규모 공사를 도급할 수 있으며 확실한 시공성을 기대할 수 있다. 또한 공사실패에 대한 위험을 분산할 수 있으며, 특수한 기술경험과 상호기술 확충, 강화 등 새로운 경험을 얻을 수 있다. 그러나 공동체인 관계로 시공상 문제점이 발생했을 경우에 책임소재가 불분명해지는 단점이 있다.

턴키도급방식이라 함은 시공자가 기획, 금융, 토지조달, 설계, 시공 등 모든 것을 혹은 그들 중 대부분을 도급받고 완성하는 포괄적인 도급제이다. 이 제도는 건축주의 의견을 반영하지 못하는 단점이 있다고 하겠다.

4-3 시공자의 선정

시공자의 선정은 주로 입찰방식에 따르는 것이 보편적인데 그 방법으로는 공개입찰, 지명입찰, 특명입찰 방식 등 세 가지가 있다.

먼저 공개입찰방식은 계약과 입찰조건을 관보, 신문, 게시판 등을 통해 공사의 종류, 입찰자의 자격 및 규정 등을 공고하여 입찰참가자를 널리 공모하여 입찰시키는 방법이다. 이 방식은 여러 시공자들에게 균등한 기회를 줄 뿐만 아니라 시공자들 간의 담합을 방지할 수 있기 때문에 입찰자의 선정을 공정하게 할 수 있다. 이에 따라 공사비를 절감할 수 있다는 점을 들 수 있다. 반면에 입찰사무가 많아질 우려가 있기 때문에 소요경비가 증가되고, 과도한 경쟁으로 낙찰가가 저하되면 부실공사가 이루어질 수 있다는 점이 단점으로 지적된다.

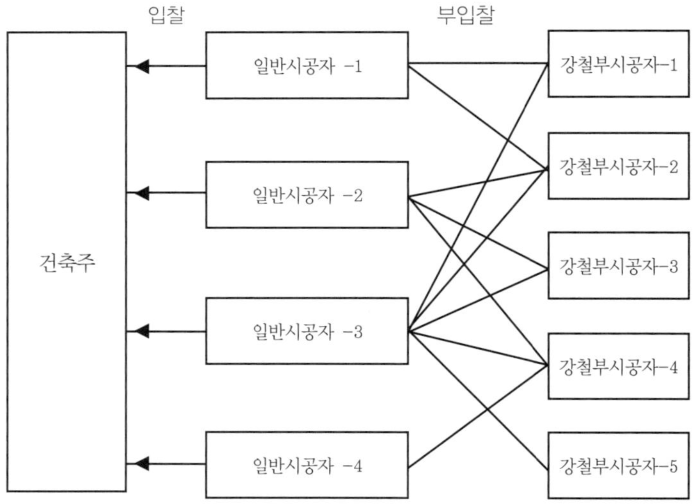

▸하청을 위한 입찰의 관계도

지명입찰방식은 건축주가 해당 공사에 적당하다고 인정되는 소수의 시공자를 지명하여 입찰시키는 방법이다. 특징으로는 입찰에 따른 사무 및 경비가 감소하고 시공상 신뢰할 수 있으며, 견실한 공사가 기대되지만 입찰자가 소수인 관계로 담합의 우려가 있다는 것이 단점이다.

특명입찰방식이라는 것은 일명 수의계약이라고도 한다. 건축주가 시공자의 신용, 기술, 능력, 자산, 공사의 내용 등 건축주와 시공자와의 모든 관계를 고려하여 공사에 특히 적당하다고 인정되는 특정의 도급업자를 선정하는 방식을 말한다. 이 방식은 입찰수속이 간단하며 양질의 공사가 가능한 동시에 공사의 기밀이 유지된다는 점이 장점이다. 반면에 특정 시공자를 선정한 관계로 공사비가 높아질 수 있다는 점이 문제점이다.

이러한 선정방식에 따라 시공자를 정하게 되면 상호간에 계약체결과 이에 따른 계약서류를 작성하여야 한다. 이러한 경우에 필요로 하는 도급계약 서류로는 공사도급계약서, 설계도면, 표준시방서 및 특기시방서, 공사내역서 등이 있다.

공사도급계약의 내용으로는 공사내용, 도급금액, 공사착수의 시기 및 공사완성의 시기 등이 포함되며, 도급금액의 선급금이나 기성금의 지급에 관하여 약정을 한 경우에는 각각 그 지급의 시기방법과 금액을 명시하여야 한다. 이외로 공사의 중지, 계약의 해체 또는 천재지변의 경우 발생하는 손해의 부담에 관한 사항, 설계변경·물가변동 등에 기인한 도급금액 또는 공사내용의 변경에 관한 사항, 인도를 위한 검사 및 그 시기여부와 공사완성 후의 도급금액의 지급시기를 포함하여야 한다. 또한 계약이행 지체의 경우 위약금 공사가 지연될 경우의 이자지급 등 손해배상에 관한 사항, 하자담보책임기간 및 그 담보방법, 산업안전보건법 규정에 의한 표준안전관리비의 지급에 관한 사항뿐만 아니라 계약에 관한 분쟁의 해결방법 등이 표기되어야 한다.

4-4 시방서 및 설계도서

앞에서 서술한 내용 중 시방서와 설계도서는 다른 어떤 사항보다 중요하다. 여기서 시방서라는 것은 공사진행시 지켜야 할 지시사항이나 지침을 부여한 설계도서 중 하나이다. 지시내용은 성능의 지침, 공법의 지정, 재료의 지정 등이 해당된다. 성능의 지침내용은 건축공사의 도급계약시 시공자에게 제시하는 건축물을 구성하는 부분이나 실들에 따라서 완성된 시점에서의 결과에 관해서 지시를 명시한다. 그리고 공법의 지정이란 경우에 따라서 도면에 표시한 결과를 얻기 위해서는 어떠한 방법으로 하면 될 수 있다는 설명을 지시한 내용이다. 또한 재료의 지정은 각 실이나 부분에 사용되는 재료를 정해주는 것이다.

이러한 시방서는 설계도서의 일부로서 건축공사 계약시 반드시 계약서의 일부로서 함께 첨부되어야 한다. 상기한 시방서 내용 이외로 첨부하여야 할 사항으로는 도면으로 표현하기 어려운 설계의도의 지시, 성능의 규정 및 지시, 설계의도를 실현하기 위한 수단의 지시이다. 또한 시험 및 검사에 관한 사항, 기타 도면의 보통사항, 공사 목적물의 명칭·구조·수량 등의 명시, 기타 설계의도를 나타낼 수 없는 것들이 포함된다. 시방서 종류로는 표준시방서(공통시방서), 특기시방서, 특기시방서 보충, 개요서, 질의응답서, 설계변경 지시서 등이 있다.

설계도서 종류로는 공사도급계약서 및 이에 수반하는 공사

도급계약정관, 현장설명기록, 질의응답서, 특기시방서, 공사개요서, 설계도, 표준시방서 또는 공통시방서, 기타 표준시방서 부록으로서의 공작규준, 시공지침 등이 해당된다.

9 장

건축과 재료

1. 건축재료의 의미

1-1 건축에 있어서의 재료

건축재료라는 것은 협의의 의미로는 기초, 구조체, 지붕, 외벽, 바닥 등의 건축물을 구성하는 것을 총칭한다. 광의로는 공사용의 자재, 위생기구, 배관 등의 건축설비에 이용되고 있는 것을 포함하는 경우도 있다. 건축에 있어서의 재료의 중요성은 다양한 재료의 성분, 조직, 구조 물리적·화학적·생물학적 성질에 따라 건축물의 사용목적과 조건에 합리적으로 적용되어야 하며, 인간공학적인 측면에서 경제적이고 우수한 개발을 도모함으로써 건축물의 보다 효율적이고 기능적인 적용이 가능해야 한다는 데에 있다.

양질의 건축물은 자연재해 및 인적재해에 안전하며, 합리적인 건축계획으로 사용목적에 쾌적하게 경제적으로 이루어진 건축물을 말한다.

따라서 질 높은 건축물을 위해서는 여러 가지 재료가 갖는 복잡한 성격 그리고 재료들과 건축 및 기술문명 사이의 관계를 충분히 이해하고 있어야 한다. 현재 이용 가능한 건축재료는 수없이 많지만 그들 재료에 대해 제기되는 문제도 아주 많다. 예를 들면 재료가 응력을 받으면 어떻게 되는가, 재료의 외양은 어떠한가, 재료의 색깔은 무엇인가, 서로 다른 재료들이라도 함께 사용이 가능한가, 재료비는 비싸지 않는가, 시공자가 이용하기에 편한가, 필요한 양만큼 얼마든지 공급되는 재료인가, 기술문명의 발달로 재료를 이용하는 것이 얼마나 가능해졌는가 등을 들 수 있다.

1-2 재료의 분류와 발전

재료는 소재, 사용목적, 화학적 성분, 용도, 성능 등으로 구분할 수 있다.

소재로는 석재, 목재, 토벽 등의 천연재료와 금속제품, 요업제품, 석유제품 등의 인공재료가 있다. 사용목적에 따라서는 구조재료, 마감재료, 차단재료, 방화, 내화재료로 분류할 수 있다. 화학 성분에 따라서 비금속, 금속재료 등의 무기재료와 천연재료, 합성수지 등의 유기재료가 해당된다. 용도에 따라서는 구조체, 지붕, 바닥, 내외벽 등 건축물 부위에 따라 분류하며, 성능으로는 역학적 성능, 물리적 성능, 내구성능, 화학적 성능, 방화성능, 감각적 성능, 생산성능으로 구분할 수 있다.

이러한 재료들은 각 종류나 질, 시공방법에 따라 다양하며 매우 여러 가지 형태를 지니고 있다. 따라서 건축물의 사용목적에 맞추어 작업을 용이하게 하려면 이용 가능한 재료의 형태에 대해 잘 알고 있어야 한다. 예를 들면 아스팔트는 그것의 형태에 따라 액체 코팅이나 페이빙*Paving*의 형태인가 또는 펠트 페이퍼*Felt Paper*의 형태인가 등 이용방법이 달라진다.

재료는 고유한 색채와 재질감*Texture*을 갖고 있는데, 주로 내열성, 내수성, 단열성, 방음성, 강도, 탄력성 등으로 표시된다. 특히 재질감은 재료 표면에서 느끼는 감촉으로 주로 거칠음과 매끈함, 따뜻함과 차가움, 광택의 유무, 투명도의 고저 등이 있다. 예를 들면 거칠고 따뜻한 것은 친근성이나 소박성 및 편안한 느낌을 주며 매끈하고 차가운 것은 지성적이고 엄숙한 느낌을 준다. 광택이 있으면 화려하고 밝은 느낌이나 광택이 없으면 차분하고 안정감이 있다. 반면에 투명도가 높은 재료는 밝고 경쾌하지만 투명도가 낮으면 가라앉는 중후감을 준다.

재료는 또한 구조재, 설비재, 피복재 등 용도를 갖는다. 구조재는 건축물이 구조적으로 흠이 없도록 만들어주는 철재, 재목 등과 같은 것이며, 설비재는 채광을 위한 창문, 난방을 위한 환기시설이 해당되며, 단열재는 온도조절을 위한 재료가 포함된다. 피복재는 마감재나 또는 미장재라고도 하며, 주로 패널, 석고, 카펫 등과 같이 미관상이나 기능적으로 덮어씌우는 재료라 하겠다.

재료별 분류			특성및종류
원료별 분류	천연재		자연재를 채취한 그대로의 재료
	가공재		천연재를 가공한 재료
	인공재		
화학적 분류	무기재료	비금속재	석재, 암석소성품, 요업제품, Conc/시멘트제품
		금속재	철강제품, 비철금속제품
	유기재료		목재, 목재가공품, 유기성제품, 고분자재료, 도료
재료각론적 분류	목재		천연목재, 목재가공품, 섬유판
	석재		화성암, 수성암, 변성암
	점토고성제품		벽돌, 타일
	합성수지제품		염화비닐계, 고무계
	합성수지도장재		에폭시수지, 폴리우레탄수지, 폴리에스테르수지
	미장재		시멘트모르타르, 현장테라초, 아스팔트모르타르
	카펫/장판지		
용도별 분류	외부용 바닥재		차도용, 보도용, 운동시설용
	내부용 바닥재		침실용, 거실용, 계단용, 화장실용, 사무실용, 체육관용
	특수기능 바닥재		정전기방지바닥재, 탄성바닥재, 충격방지바닥재
시공방법별 분류	붙임 바닥재	유기계	합성수지계, 목재
		무기계	석재, 점토소성제품
	칠 바닥재	유기계	역청질, 합성수지계 도료
		무기계	포틀랜드시멘트
	깔바닥재		카펫, 장판지

▸ 재료별 분류에 따른 특성

이러한 재료생산기술의 진보는 품질관리기술 보급에 의해 품질의 신뢰도를 높이는 데 기여하였다. 또한 대량생산을 위한 형상 및 치수의 규격통일, 의장 및 품질의 표준화 요구, 재료의 고성능화, 에너지 절약화, 근대화 요구와 더불어 변화하였다.

이에 따라서 오늘날의 건축재료는 자원의 유효한 이용을 이루는 동시에 산업폐기물의 재이용 및 이용자원의 재활용, 에너지절약의 생산과 이용을 목표로 환경보존과의 조화를 도모하는 것이 바람직하다. 더불어 건축물의 대규모, 고층화의 경향에 따라 질적 요구가 고도화됨으로써 고성능화되는 재료로 발전하여야 한다.

1-3 디자인과 재료

새로운 재료의 개발은 다양화가 요구되는 디자인에 따라 재료의 다양화, 높은 수준의 품질, 경량화 및 환경파괴의 방지 등의 요구를 충족시켜야 한다. 특히 새롭고 다양한 재료의 조절은 필수적인 일인데 많은 재료를 사용하는 건축은 체계와 일관성을 잃게 되는 동시에 비용만 많이 들게 된다. 따라서 디자이너는 재료의 현황, 비용, 용도를 파악하고 있어야 하며 최근의 건축이론과 실제에 대한 내용과 항상 접하고 있어야 하며, 이를 위해서 다수의 재료에 대한 정보자료를 가지고 있어야 한다. 이러한 정보자료와 이론, 실제자료를 근거로 디자이너는 재료를 선정해야 하며, 더불어 개인의 경험이나 합리성, 감성 등에 의해 선정하는 것이 바람직하다.

여기서 경험에 의한 선정이라는 것은 자기나 타인이 과거에 사용하고 문제가 없었던 것을 선택하는 방법이다. 예를 들면 어떤 집 현관의 융단은 5년간이나 사용하였는데, '걷는 기분이 좋으며 더럽지도 않고 미끄럽지도 않다'라는 경험을 근거로 이번에도 동일한 재료를 선택하는 방법이다. 이 방법은 재료의 선정방법으로 가끔 사용한다.

합리성에 따라 재료를 선정한다는 것은 어떤 재료는 변질이나 파괴가 되지 않기 때문에 강도는 얼마 이상이 아니면 안

된다든가, 외부의 더위를 차단하기 위해 열전도율이 얼마 이하이어야 할 필요가 있다든가, 구조체와 일체화되기 위하여 '두께는 30mm에서 70mm 사이가 아니면 안 된다'고 하는 필요조건에 의해 재료를 선정하는 방법이다. 또한 법규에 의해 불연재료를 사용하는 것이 의무화되고 있는 경우도 여기에 해당된다. 이외로 가벼울수록 좋다라든가, 가격이 저렴할수록 좋다거나 중량, 비중, 코스트 등이 다른 재료에 비해 가볍다거나 혹은 비용이 저렴한 순으로 순위를 매김으로써 재료를 선정하는 방법도 있다. 그러나 이러한 방법으로 재료를 현실적으로 선정하는 것은 대단히 어렵다.

2. 건축재료의 분류

진흙, 아스팔트, 돌 등의 천연재와 목재 같은 유기체 식물로 만들어진 유기물질재, 알루미늄이나 구리와 같이 제련과정을 거쳐 사용되는 금속재, 시멘트나 콘크리트와 같이 서로 다른 성질을 혼합하여 가공되어진 혼합재, 그리고 근대기술에 의해 개발된 신재료인 유리, 고무, 플라스틱 등의 합성재로 나누어진다. 이러한 재료들은 세부 종류에 따라 특성, 독특한 색, 문양, 질감을 갖고 있으며, 시공방법도 각기 다르다.

2-1 천연재

돌과 진흙 같은 천연재료로서 자연상태의 것과 거의 유사한 형태로 이용되고 있는 재료를 말한다. 석면, 아스팔트, 타일 등이 해당된다.

(1) 석 면

불연재료로 가장 잘 알려져 있는 재료로서 열, 습기, 다수의 화공약품 등에도 저항하는 힘이 강한 재료이다. 종류로는 석면*Asbestos* 시멘트판을 비롯하여 3~4가지 유형이 있다.

유 형	특 성 및 용 도
석면시멘트판	벽, 천장, 칸막이, 지붕 등에 주로 사용되며, 알칼리나 산성, 녹, 곰팡이, 세균, 곤충에 대한 저항력이 강한 특성이 있다.
석면시멘트 주름무늬판	지붕과 벽널 등에 사용되며 주름무늬에 의해 강도가 다른 종류보다 높은 재료이다. 특히 산, 부식, 부패, 녹, 혹한과 혹서, 흰개미 등 곤충의 공격에 저항하는 힘이 강하다.
석면시멘트 파이프	대형·소형의 규모로 분류되는 동시에 압력이 가해지는 것과 압력이 없는 것 등으로 구분된다. 이 재료는 상하수도관, 홈통, 공업용 파이프 등에 사용되며 녹, 부패, 배설물, 부식토 등에 저항하는 힘이 강한 성질을 지니고 있다.
석면지	지붕이음재, 조명기구, 대류를 이용하는 난방기구, 조리기구 등에 사용되어 보온기능을 하는 재료이다. 목재와 금속을 함께 사용하여 방화문과 칸막이를 만드는 데 사용된다.

▸ 석면재의 유형과 특성

(2) 아스팔트

자연상태에서 얻거나 또는 정유과정의 부산물로 생산되는 흑갈색의 역청질 탄화수소의 일종이다. 아스팔트*Asphalt*의 특성은 방수성이 강한 동시에 접착성이 있으며, 대부분의 산과 알칼리에 대해 저항력이 강하고 결합력이 다른 재료에 비해 강하다.

유 형	특 성 및 용 도
아스팔트 코팅	콘크리트와 석재를 방수상 처리하는 데 사용된다.
아스팔트 포장	보편적으로 가로, 주차장, 각종 진입로, 공항 활주로, 보도, 놀이터 등의 포장에 이용된다.
탄성 바닥재용 아스팔트	화기에 저항력이 있으며, 다양한 바닥재로서의 기능이 있다.
지붕 이음재와 벽널용 아스팔트	지붕의 널빤지와 벽널의 바탕에 까는 것으로 여러 가지 형태의 널빤지 성분으로 사용된다.

▸ 아스팔트재의 유형과 특성

(3) 벽 돌

가장 흔히 볼 수 있는 재료로서 열을 가하거나 화공약품에 의해 단단해지는 무기물로 구성되어 있다. 크게 두 가지로 구분되는데, 진흙을 굽는 정도에 따라 강도가 달라지며 단단하게 구운 것과 부드럽게 구운 것이다. 화공약품으로 굳히며 시멘트와 유사한 시멘트벽돌*Cement Brick*과 석회벽돌*Sand-lime Brick*, 구운벽돌*Burned Brick* 등이 있다.

유 형	특성 및 용도
구운 벽돌	외부 및 미장마감재로서 가장 흔히 사용되는 벽돌이며, 치장벽돌, 내화벽돌, 산화벽돌, 하수도용 벽돌 등이 있다.
시멘트 벽돌	높은 강도와 습기에 대한 저항력이 필요한 내부 칸막이와 외벽의 치장에 사용되는 벽돌의 종류이다.
석회 벽돌	보편적으로 구운 벽돌과 유사하게 사용됨을 볼 수 있으며, 서리, 화기, 산 등에 대한 저항력이 강한 재료이다.

▸ 벽돌재의 유형과 특성

(4) 타 일

사용범위가 과거에는 내장재로서 실내부분에만 쓰였으나 오늘날에는 여러 공법에 의한 신제품의 개발로 외장재로까지 넓어졌다. 열가공에 의해 만들어진 타일*Tile*은 내구력이 좋고 소성에 의한 자연의 아름다움이 있으며, 반영구적인 반면에 재질적으로 탄성이 결여되어 있다. 재료의 상태에 따라 자기, 석기, 도기로 분류되며 성질 또한 각기 달라 용도에 따라 내장, 외장, 바닥타일로 구분된다.

유 형	특성 및 용도
자기질 타일	장석질을 많이 포함하고 있기 때문에 흡수성이 거의 없고 투광성이 있다. 단단하고 치밀하여 두드리면 금속성의 맑은 소리가 나는데, 바닥용 타일과 모자이크 타일이 이에 속한다.
도기질 타일	흙의 종류인 점토가 많기 때문에 다공질이고 흡수성이 높으며, 투광성이 적고 두드리면 둔탁한 소리가 난다. 동해凍害에 약하고 강도가 낮아서 표면의 마모와 충격에 의해 금이 가기 쉬운 성질이 있으며 외장용, 내장용이 있다.
석기질 타일	자기와 도기의 중간적 성질로 비교적 흡수율이 낮다. 저온과 매연, 오염물질 등에 잘 견디며 충격과 진동에 대해서도 강하여 주로 외장재로 사용된다.

▸ 타일재의 유형과 특성

(5) 진 흙

진흙*Clay*은 습기가 있을 때에는 연하고 열이 가해지면 굳기 때문에 상업용 도자기에서는 값진 재료이다. 대부분의 진흙은 알루미늄이나 규산염을 함유하는 바위에서 축출하며, 성분 및 용도에 따라 다양한 종류가 있다.

유 형	특 성 및 용 도
진흙타일 베니어	주로 외부의 석회벽을 장식하는 데 사용하는 재료로서 착색이 가능하며 단순한 것과 장식이 붙은 것, 무늬를 가진 것 등이 있다. 구운 벽돌과 비슷한 특성을 지니고 있다
진흙 타일 파이프와 소품	배수로의 밑부분, 지하의 하수도, 지하의 홈통, 경기장, 고속도로, 유원지 등의 배수시설에 사용된다.

▸ 진흙재의 유형과 특성

(6) 돌

돌*Stone*은 자연석처럼 불규칙한 형태부터 다듬어진 형태에 이르기까지 다양한 형태로 사용된다. 가공성이 어려운 재료이지만 전반적으로 단단하며 조밀하고, 화기, 부패, 부식에 강하여 내구력이 크고 영구적이다. 유지관리는 용이하지만 금이 가거나 쪼개질 수도 있으며, 수리나 수선이 어렵지만 재사용은 가능하다.

유 형	특 성 및 용 도
화강암	판재를 가공한 것을 광택있게 다듬은 형태로 사용되는 화성암이다. 가공하여 문지방이나 창문턱, 기둥, 계단디딤돌, 상인방 구조에 사용되며, 편평한 판석은 도로포장, 벽재, 보도의 연석 등에 사용된다. 이 외로 고속도로의 충전재, 철로의 자갈 등에 사용할 때는 잘게 쪼개어 사용하며, 테라초와 인공석재로 사용할 때는 잘게 가공하여 사용한다.
석회암	문지방이나 창문문턱, 벽쌓기, 콘크리트, 도로포장, 표면마감재 등으로 사용되는 수성암의 일종이다.
대리석	색과 질감, 문양이 화려한 석회암의 일종으로서 내·외부의 바닥재를 비롯하여 여러 가지 용도에 사용한다. 건조한 기후에서는 내구성이 뛰어나며, 유지관리가 용이하고 화기에 강하다. 잘게 가공한 대리석은 테라초나 인공석재의 쇄석으로 또는 지붕의 마감재로 사용하기도 한다.

▸ 돌재의 유형과 특성

진주암*Perlite*은 유리와 같은 성질을 가진 화산암의 종류로서 이 재료는 가열하면 팽창하면서 무게가 가벼워지며, 보풀보풀한 성질로 변한다. 따라서 다른 재료와 결합함으로써 단열재, 방화재, 부가재 등의 재료로 활용할 수 있다.

유 형	특 성 및 용 도
단열재	콘크리트, 석회, 치장용 벽토와 결합시킴으로써 방음, 보온 단열재로 사용할 수 있다. 또한 부분적으로 끼워 넣으면 무게가 가벼운 단열재의 기능으로 사용하기도 한다.
방화재	석회, 치장용 벽토 또는 콘크리트와 결합함으로써 방화재로 사용이 가능하다.
부가재	페인트, 석회, 루핑타일, 내화벽돌, 필터재료 등의 충전재로 사용한다.

▸ 진주암의 유형과 특성

2-2 유기물질재

목재를 비롯하여 그와 유사한 재료는 모두 세포로 구성되어 있다. 그 재료들은 생명이 있는 유기체, 즉 식물로부터 만들어졌기 때문에 유기물질*Organic*이라고 할 수 있다. 이러한 재료의 유형으로는 목재, 종이, 코르크 등 몇 가지를 들 수 있다.

(1) 코르크

코르크*Cork*는 유럽과 아프리카에서 자라나는 참나무의 껍질로 만든 것으로서 여러 가지 특질을 지니고 있다. 특히 다른 재료들보다 가볍고 신축성이 있으며 공기와 물에 대해 저항하는 힘이 있다.

유 형	특 성 및 용 도
코르크 판	게시판, 방음장치, 방충장치, 방습장치에 사용한다.
코르크 블록	냉각장치의 파이프, 덕트 등에 방열 및 방음을 위해 사용된다.
그라운드 코르크	탄성있는 바닥재, 내화벽돌 등의 부가재로 활용된다.

▸ 코르크재의 유형과 특성

(2) 종 이

나무의 목질섬유를 화공약품으로 처리하는 공정을 거침으로써 다양한 종류의 제품을 생산한다. 즉 종이제품, 종이펄프, 종이 펄프판 등이라 하겠다.

▸ 종이재료의 유형과 특성

유 형	특 성 및 용 도
종이제품	보편적으로 많이 사용하는 재료로서 주로 루핑 펠트*Roofing Felts*, 빌딩 페이퍼, 마감재, 단열재, 보호막, 가방, 포장지, 상자, 콘크리트 형판 등에 사용된다.
종이펄프 데킹Decking	종이를 석면시멘트, 금박, 플라스틱막, 방수용 접착제, 아스팔트 등과 함께 밀착하여 방습재 및 방음재로 사용하기도 한다.
종이펄프판	문, 칸막이, 가구 등의 주름무늬 형태로서 벽이나 천장의 내부표면 마감재로 사용한다.

(3) 목 재

목재Wood는 가을이면 잎이 떨어지는 활엽수에서 얻는 경목과 계절과 무관하게 잎이 떨어지지 않는 침엽수에서 얻는 연목으로 나누어진다. 경목은 참나무·단풍나무·자작나무·호두나무 등 낙엽송 종류의 나무들로서 재질이 단단하여 가공이 어렵다. 그러나 색과 무늿결이 아름다우며 내구력, 영속성이 우수한 재료로서 주로 가구재로 사용된다. 연목은 소나무·가문비나무·전나무·삼목 등 상록수에 속하는 나무들이다. 값이 경제적인 동시에 재질이 경목에 비해 연하여 가공성이 좋고, 단순한 구조물에 많이 사용된다. 목재는 강도, 무게의 가벼움, 내구성 등으로 인하여 많은 유용한 특성을 지니고 있다.

목재를 자르는 방법에 따라 거칠게 제재된 목재는 나뭇결이 거의 없기 때문에 따스함과 자연스러움, 전원적인 분위기를 느끼게 한다. 곱게 처리된 목재는 부드럽고 온화한 느낌을 주며, 질감도 흰색의 자작나무에서 검은색의 흑단에 이르기까지 각기 다른 고유의 색을 연출할 수 있다.

▸ 목재의 유형과 특성

유 형	특 성 및 용 도
외부마감재	루핑, 레일링, 홈통, 몰딩, 계단, 널판과 각목, 간판 등에 사용된다.
내부마감재	패널, 계단, 바닥, 선반, 장식용 몰딩 등에 사용한다.
제제목재	조립식 문, 창문, 칸막이, 계단, 레일링, 캐비닛, 셔터, 벽난로 장식, 몰딩 등에 사용된다.

2-3 금속재

천연재이기는 하지만 원래 상태로 사용하지 않는 것으로서 알루미늄, 구리, 철 등과 같이 일련의 제련공정을 거쳐 이루어진 것을 말한다. 금속재*Metal*는 19세기 말 제철산업의 발달로 다양한 합금이 등장하여 오늘날 사용되고 있다. 특히 열과 전기를 전도시킴으로써 손잡이, 주방용품, 조명 등의 장식품 및 생활용품에서부터 창틀, 문 등 건축이나 토목용품까지 광범위하게 사용되고 있다.

이러한 금속재의 특성은 깨지거나 하는 위험성이 적으며, 다른 재료보다도 작은 면적으로 큰 힘을 받을 수 있고 화려한 광택을 가지고 있다. 차가운 느낌과 딱딱한 재질감으로 나무나 직물과 조합시키면 강한 대비효과로 화려한 장식효과를 높일 수 있다. 종류로는 알루미늄, 크롬, 구리, 철, 강철, 스테인리스 스틸, 청동이 있으며 각기 고유한 특성을 갖고 있다.

(1) 알루미늄

알루미늄*Aluminum*은 손쉽게 형태를 만들 수 있는 청색을 띠는 은백색의 금속이다. 부드러우며 자력을 띠지 않고 전기와 열의 전도성이 좋으며 반사도가 높고 또한 산화작용에 저항하는 힘이 있다. 특히 가볍고 가공이 쉬우며 녹이 슬지 않기 때문에 창문이나 문틀에 많이 사용되며, 다양한 색상으로 생산되고 있다.

유 형	특 성 및 용 도
알루미늄 합금	알루미늄과 다른 금속을 결합시킨 것으로서 주로 레일링, 패널, 지지부재, 단열재, 눈비와 바람을 막는 장치, 프레임, 몰딩 등에 사용된다.
알루미늄 장식	얇은 판으로 생산되어 증기를 막아주는 기능을 하는 단열재로 사용하거나 또는 보호 및 장식용 마감재로 활용된다.
알루미늄 그물	주로 스크린, 울타리 등에 사용한다. 또한 패널로 된 것은 바닥재, 지붕 이음재, 벽널, 칸막이에 사용되는데, 이들의 형태와 크기가 아주 다양하다.
알루미늄판	환기통, 몰딩, 벽, 타일, 문 등에 사용된다. 시트와 코일로 생산되며 돌출무늬를 새긴 것, 무늬가 없는 것, 주름무늬를 넣는 것과 늑재를 대는 것 등이 있다.

▸ 알루미늄재의 유형과 특성

(2) 놋쇠 & 청동

놋쇠*Brass*는 구리와 아연의 합금으로서 색깔은 아연의 양에 따라 차이가 있다. 강철보다는 강하지 못하나 부식에 견디는 저항력이 있어 땜질, 용접, 광택내기 등이 용이하다. 화려한 금백색과 광택을 갖고 있지만 인체에 해로운 푸른 녹이 슬어 항상 깨끗이 닦아 주어야 하므로 유지관리가 어렵다. 화려한 금속성 때문에 소량으로 장식적인 처리나 장식물에 사용하기도 한다.

청동*Bronze*은 구리와 주석을 합금시켜 만든 재료로서 주로 벼림*Forging*, 주형*Casting*, 압착*Rolling*, 취출*Extruding* 등의 제련공정을 거쳐 생산된다.

▸ 청동의 유형과 특성

유 형	특 성 및 용 도
조소용 청동	조각, 건축, 장식용 주물에 사용되며, 색깔은 합금에 함유된 주석의 양에 따라 다양하다
철물용 청동	눈·비·바람막이 석재, 구리, 놋쇠, 청동으로 된 스크루, 너트, 볼트, 와셔, 앵커 등을 이어주는 것 등의 철물을 만드는 데 사용한다.

(3) 구 리

구리*Copper*는 놋쇠와 청동의 주재료로 쓰이는 것으로서 색상은 흔히 사용되는 오렌지나 붉은색을 띠는 금속재이다. 특성은 자유롭게 줄이거나 구부리거나 늘릴 수 있는 성질을 지니고 있으며, 열과 전기를 전도해주는 성질이 가장 뛰어난 금속재 중의 하나이다. 또한 가공성이 용이하며 가벼운 구조체에 사용이 가능할 정도의 강도를 지녔다. 부식에는 저항하는 힘이 있으나 여러 가지 산에는 약하여 푸른색이나 갈색으로 변한다. 따라서 항상 원래의 빛을 지니도록 광을 내주고 깨끗이 해야 한다. 부식에 강하기 때문에 처마홈통 등 외기와 접하여 부식되기 쉬운 곳에 사용하는데, 이때 산화된 구리는 마감재료와 어울려 고풍스런 느낌을 주기도 한다. 또한 쉽게 성형할 수 있는 관계로 우수한 열과 전기의 전도체라고도 한다.

유 형	특 성 및 용 도
구리줄	와이어, 케이블 또는 로드*Rods*의 형태로 전기공사에 주로 사용되며, 스크린이나 그릴, 보호막 등으로 사용하기 위해서는 그물처럼 만들기도 한다.
구리관/구리판 *Copper Sheet*	구리관은 난방, 배관, 냉방 등에 사용하며, 구리판은 확장공사의 접합부, 파이프 등의 조립부품 형태로 지붕 이음재로 활용된다.
구리판 *Copper Foil*	플래싱*Flashing*에 사용되며 다른 재료들과 밀착시켜 빌딩 페이퍼*Building Papers*, 빌딩 패브릭*Building Fabrics*, 아스팔트 성분으로 사용한다.

▸ 구리재의 유형과 특성

(4) 철 & 강철

철*Iron*은 금속재 중 가장 많이 사용되는 재료로서 쉽게 자력을 띠는 재료라 하겠다. 대부분 산에 약한 성질이 있으며 강철 스틸을 만드는 데 주로 사용되는데, 시공상 가끔 그대로 사용되기도 한다.

유 형	특 성 및 용 도
주철	쉽게 여러 가지 형태를 만들 수 있으며 파이프, 장식용품, 배관용품 등에 사용한다.
연철	가장 대표적인 철의 종류로서 파이프, 배관, 난방장치 등에 사용한다. 또한 파이프나 판, 막대 등으로도 이용이 가능하다.

▸ 철의 유형과 특성

그러나 철은 쉽게 부식되기 쉬우므로 페인트의 밑바탕에 광명단을 칠하여 녹스는 것을 방지해야 한다. 또는 아연이나 크롬으로 도금하기도 하여 크롬이나 스테인리스 스틸*Stainless Steel* 대용으로도 사용하기도 하며, 특히 손이나 기계로 쉽게 가공되기 때문에 난간이나 대문, 창문틀, 장식 철제품 등에 사용된다.

강철은 탄소가 최대 1.7% 함유되는 철의 합금으로서 정련, 압착, 용접, 벼림, 주형이 가능하지만 취출만은 불가능한 금속재이다.

▸ 강철의 유형과 특성

유 형	특 성 및 용 도
강철 보강재	막대, 그물, 판, 주름무늬판, 줄 등의 형태로 생산되며, 콘크리트에 첨가함으로써 강도를 높이는 데 사용한다.
도금강철재	부식을 방지하기 위해 아연으로 코팅한 강철판 또는 줄, 환기통, 루핑에 사용하며, 도금된 파이프는 배수구 등에 사용하기도 한다.
구조재	I형 빔, H형 기둥, Z형, T형, 앵글, 채널*Channels*, 플레이트*Plates* 등으로 형에 따라 규격화되어 있다. 여러 가지 형을 서로 결합시켜 구조재로 사용하며 트러스, 스페이스 프레임 등의 구조공사에도 사용한다.
강관재	다양한 크기로 생산되며 기둥, 대들보, 가구, 파일*Piles*, 가구, 파이프, 도관 등에 사용된다.

(5) 스테인리스 스틸

강철과 크롬의 합금으로서 열과 녹, 부식에 저항하는 힘이 강한 성질로 인해 일반생활에 광범위하게 사용되는 금속재이다. 주형, 압착, 벼림, 구부림, 용접, 리베팅*Riveted*, 성형*Formed* 등을 통해 사용한다. 산화나 부식을 하지 않기 때문에 유지관리가 쉬우며 유광택이나 무광택으로 처리할 수도 있다. 광택은 변하지 않고 화려한 색과 질감을 나타내기 때문에 장식적인 처리를 위해 사용한다. 현재 여러 가지 문양과 색상을 가진 스테인리스*Stainless*도 생산되고 있으며 값은 비싸나 강도가 강하여 영구적인 금속재이다.

▸ 스테인리스 스틸의 유형과 특성

유 형	특 성 및 용 도
시트, 바, 캐스팅, 와이어	플래싱, 트림, 패널, 문, 그릴, 스크린, 카운터의 상단부, 홈통, 각종 제품 등에 사용하며, 와이어로 된 것은 너트와 볼트를 만드는 데 사용된다.

(6) 주석 아연, 납

주석*Tin*은 부드러우며 자유롭게 늘릴 수 있으며, 보통 주석산으로 얇게 코팅이 되어 있다. 또한 부식에 저항하는 힘이 강하며 광택을 내는 성질을 지니고 있다.

▸ 주석의 유형과 특성

유 형	특 성 및 용 도
시트, 와이어, 튜브, 파이프, 분말	거울, 철물, 합금, 땜질, 청동과 놋쇠의 합금에 주로 이용되며 특히 강도가 강한 금속을 보호하기 위한 코팅 등에 사용된다. 이외에도 식품업계에서 많이 이용됨을 볼 수 있다.

아연*Zinc*은 단단하지만 부서지기 쉬운 금속재로서 강도가 약하며, 수분에 의한 부식작용에는 저항하지만 알칼리와 산에 의해서는 쉽게 부식이 된다. 취출, 성형, 주형, 펀칭, 리베팅, 용접, 망치로 두들겨서 늘어뜨리기 등이 가능한 금속재이다.

▸ 아연의 유형과 특성

유 형	특성 및 용도
바, 플레이트, 스틱, 시트, 와이어, 분말	금속의 도금 및 다이캐스팅, 놋쇠의 합금 등에 사용한다.

납*Lead*은 매우 무거우나 변형이 용이한 금속재중 하나로서 부식에 저항하는 힘이 강하며, 핵반응에 저항하는 힘도 비교적 강한 경우에 속하는 금속재이다.

2-4 합성재

합성이란 함께 섞는다는 의미이며, 합성재*Synthetic*는 인공적인 방법 의해 합성되거나 만들어진 재료를 말한다. 유리와 플라스틱을 대표적인 재료로 꼽을 수 있다.

(1) 유 리

규산염을 용제와 안정제와 함께 섞어 단단한 비결정체로 녹인 투명한 화합물이다. 여러 가지 형태로 바꾸어 쓸 수 있는 재료로서 투명성을 가지고 있다는 것이 최대의 장점인 반면에 충격에 깨지기 쉽다는 점이 단점이다. 또한 빛에 대해 높은 열전율과 입사각에 대한 높은 투과율을 갖고 있으며 소리, 냉기, 열, 빛을 조절할 수 있는 합성재이다. 불연재로서 반영구적인 내구성이 있으며 습도, 온도 등의 기후변화에 따른 신축이나 변형이 없다.

질감이나 색상은 다양한 조직, 형태, 색을 지니고 있으며 투명성의 정도에 따라 투명한 것과 불투명한 것으로 생산되고 있다. 아울러 특유의 광택에 딱딱함, 차가움 그리고 매끄러움의 재질을 갖고 있다.

이러한 유리 유형의 특성 및 용도를 살펴보면 플로트 유리는 일반적으로 판형으로 생산되며, 주로 창문이나 거울에 사용한다.

이외로 색유리*Tinted Glass*는 원료의 투입과정에서 금속 산화물을 배합하여 착색한 것이다. 색채 감각이 뛰어난 관계로 광선의 일부를 조절하여 눈부심을 막아줄 뿐만 아니라 복사열을 흡수하여 냉난방 부하를 경감시켜 준다. 황동색, 회색, 녹색 등의 종류로 생산되며 주로 창문, 로비 등의 차양효과가 요구되는 곳에 사용된다.

반사유리*Reflective Glass*는 플로트 유리를 높은 진공상태에서 표면을 코팅한 것으로 냉난방 부하를 감소시키며 태양열의 차단효과가 높은 합성재라 하겠다. 특히 가시광선의 반사율이 좋기 때문에 사용할 때는 주변 환경에 영향을 주지 않도록 주의하여야 한다. 안전유리*Safety Glass*는 충격에 쉽게 깨지는 유리의 단점을 보완한 것으로 강화유리, 접합유리, 열선유리 등의 종류가 있다. 무늬유리*Figured Glass*는 판유리의 한쪽 표면에 무늬가 음각된 반투명의 유리이다. 빛이 무늬에 따라 확산되어 전체적으로 부드러운 감을 주기 때문에 주로 시선을 차단하거나 보호하기 위한 곳에 많이 사용되며, 내·외장재 및 칸막이 가구 등에 사용된다.

스팬드럴 유리*Spandrel Glass*는 판유리의 한쪽면에 세라믹류의 도료를 코팅한 후에 고온에서 반강화시킨 불투명한 색유리이다. 코팅처리 후 강화되기 때문에 일반유리에 비해 내구성이 뛰어나고 몇 배의 강도를 가진다. 보통 6mm의 두께로 제작되며 제조 후 절단, 가공할 수 없다. 복층유리는 페어 글라스*Pair Glass*라고도 하며, 여러 장의 판유리를 일정한 간격을 두고 주변을 금속이나 수지접착제로 밀봉한 뒤 진공상태로 만들거나 깨끗한 건조공기를 주입시킨 합성재이다. 일반유리에 비해 단열성능, 차음효과를 가지며, 표면의 결로현상이나 성에 방지효과가 높다. 따라서 항상 맑은 시야를 제공하며 내부의 따뜻함을 향상시키는 장점이 있다.

(2) 플라스틱

플라스틱*Plastics*은 유기물질, 합성재료 또는 공정을 거쳐 생산되는 재료로서 몰딩, 취출, 주형, 라미네이팅 등의 제련 공정을 거쳐 가는 실 모양이나 막*Films*, 덩이로 만들어낸 합성재이다. 특히 근대기술이 낳은 대표적인 재료로서 화학적인 구성방법에 따라 첨가되는 재료, 제작형태, 안료 등에 의해 많은 종류가 생산되고 있으며, 투명 정도와 표면질감도 매우 다양하다. 이러한 플라스틱*Plastics*은 불연성 물질로도 가능하지만 대체로 가연성이 높은 관계로 화재시 가스발생의 원인이 되기도 하며, 수명이 영구적이어서 환경오염의 원인이 되고 있다.

이러한 성질의 플라스틱 유형들을 정리하여 보면 아크릴*Acryl*은 유리의 대용품으로 많이 사용되고 있으며 색, 투명성, 표면질감에 따라 다양하며 판형, 봉형, 관형 등의 형태로서 쉽게 가공할 수 있다. 반면에 비닐*Vinyl*은 실내용으로 많이 사용되고 있으며, 고무와 동일한 성질로 물, 기름, 식품, 화학성으로부터 영향을 받지 않는다. 절연성이 좋아 전선, 케이블의 절연체, 투명한 화학성형의 용기, 벽의 장식재, 바닥마감재 등에 많이 사용되고 있다.

에폭시*Epoxy*는 플라스틱류에서 강도가 높은 재료로서 내구력이 강하여 표면을 보호하는 코팅과 나무, 금속, 유리, 도기, 고무 등의 접착재료로 사용된다. 파이버 글라스*Fiber Glass*는 폴리에스터 등에 유리섬유를 첨가하여 강화시킨 재료로서 강도면에서 다른 재료들과 견줄 수 있는 유일한 플라스틱 재료이다.

멜라민 수지*Melamin*는 매우 딱딱하고 흠집이 잘 가지 않으며 마모되지 않은 질긴 합성재이다. 수분, 열, 약품, 산, 기름 등에 강하기 때문에 식품선반과 식기 등에 일반적으로 사용되며 라미네이트로 이용되기도 한다. 또한 라미네이트*Laminate*는 얇게 빚어낸다는 뜻을 가진 멜라민 플라스틱으로서 종이처럼 판형재료로 만들어진 합성재이다. 그 표면은 매우 저항력이 높기 때문에 주로 테이블, 카운터, 문, 부엌의 작업대 등의 표면마감에 사용되며 다양한 색상이나 문양을 연출시킬 수 있다.

폴리에스테르*Polyester*는 표면이 뛰어나게 견고하며, 대부분 산이나 용액에 대해 강한 저항력이 있다. 유리섬유와 함께 파이버 글라스를 만들어 강화된 플라스틱으로 투명한 지붕, 보트의 선체, 자동차의 차체, 가구제품 등에 사용된다. 그밖에 고무는 천연의 유액이 흘러나오는 열대산 고무나무로부터 얻는 천연 재료이지만 최근에는 합성재인 폴리이소프렌*Polvisoprene*이 대량생산됨에 따라 천연고무보다 더 널리 사용되고 있다. 독특한 성질로 여러 가지 용도로 사용되고 있으며, 온도가 바뀌더라도 충격을 완화시키는 기능이 뛰어나기 때문에 신축성이 좋은 재료이다. 또한 가스와 물에 대해서 저항하는 힘이 강하므로 장기간 동안 사용이 가능한 합성재라 하겠다.

2-5 혼합재

혼합재*Hybrid*란 본질이 서로 다른 것을 함께 섞은 것으로 두 가지 이상의 재료를 혼합하여 형성된 재료로서 시멘트, 콘크리트, 모르타르 등을 들 수 있다.

(1) 시멘트 & 콘크리트

시멘트*Cement*는 규토*Silica*, 반토*Alumina*, 석회, 그리고 기타 광물을 섞은 가루로서 접착성이 없는 재료에 접착성을 띠게 하여 유용하게 사용된다. 이외에도 콘크리트, 모르타르, 석고 등의 혼화재에서 서로 성질이 다른 재료들을 서로 혼합시키는 역할을 한다.

콘크리트*Concrete*는 시멘트와 광물질의 자갈을 물과 함께 섞어 시멘트가 굳어짐에 따라 일체화가 이루어지도록 하여 만드는 재료이다. 굳어지기 전에는 다루기 용이하며 일단 굳어지면 아주 단단하고 튼튼해지는 성질이 있다. 자갈의 크기에 따라 모르타르와 석회와 같은 다른 혼합재와 구분되기도 한다. 이 재료는 가장 보편적인 혼합재로서 파일링*Pilings*, 옹벽, 댐, 교각, 도로, 기초공사, 구조재, 대들보, 벽, 블록, 도리, 지붕, 바닥, 저장소 등 많은 곳에 사용된다.

(2) 석고 & 스터코

석고*Plaster*는 석회, 물, 모래를 섞어 반죽으로 만든 것으로 건조되면 단단해지는 성질을 지닌 혼화재이다. 주로 벽, 천장, 칸막이를 마감하는 데 사용되며 튼튼하고 내구성이 강하기 때문에 방화용으로 사용되는 경우도 있다. 또한 이 혼화재는 스터코와 같은 구조재라기보다는 마감재로서 석고와 물, 모래 그리고 석회를 진하게 반죽한 재료라 하겠다.

스터코*Stucco*는 외관에 사용하는 혼화재로서 기후에 잘 견디도록 가공하고 어떠한 색이나 장식에도 적합하며 대리석의 대용품으로 사용한다. 그러나 실내에 사용될 경우 플라스터로 매끄럽게, 거칠게, 소용돌이무늬 등의 다양한 형태나 질감을 마르기 전에 마감하는 처리방법에 따라 색다른 분위기를 연출하기도 한다.

(3) 보드

하드보드*Hard Board*는 조각을 낸 나무를 고온에서 압축시켜 만든 재료로서 그 형태로서는 구멍이 난 것, 다듬어지지 않은 것, 매끈한 것 등이 있다. 성질로는 쉽게 마모되지 않으며 열과 수분에 저항하는 힘이 있기 때문에 사이딩*Siding*, 패널작업, 캐비닛 제작, 방음재료로 사용된다. 파티클 보드와 유사한 종류의 판재를 총칭하여 부르지만 미세하게 분쇄된 섬유질로 만들어진 혼화재이다.

파티클 보드*Particle Board*는 내구성이 강하고, 표면이 매끈하며, 저항력이 강한 재료로서 나무 부스러기, 대팻밥, 톱밥 등의 미립자에 접착제를 섞어 열과 압력을 가해 만든 혼화재이다. 원자재의 제련공정중 생기는 찌꺼기를 이용하여 만들기 때문에 경제적이며, 견고함과 기후변화에 견디는 저항력은 사용되는 접착제와 제조공정에 의해 좌우되지만 용도에 따라 다양한 종류가 있다. 파티클 보드 위에 베니어를 접착시킨 패널은 경목만큼은 강하지 못하지만 그 강도가 충분하며, 나뭇결이 없기 때문에 갈라지거나 쪼개지지 않으며, 수축과 뒤틀림에 대해 안정감을 유지할 수 있는 혼화재이다.

플라이우드*Plywood*는 합판으로서 얇은 나무판을 여러 겹으로 겹쳐 만든 패널로서 강도를 높이기 위해 상·하부 판재를 정확하게 겹치도록 각을 맞추어 만들어진다. 이는 루핑, 바닥재, 칸막이 등에 사용되며 때로는 플라스틱, 섬유, 종이로 그 표면을 마감하는 경우도 있다. 특히 얇게 켜진 나무판을 나뭇결 방향이 서로 직각이 되도록 접합시키므로 종횡 양방향에 대한 강도가 뛰어나며, 습도변화에 대한 수축이나 휨 현상이 적게 일어나는 재료라 하겠다.

10장 건축과 조경

▸ 르네상스 최초의 빌라 전경 *(Medici ;* 빌라, 이탈리아)

1. 조경의 역사적 의미

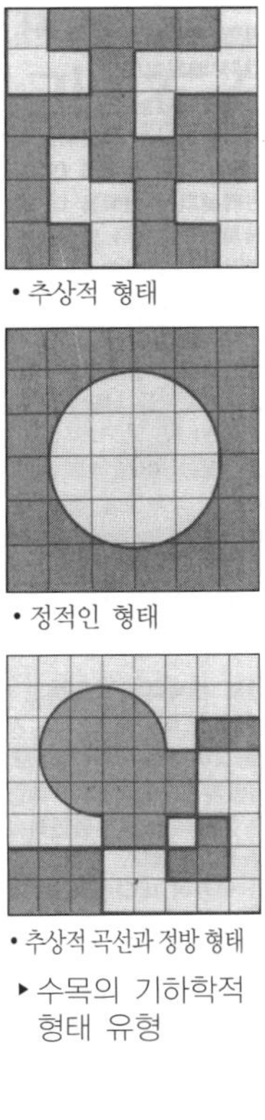

▸ 수목의 기하학적 형태 유형

(1) 서양 조경의 미

동양과 서양은 지리적 위치 및 종교, 민족성 등의 차이 때문에 조경양식 또한 큰 차이가 있다.

먼저 공간의 구성형태를 보면 서양의 경우는 기하학적인 공간구성을 하고 있다. 특히 르네상스 시대에 와서 그 절정을 이루게 된다. 클리포드*Clifford*는 "르네상스시대에 이르러서 정원이 예술의 한 범주에 속한다"고 지적하였다. 15~16C의 이탈리아, 17C의 프랑스, 18C의 영국의 조경이 건축·조각·시와 함께 예술의 중요한 범주를 차지하기 때문에 르네상스의 조경을 고려한 기하학적 공간구성을 중요시하는 것이라 하겠다. 이에 따라 르네상스시대의 건축물 배치 및 가로의 패턴은 정형적이고 축*Axis*에 의한 좌우대칭적인 배치가 이루어진다.

이와 같은 공간구성은 조경적 요소 이용에 있어서도 영향을 미치고 있다. 예를 들면 수목의 배식에 있어서도 기하학적인 수형을 만들고 좌우대칭의 열식을 하고 있다. 수목의 자연스러운 모양을 유지하기보다는 정자나 전정前庭을 통하여 기하학적 형태를 만들고 인공의 숲을 조성함으로써 비스타*Vista*를 형성하게 한다. 잔디를 심고 화단을 설치한 구역인 파르테르*Parterre*를 조성하여 여러 가지 색깔의 조화를 꾀하고 있다. 이러한 경우는 조경을 어떤 의미를 가지고 식재하는 것이 아니라 공간의 구성요소로만 이용하고 있음을 의미한다. 예외적으로 고대의 이집트에서는 파피루스와 같은 식물의 경우 기둥의 배치방법에 영향을 미치는 등의 상징적 요소로써 이용되기도 한다.

▸ Toji사원의 탑과 조경

(2) 동양 조경의 미

동양은 서양의 경우와 비교하여 상당히 대조를 보이고 있다. 우선 불교, 도교 등의 종교와 풍수지리설, 신선사상 등의 민간신앙의 영향은 공간구성에 커다란 영향을 미치는 요소가 되었다. 특히 풍수지리설은 후기의 자연관에 영향을 미치게 되며, 신선사상은 '삼신산'과 같이 우리나라의 조경배치에 기본적인 배경으로서의 역할을 하게 된다. 이러한 배경으로 인해 자연지형을 그대로 살리면서 인공구조물을 배치하고 수목의 배식은 자연지형에 어울리게 식재하고 있다.

특히 동양인들은 조경을 이용하는 데 있어 조경의 형태나 기능보다는 그것이 상징하는 의미를 중요시하였다. 그런 이유로 인하여 신중히 수종을 선택하기도 하며 식재의 장소도 다르게 한다. 일본의 경우는 같은 동양권이면서 우리나라나 중국과 달리 수목에 인위적인 힘을 가하고 넓은 평면에 잔디를 심기도 한다.

▸ 일본의 정원 식재 (*Tofukuji* 사원, 교토)

이러한 동양의 세 나라의 조경구성은 서로 공통점과 상이점을 가지고 있다. 공통점으로는 조경에 상징적 의미를 부여하고 식재의 장소나 이용에 있어 신중하게 고려하였다. 더구나 같은 문화권에 있기 때문에 불교, 도교, 신선사상의 영향이 정원축조 및 조경이용에 있어서 많이 나타났다는 점이다. 특히 우리나라와 중국은 거의 비슷한 양상을 보이고 있는데, 이는 우리나라가 중국의 영향을 받아 조경식물의 상징하는 바도 같으며, 특히 궁궐조경에 많은 영향을 받은 것으로 보이기 때문이다.

그러나 일본의 경우에 있어서는 상기한 두 나라와 많은 차이를 보인다. 그것은 온난다습한 기후의 영향으로 인해 상록수림이 많기 때문에 수목을 넓은 평지나 전면에 위치한 정원식재를 하며, 특히 그들의 축소지향적인 문화의식이 수목의 형태를 변화시킨 점에서 찾을 수 있다.

• 인접한 정원 또는 공지와 자연으로 연결되어 있다.

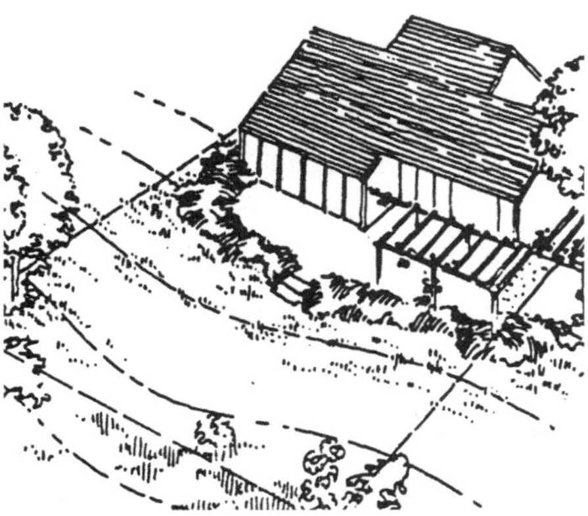

• 산재한 식물(화초, 관목군, 수목)로 미흡하나마 경계선을 알 수 있도록 한다.

• 정원의 경계선을 따라 토지에 완만하게 기복을 줌으로써 언덕의 연쇄, 경계선을 알 수 있도록 한다.

▸ 서양의 개방형 조경구성의 예

• 앞뜰 울타리 예

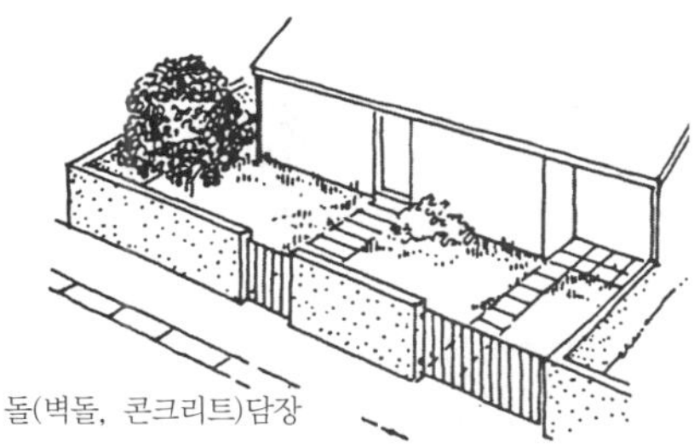

• 돌(벽돌, 콘크리트)담장

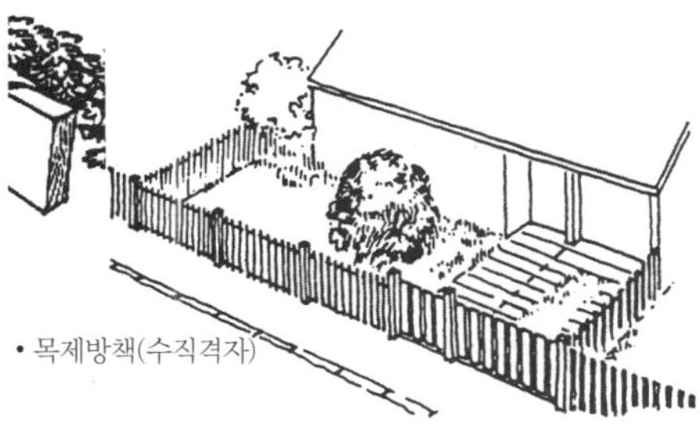

• 목제방책(수직격자)

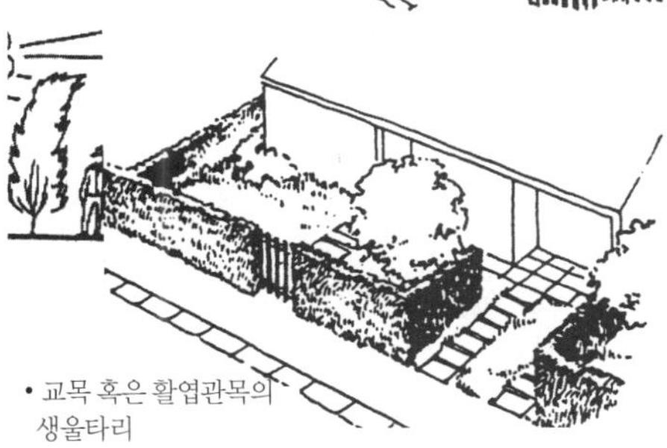

• 교목 혹은 활엽관목의 생울타리

▸ 동양의 폐쇄형의 조경구성 예

2. 건축에서의 조경 기능

2-1 분류

• 열식에 의하여 공간의 구분이 뚜렷하다

▸ 수목에 의한 공간구성 실례

조경을 보다 잘 이용하기 위해서는 조경의 다양한 기능적 용도를 파악하는 것이 도움이 된다. 즉 조경의 기능은 구조적, 환경적, 시각적 기능 등 세 가지 기능을 갖고 있다는 점이다.

구조적 기능으로서 조경은 벽, 천장, 바닥과 같이 경관 내에서 공간을 구성하며 조망에 영향을 주는 동시에 동선의 방향에 영향을 준다. 특히 식물의 크기*Volume*, 형태*Form*, 고형성*Solidity*, 불투시성*Opaqueness* 등은 구조적 요소로 취급할 때 중요한 고려사항이 된다. 환경적 기능으로서의 조경은 대기환경의 질이나 수질에 영향을 주거나 기후를 조절하는 역할을 한다. 시각적 요소로서는 크기, 색채, 질감 등의 속성에 따라 시각적 초점이 되며, 그 외형에 의해서 용도가 결정된다.

기 능	구조적	환경적	시각적
건 축 적	○		
공 학 적		○	
기후조절적		○	
심 미 적			○

▸ 로비네트 *Robinette* 의 조경의 기능 분류

• 방향의 유도

• 통행의 조절

▸ 수목에 의한 동선 방향의 실례

이러한 조경의 기능은 이들 중 어느 한 가지 기능만으로 이루어지기보다는 복합적인 기능으로 동시에 이루어져야 조경의 기능을 만족시킬 수 있다. 또한 G.O. Robinette는 『식물, 인간 그리고 환경의 질』에서 조경의 기능을 건축적, 공학적, 기후조절적, 미적 용도로 분류한 바 있다. 건축적 용도는 주로 공간의 한정, 조망의 차폐, 프라이버시 제공, 연속적인 공간이나 시야의 창출 등을 포함한다. 공학적 용도는 빛의 조절이나 완화, 소음의 조절, 차량이나 보행의 유도 등을 포함한다. 기후조절적 용도에는 그늘의 제공, 풍향에 대한 완충이나 조절, 기온의 조절 등이 포함된다.

이러한 조경의 기능 분류는 상기한 세 가지 기능과 비교하

여 보면 구조적인 용도는 건축적 기능을 의미하며, 환경적 용도는 공학적 및 기후조절적 기능으로 해석이 가능하며, 미적 용도는 시각적 기능과 유사하다. 어떠한 분류방식이나 어떠한 용도로 묶어 사용하든지간에 가장 중요한 사실은 근본적으로 조경이 어떠한 기능을 제공할 수 있겠는가? 하는 것이며, 또한 의도한 기능을 위해서 경관적으로 조경을 어떻게 사용하여야 하는가? 하는 점들이라 하겠다.

2-2 건축적 기능 : 구조적 용도

▸조경은 흥미있는 상세를 제공할 수 있다.

▸조경은 그늘을 제공할 수 있다.

▸조경은 공간을 한정할 수 있다.

▸조경은 동선에 방향을 줄 수 있다.

조경을 건축적 기능*Architectural Function*으로서 활용한다는 것은 옥외환경이나 공간의 구성에 있어 중요하다. 옥외환경이나 공간 내에서 조경요소의 건축적인 용도는 바닥, 벽, 천장, 창문, 출입구 등과 같은 구조적 요소로 이용되며, 외부 공간의 디자인을 위해 활용된다. 이를 좀더 구체적으로 말하면 조경요소의 건축적 기능은 공간의 한정 기능, 차폐 기능, 프라이버시 조절 기능 등 세 가지라 하겠다.

•관상용 장식 수목 •경계보호용 교목과 관목 •프라이버시보호용 수목 •산책용 녹음수
▸조경 소재의 공간적 기능

(1) 공간의 한정

공간을 한정한다는 것은 실제적으로나 추상적으로 조경을 식재함으로써 형성된다. 즉 바닥면, 수직면, 관개면*Overhead Plane*을 개별적으로나 또는 전체적으로 변화시킴으로 해서 나타나는 조경요소는 이러한 면들 각각에 영향을 미칠 수 있도록 경관적으로 사용되는데, 주로 바닥공간, 개방공간, 반개방공간, 수직공간, 관개공간 등이 형성된다.

바닥공간의 경우는 지피식물이나 낮은 관목으로 높이나 종류를 변화시킴으로써 한정할 수 있다. 이러한 경우에 있어서 조경요소는 수직적으로 공간을 한정지을 수는 없지만 낮은 높

▸ 지피식물과 잔디의 경계에 의해 형성된 암시적 공간

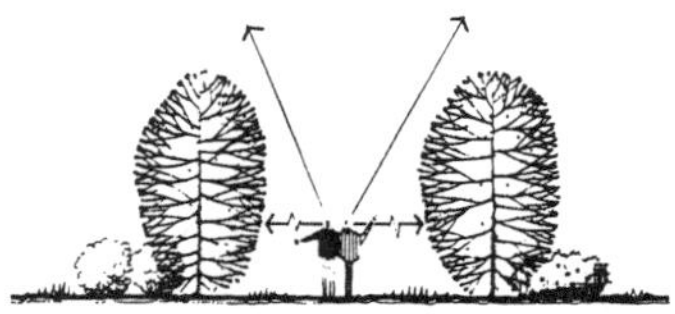

▸ 수직공간 : 수직면은 위요, 관개면은 개방

▸ 반(부분적)개방공간 : 개방된 시야쪽으로의 방향성이 주어진다.

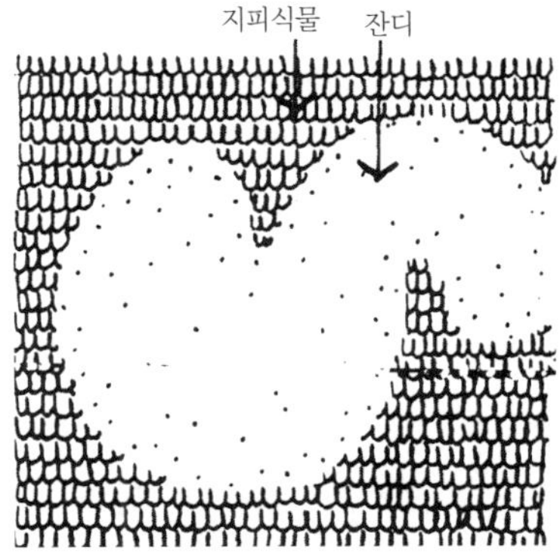

▸ 지피식물과 잔디의 경계

▸ 소관목과 지피식물에 의해 형성된 개방공간

이의 벽으로서 경계성은 부여할 수 있다. 특히 잔디와 지피식물은 그 사이의 경계를 벽이나 담장 같은 시각적인 구조물이 없어도 공간을 한정할 수 있다.

개방공간은 낮은 관목이나 지피식물을 사용하여 모든 방향으로 개방된 느낌을 주는 공간이다. 이 공간은 경쾌하고 외부지향적이며 프라이버시가 전혀 없는 공간이다. 반면에 반개방공간은 수직적으로 높은 조경요소를 한 가지 이상의 방향에 배치하여 시선을 차단시킴으로써 부분적으로 닫힌 공간을 형성하는 것이다. 이와 같은 조경요소의 공간 한정기능은 시각적 투과성이 줄어드는 반면에 개방된 곳으로의 강한 방향성을 갖게 된다. 따라서 어느 방향으로는 프라이버시가 요구되며, 다른 한 방향으로는 조망이 필요한 곳에 적합한 방법이라 하겠다.

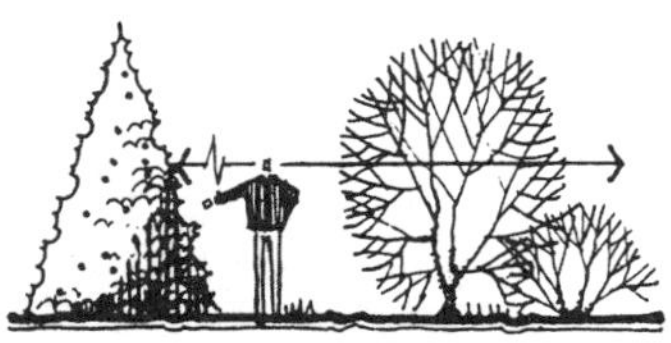

•공간은 막혀 있고 내부지향적이다.(여름)

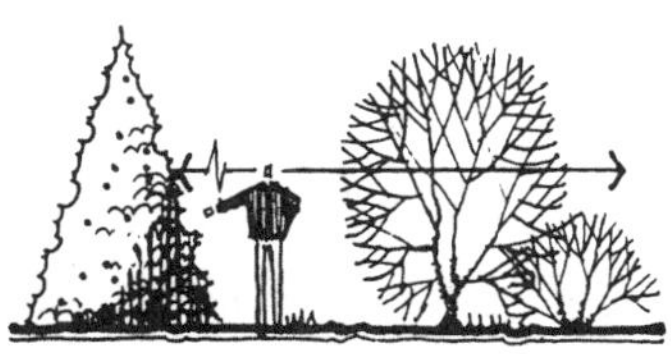

•공간밖으로의 시야의 연장되며 보다 개방된다.(겨울)

▸ 관개공간

수직공간의 형성은 키가 크고 수관폭이 좁은 조경요소를 식재함으로써 수직적으로만 개방되어 수직방향감을 주는 공간이라 하겠다. 이러한 조경의 건축적 기능은 고딕풍의 교회와 같이 주의력이나 시선방향을 수직적으로 상승시켜 주는 느낌을 갖게 할 수 있다. 특히 상부로 갈수록 수관폭이 좁아지는 조경요소를 식재함으로써 수목이 성장함에 따라 공간의 수축, 확대 등의 변형을 꾀할 수 있다.

관개공간은 조밀한 캐노피*Canopy*를 갖는 수목을 군식하여 측면으로는 개방되고 상부는 폐쇄한 공간을 구성하는 기능이라 하겠다. 이 공간은 수목 밑을 이동하고 있는 사람에게는 그늘을 제공하며, 동시에 수목 높이를 조절함으로써 강한 수

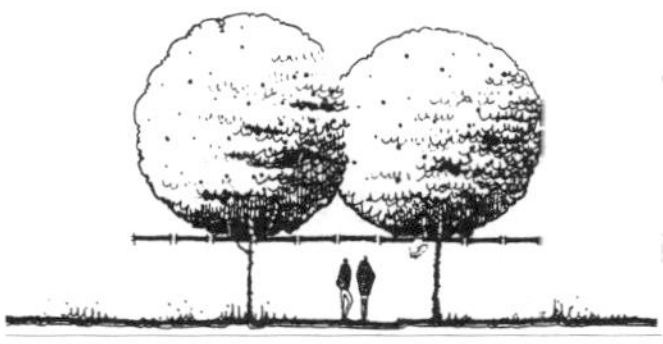

▸ 교목의 캐노피하부에 형성돈 관개면

▸ 위요 관개 공간의 형성

직적 스케일감을 느끼게 할 수도 있다. 캐노피를 통해 들어오는 일조를 차단하고 측면으로 빛이 스며들게 함으로써 여름에는 비교적 어두우며 겨울에는 개방된다. 즉 여름에는 서늘한 공기를 제공하고 개방된 측면을 통해 부분적인 조망을 가능케 한다. 이러한 공간은 차도나 보도를 따라 녹음수를 배치하는 '터널공간'으로 변형시킬 수 있다.

(2) 차폐기능

조경요소의 건축적 기능중 하나가 외부공간의 형성이나 한정이라면 또 다른 하나는 환경 내의 불필요한 대상 또는 시야를 조절하는 기능이라 하겠다. 즉 수직적 칸막이 역할을 함으로써 시각적으로 보이도록 하거나 불필요한 곳은 폐쇄시키는 기능이 있는데, 이를 차폐기능*Screening*이라 한다.

▸ 상록성 교목은 계절에 관계없이 바람직하지 않은 시야를 차폐하는 데 이용될 수 있다.

▸ 조경요소의 차폐기능

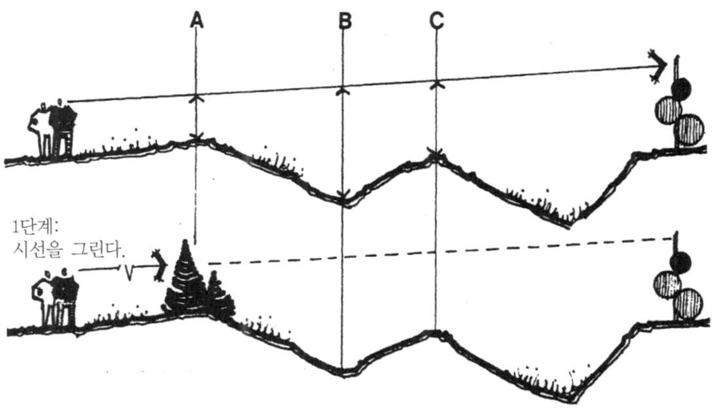

1단계:
시선을 그린다.

2단계:
시선을 차폐하기 위해 필요한 높이를 결정한다.

▸ 조경요소를 이용한 차폐방법

• 조경요소에 의한 차폐방법의 변형을 꾀할 수 있는 요령은 그림과 같이 예측 시선을 따라 단면을 그린 후, 단면도에 바람직하지 못한 대상물의 높이와 시점의 높이를 작도하는 것이다. 이들이 시선을 따라 그려지면 차례를 위한 식재의 위치와 높이를 정할 수 있게 된다. 그림에서 가장 효율적인 위치는 A지점이 되며, B지점이나 C지점도 근경은 시야에 추가시키고 싶을 때는 가능한 위치가 된다.

• 옥외공간의 프라이버시를 위한 배식
▸ 조경에 의한 수벽형성

차폐를 위한 조경 식재는 대상물에 따라서 조망 전체를 시선이 완전히 투과하지 못하도록 하거나, 부분적인 차폐가 되도록 변화시킬 수도 있다. 차폐를 효율적으로 하기 위해서는 먼저 관찰자로부터 바라보는 지점, 가려야 할 요소의 높이와 관찰자와 그 요소간의 거리, 지형의 기복 등을 고려해야 한다. 이러한 요인들이 종합되어 차폐에 필요한 조경재료의 크기, 배치방법, 위치 등에 영향을 주게 된다. 크다고 해서 차폐에 좋은 것은 아니지만 경우에 따라서는 커야 할 경우도 있다.

고려해야 할 또 하나의 요인은 계절이다. 상록류의 조경재료는 연중 시야를 차단시킬 수 있으므로 영구적인 차례기능의 역할을 하기에 가장 적합하다고 하겠다.

▸ 조경의 프라이버시 조절 기능

(3) 프라이버시의 조절 기능

프라이버시 조절*Privacy Control*이란 어느 공간 내·외부로의 시선이 차단되도록 한정된 지역을 조경요소로 둘러싸는 기법을 말한다.

프라이버시 조절의 목적은 주변으로부터 어느 공간만을 독립시키기 위한 것이다. 프라이버시 조절과 차폐의 분명한 차이점이라면 전자는 한 공간을 완전히 둘러싸고 분리시킴으로써 모든 시야를 막는 반면, 후자는 어느 한 시야만을 선택적으로 차단하도록 적절하게 배치하는 것이다. 또한 프라이버시 조절은 위요된 공간 내외부로의 통행을 억제하는 반면에 차폐는 주변이나 그 자체를 통과하여 이동하는 것이 허용된다. 한편으로는 프라이버시 조절은 차폐의 경우처럼 시야를 차단하기 위해 사용되는 조경요소의 특성에 따라 영향을 받는다. 예를 들면 높이가 2m 이상인 수목을 밀집하여 배식하면 가장 높은 정도의 프라이버시를 주게 되며, 가슴높이의 식물은 부분적인 프라이버시(앉아 있는 경우에는 완전한 프라이버시), 허리 정도의 높이인 식물은 거의 프라이버시를 갖지 못한다.

• 적당한 간격의 식재로서 주행자의 시선을 차폐
▸ 조경에 의한 차폐

2-3 심미적 기능 : 시각적 용도

심미적 기능*Aesthetic*이라는 것은 건축물의 형태를 주변환

• 도로 가까이에 배식하여 자동차 섬광 차단
▸ 섬광의 조절

• 감나무 열매
▸ 조경의 완화기능

•기념물의 배경 조성
▸ 조경의 보완기능

▸ 물가나 초목의 경치는 시각적으로 멀거나 매우 가까울 때 가장 편안하다.

경과 조화시키거나 통일시키며, 시각적인 조망기능의 확보를 위해 조경요소를 적용하는 것을 말한다. 이러한 조경의 심미적 기능으로는 보완, 통일기능, 강조 및 표시기능, 완화기능 등이라 하겠다.

보완기능은 조경요소가 건축물의 형태나 매스*Mass*를 인접한 대지내로 연장시켜 건축물을 보완하고 통일감을 더하는 것을 말한다. 예를 들면 건축물의 형태나 높이는 유사한 높이나 형태의 수목을 식재함으로써 그 효과를 더할 수 있는 경우라 하겠다. 또는 실내 천장과 같은 높이의 수목을 건축물에 근접시켜 배치하면 실내공간이 직접 대지내로 확장되어질 수도 있다. 이러한 방법들은 기능적, 시각적인 면에서 건축물과 대지를 하나의 조화된 환경으로 통일시킬 수 있다.

통일기능이라는 것은 환경내의 여러 구성요소들을 조화시켜 통일성을 갖게 하는 것이다. 예를 들면 주택이나 상점 건축물로 구성된 도시 가로의 경우에 가로수라는 조경요소가 없다면 이러한 가로 경관은 각각의 건축물 개체들로 나눠지게 된다. 그러나 가로수를 적용하면 조경의 매스가 가로변에 있는 모든 건축물을 연결하는 공통요소로서의 역할을 하게 됨으로써 건축물은 시각적으로 통일성을 갖게 된다.

강조기능은 옥외공간내의 특정한 지점을 강조하는 기능이다. 조경은 주위환경과 현저하게 차이나는 크기와 형태, 색채, 질감 등에 의해 기능을 수행한다. 예를 들면 대지의 출입부분, 교차지점, 건축물의 출입구, 시각적으로 관심을 집중시킬 곳 등을 들 수 있다. 이러한 곳에 조경을 식재함으로써 그 위치에 대한 관심을 집중시키고 독특함을 인식시키게 된다.

표시기능은 강조기능과 유사한 것으로서 조경요소가 공간이나 환경 내에서 대상물의 중요성, 위치 등을 인식시키는 능력을 말한다. 이러한 기능은 공간을 분명하고 쉽게 인식시키며, 또한 조각물 뒤에 교목을 배치하는 경우처럼 조경요소의 독특한 크기, 형태, 색채, 질감, 등을 활용할 수 있다.

또한 완화기능이 있는데, 이는 조경요소가 건축적 형태의 거칠음 또는 경직성 등의 질감을 부드럽게 완화시키는 것을 말한다. 예를 들면 조경적 요소가 어떠한 형태나 질감을 유지하고 있든지 간에 관계없이 건축물로만 구성된 수목이 없는 도시환경에 비하면 유연하고 부드럽게 보이는 경우라 하겠다. 특히 조경에 의해 완화된 공간은 조경요소가 없는 장소보다 사람을 모이게 하거나 따뜻한 인간적인 곳으로 느껴지는 경우라 하겠다.

• 바람에 의한 침식 방지

▸방풍을 위한 배식

• 소음원과 건축물 가까이 배식

▸조경에 의한 소음방지

▸조경식재에 의한 통행의 조절

▸강조요소로 사용된 식물재료

2-4 상징적 기능

소나무는 옛날부터 절개를 상징하며, 노송은 십장생의 하나로서 장수를 상징한다. 곧게 솟은 가지에 그 잎의 푸름이 겨울에도 변치 아니하고 바위틈에서도 홀로 서 있는 그 기상을 선비들은 절개를 상징하는 것으로 여기고 시나 문장에 자주 등장시켰다. 그리고 대나무는 소나무와 마찬가지로 사시사철

푸르름을 유지하고 곧게 자라는 특징을 갖는 조경요소로 군자를 상징하고 있다. 또한 대나무 열매를 봉황이 먹는다고 하여 봉황새를 연상하기도 한다.

국화는 가을이 되면 모든 초목이 시들어 죽는데, 홀로 서리와 비바람 속에서 꽃을 피우기 때문에 높이 칭호를 받아온 조경요소라 하겠다. 군자나 열사 등으로 비유되어 선비들의 사랑을 받아 왔으며, 꽃이 오랫동안 피어 있기 때문에 장수를 상징한다. 매화에 대하여 강희안은 '매화는 강산의 정신이 깃들고 태고의 모습이 드러난다'고 하였다. 또한 천하의 으뜸가는 꽃으로 운치가 있고 품격이 있는 절개를 상징하는 조경요소로 간주하였다.

연은 중국의 주돈이의 '애련설'의 영향으로 연은 꽃 가운데 군자라 칭하였다. 그것은 연이 진흙 속에 나지만 더러움 속에 물들지 않는 순수함을 상징함으로써 높은 평가를 받는 조경요소이다. 반면에 배롱나무는 영속적인 부귀를 상징하며, 백일홍이나 파양수라고 불리기도 한다. 백일홍이라 불리는 것은 꽃이 4, 5월부터 피기 시작하여 8, 9월까지 피기 때문이다.

작약은 소목단이라고도 불린다. 화암은 작약을 평하되 '충실하고 화려함이 목단보다 못하지 않으니 이 또한 진나라의 목공과 초나라의 장왕에 비길 만한 것'이라고 높이 평가하고 귀우*貴友*라 칭하였다. 목단은 수나라 때 원예품으로 취급되었고 화왕*花王*이라고도 하였다. 화암은 부귀, 번화한 꽃이라 칭하였다. 특히 신라시대 선덕여왕의 일화로 전해지는 꽃이라 하겠다.

사계화는 네 계절이 끝나는 시기에 꽃을 피움으로써 사계화라 한다. 강희안은 '이 꽃은 사시를 두고 홀로 찬란히 피어 꽃다운 뜻이 조금도 가시지 않으니 정성스럽고 순결한 성인의 덕에 비유할 만하다.'고 하였다. 장미에 대해 화암은 가우*佳友*라 하였다. 또한 '장미는 아름답고 아담하여 시인의 아내와 같은 꽃'이라 하였음을 볼 수 있다. 수양버들은 이별, 봄, 희망, 여자의 아름다움을 상징하며, 동백은 겨울이나 초봄에 꽃을 피우는 관계로 절개를 상징한다. 또한 석류는 종자를 많이 가지고 있어서 자손번영의 상징을 의미한다고 하겠다.

무궁화는 중국에서 '군자지국, 지방천리, 다목근화*君子之國, 地方千里, 多木槿花*'라 하여, 조선을 근역*槿域*이라 불러 조선을 상징하는 꽃이기도 하며, 상징하는 의미는 인생의 무상함, 무궁, 조선을 상징한다. 복숭아는 옛날부터 신선들이 살고 있는 세계, 즉 무릉도원을 상징한다. 그래서 보통 장수를 의미하며, 요우*夭友*나 요객*妖客*이라 불리듯이 아름다운 여인의 자태를 상징하게 됨을 볼 수 있다.

벽오동은 오동나무로서 봉황새가 거처하는 곳을 상징하는 것으로 알려지고 있는데, 이것은 결국 봉황새가 상징하는 '태평세대, 임금의 덕'을 상징한다. 철쭉은 산속 깊이 야생하기 때문에 산객이라 불린다. 본래 뜻은 걸음을 머뭇거리는 모양으로 양이 철쭉꽃을 먹으면 비틀거리다가 죽으므로 이 꽃만 보아도 머뭇거리다 도망을 가기 때문에 붙여진 이름이다.

이밖에도 많은 조경식물이 그 자체가 지니고 있는 가치를 의인화하여 정원에 이용되어 왔다. 주로 중목이나 관목 또는 초본류가 많음을 볼 수 있는데, 그것은 풍수지리설에 따라서 정원이나 택지 내에 교목을 심는 것을 꺼려하였기 때문이다. 그리고 송·죽·매·국·연 등의 수종은 선인들이 인격도야의 지표로서 주로 식재하고 이용하였다. 이와 같이 각각의 조경식물을 이용하는 데 있어서 의인화나 상징화된 의미를 부여하여 정원에 식재함으로써 그 조경요소를 통하여 인간의 심신수양의 거울로 이용하였던 것이라 하겠다.

3. 조경의 특성

3-1 조경의 크기

조경재료의 크기는 조경요소 중 가장 시각적인 특성중의 하나이다. 특히 공간의 규모나 구성에 직접적으로 영향을 주기 때문에 수종선정에 있어서 가장 먼저 검토되어야 한다. 크기에 따라 대교목, 중교목, 소교목, 화목류, 대관목, 중관목, 소관목, 지피식물 등으로 분류할 수 있다.

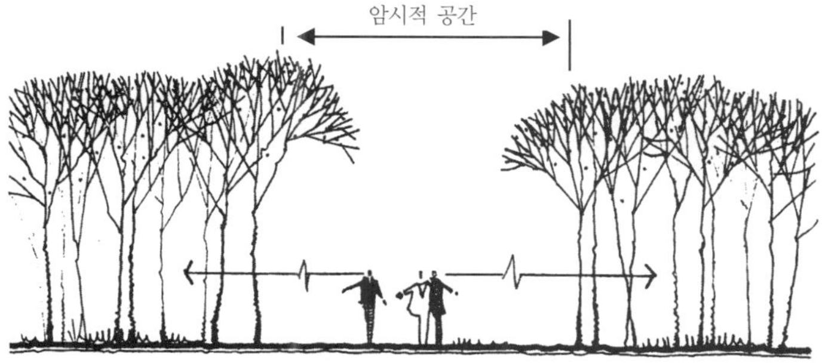

▸교목의 수간이 모여 형성된 암시적 공간

(1) 대교목 및 중교목

경관 내의 구성이나 공간적인 면에서 가장 중요한 조경요소이다. 대교목*大喬木*은 성목*成木*일 때 12m 이상이며, 중교목*中喬木*은 최대 9~12m 정도까지 자란다. 경관 내에서의 기능은 수고와 용적이 크기 때문에 시각적으로 우세한 요소가 된다. 그 기능은 마치 건축물에 있어서의 철근이나 목조의 구조와 같이 외부공간 조경환경의 기본구조 또는 뼈대를 형성하는 기능을 함으로써 3차원적인 조경구성을 하는 데 중요한 역할을 한다. 예를 들면 대교목과 중교목이 그보다 작은 수종의 수목과 같이 조경구성을 이루었을 경우에 전체구성적인 측면에서 가장 먼저 눈에 띄게 됨으로써 초점의 역할을 하게 된다는 것이다.

또 다른 구성요소로서의 중요성은 외부공간의 규모가 커질수록 증대된다. 예를 들면 개방된 장소인 광장에서 대교목은 가장 먼저 혹은 유일하게 인식되는 조경요소의 기능을 한다. 이러한 대교목 및 중교목의 수종으로는 단풍나무*Sugar Maple*, 참나무*White Oak*, 물푸레나무*White Ash*, 너도밤나무*American Beech* 등이 해당된다.

▸소규모 정원에서의 대교목은 구성적인 측면에서 초점의 역할을 한다.

▸대교목은 다른 조경재료 가운데서 우세한 요소의 역할을 한다.

(2) 소교목 및 화목류

대교목 및 중교목보다 작은 크기로서 최대 4.5m에서부터 6m까지 자라는 수종이다. 소교목*小喬木*은 수관부의 높이에 따라서 공간을 한정할 수 있으며, 공간적 경계를 암시할 수도 있고, 완전히 차단할 수도 있다. 시선이 소교목의 가지 사이로 투과되면 반투명의 스크린 역할을 하며, 투과 공간의 깊이감을 더해준다. 또한 소교목의 수관은 관계면을 형성함으로써 외부공간으로서의 천장역할을 한다. 그러나 경우에 따라서는 관계면 밑으로 사람이 다닐 수 없을 정도로 수관이 낮을 수도 있다.

그리고 시각적인 면에서 강조역할을 할 수 있는데, 이러한 역할은 주로 작은 화목류*花木類*의 형태나 꽃, 열매 등의 크기나 규모를 대비함으로써 얻을 수 있다.

화목류는 관심을 유도하고자 하는 출입구, 돌출지점 등의 장소에서 초점으로 이용되는 것이 보통이다. 또한 조각이나 표지판처럼 공간이 끝나는 부분에 사용될 수 있다. 한편으로

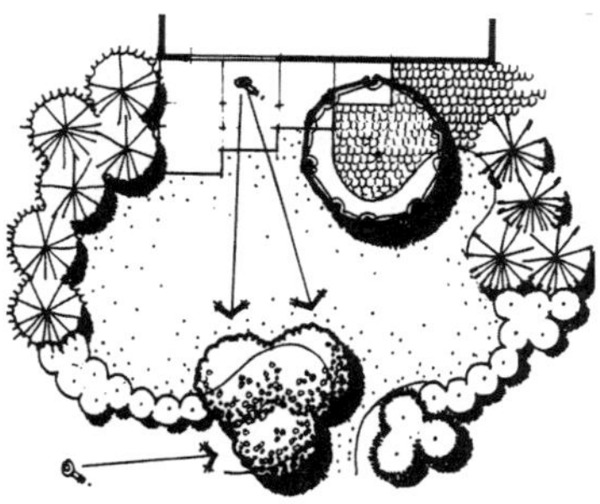

▸정원 내에서 화목류는 강조역할을 하거나 입구부분에서 유도기능을 한다.

▸소교목의 수간은 초점에 대한 전경 역할을 한다.

화목류의 연속적으로 사용되면 한 장소에서 다른 장소로 유도하는 기능도 한다.

소교목의 예로는 올리브나무*European Olive*, 층층나무*Cornales Cherry*, 이팝나무*Fringe Tree* 등이 있으며, 화목류로는 꼭사과나무*Crab Apple*, 박태기나무*Canadian Redbud* 등을 꼽을 수 있다.

(3) 대관목 및 중관목

대관목*大灌木*은 최대 높이가 3m에서 4.5m까지 자라나는 수

목으로 소교목과 비교하면 약간 작은 편이며, 캐노피*Canopy*가 없다는 점에서 차이가 있다. 관목은 보통 수관부가 거의 지면까지 닿게 되고, 소교목의 경우는 지면에서 어느 정도 높이를 유지하여 그 부분에는 캐노피 또는 천장면이 형성된다. 이와 같은 차이는 조경요소의 크기를 구분하는 데 도움이 되기는 하지만 실제로는 명확하게 구별되지 않는다. 특히 대관목의 경우는 수관부를 지면으로부터 떼어 놓기 위해 가지를 치는 일이 많다.

▸ 대관목은 수직면으로는 공간을 위요하지만 하늘로 향한 시선은 개방된다.

▸ 대관목은 전경의 강조물에 대한 배경역할을 한다.

이러한 대관목의 기능은 경관 내에서 공간위요를 완전하게 하기 위한 수직면으로서의 벽과 같은 역할을 한다. 또한 가장 일반적인 용도로서 스크린이나 프라이버시 조절에도 이용될 수 있다. 이는 벽이나 울타리 등의 경질의 표면보다는 부드럽고 푸름을 갖는 방호책이 요구될 때 적합하다. 그보다 작은 중관목*中灌木*과 질감을 대조시키면 강조를 위한 기능 구성으로 이용할 수 있다. 특히 조경류가 침엽이면서 색채와 질감이 두드러질 때에는 이러한 효과가 높다. 반면에 조각물이나 키가 작은 화목류 등이 전면에 배치되어 특정한 대상이 될 때 대관목은 그에 대한 중립적인 배경역할을 할 수 있다. 그러나 그 효과정도는 대관목이 낙엽성의 수종이냐, 상록성의 수종이냐에 따라 달라진다.

중관목은 1m에서 2m 사이의 크기를 유지하는 것으로서 수관부분이 보통 지면이나 지면 가까이에 닿게 되는 소관목의 기능을 제공한다. 반면에 공간의 위요는 소관목에 비해 그 정도가 약간 높으므로 구성효과는 대관목이나 소교목과 소관목간의 시각적 연결이라는 역할을 한다.

(4) 소관목과 지피식물

소관목小灌木은 성목시 1m 정도 또는 그 이하의 높이를 갖지만 30cm 이하는 그 형태나 기능이 지피식물로 취급되므로 보통 30cm 이상을 말한다.

소관목은 공간간의 시선을 차단하지 않고서도 공간을 분할하거나 한정한다. 높이가 낮기 때문에 실제적이고 물리적인 구분에 의해서라기보다는 암시적으로 공간을 분할하게 된다. 예를 들면 보도라든지 통로를 따라 소관목을 배치하여 시야에는 영향을 주지 않으면서 보행을 제한하는 경우이다. 또한 시각적으로 연결성이 없는 요소들을 연결시켜 주기 위해서도 사용된다. 이러한 기능은 지피식물에 의한 것과는 어느 정도 다르다.

지피식물은 가장 작은 부류의 조경요소로서 크기는 최대 높이가 15cm에서부터 30cm에 달하는 것을 말한다. 특성의 변이가 매우 많은 조경요소로서 외부공간에서의 바닥재료로 사용할 수 있는 기능을 갖고 있다. 또한 소관목과 같이 설계에 있어 공간

▸ 소관목은 연속성이 없는 요소들을 하나의 통일된 전체가 되도록 시각적으로 연결한다.

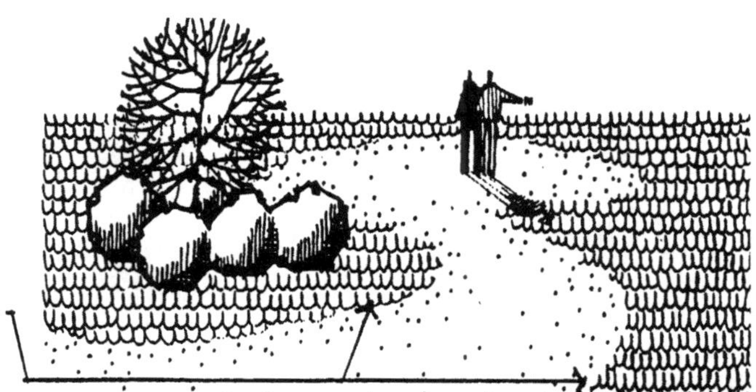

▸ 잔디와 지피식물 사이의 선은 시선을 붙잡아 공간의 테두리를 인식하게 한다.

의 경계를 암시하기 위해 사용되기도 한다. 지피식물은 원하는 형태를 지면상에 구성하는 데 가장 효과적인 재료이며, 이 조경재료에 의해 형성된 경계선은 잔디나 다른 재료의 포장부분과 접할 때 시각적인 흥미를 유발시킴으로써 공간을 인식하게 한다. 이러한 지피식물의 수종으로는 잉글리시 아이비*English Ivy*, 빙카 마이너*Myrtle*, 파키산드라*Pachysandra* 등을 들 수 있다.

3-2 조경의 형태

조경재료의 형태는 전체적인 모양이나 생장습성, 윤곽선 등을 의미한다. 이러한 조경재료의 형태적 요소는 물리적인 크기보다는 시각적으로는 부각되지는 않지만 통일성과 다양성에 영향을 주며, 독특한 공간을 인식시키는 배경이나 강조로써의 역할을 한다. 조경형태의 기본적인 유형으로는 첨두형, 원주형, 확산·수평형, 원형·구형, 피라미드형·원추형, 수지형, 자연형 등이 있다.

첨두형의 형태는 수직적으로 폭이 좁으며, 상단부의 끝부분이 좁아져 뾰족한 형태를 이루는 수종이다. 이러한 형태의 수종은 외부의 조경공간을 형성하는 데 있어서 시선을 하늘로 유도하는 수직적인 면을 강조시킴으로써 둘러싸인 조경공간에 수직성과 높이감을 주게 된다. 그래서 첨두형을 많이 사용하면 공간이 실제보다 커 보이는 착시효과를 얻을 수 있다.

대표적인 첨두형의 수종으로는 이탈리아 포플러*Lombardy Poplar*, 서양측백나무*American Arborvitae*, 이탈리아 삼나무*Italian Cypress* 등이 있다.

원주형은 첨두형과 달리 상단부가 둥글게 이루어진 형태로 용도는 첨두형의 조경요소와 동일하게 사용된다. 종류로는 단풍나무*Sentry Maple*, 주목*Hicks Yew* 등을 꼽을 수 있다.

▸ 첨두형이나 원주형은 구성의 높이나 강조를 나타낸다.

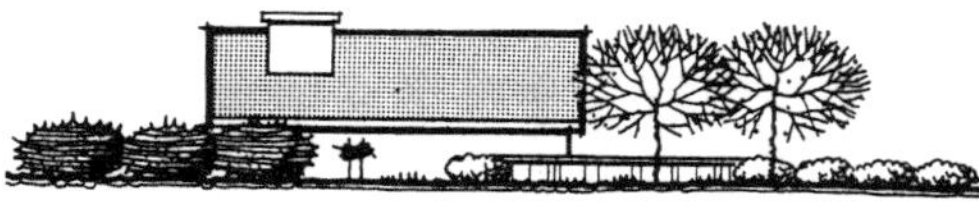

▸확산형은 건축물의 수평선을 대지로 연장

▸원형은 조경구성 내에서 우세적인 역할

▸확산형은 넓이감과 확장감을 구성

▸피라미드형은 원형이나 확산형과 함께 강조용으로 이용

확산형은 일반적으로 수평적으로 자라는 종류를 말한다. 이 형태는 주로 넓이감 또는 확장감을 주기 위해 사용되며, 시선을 수평적으로 이동시킴으로써 수평형이라고도 한다. 즉 수평적인 형태들이 반복적으로 이용되는 반면에 첨두형 또는 원주형의 수직적인 형태와 대조적으로도 이용되기도 한다. 또한 수평적인 지형이나 수평성의 낮은 건축물과의 조화가 용이하며, 이렇게 함으로써 건축물의 선들을 주위 대지내로 연장시키는 효과를 얻을 수 있다. 이 형태에 해당되는 대표적인 수종으로는 목련나무*Saucer Magnolia*, 산사나무*Washington Hawthorn* 등을 꼽을 수 있다.

원형의 형태는 전체적인 모양이 이름 그대로 원형의 모습을 뚜렷하게 나타내는 것이다. 흔히 볼 수 있는 형태로서 첨두형·확산형과는 달리 방향성이 없으며, 시선을 끄는 시각적인 수종은 조경구성 전체에 효과는 높지도, 낮지도 않은 보편적이라 하겠다. 따라서 원형의 반복적으로 사용됨으로써 통일성을 주거나 부드러운 느낌을 느끼게 하며, 구릉형의 자연지형과 같은 곡선요소와 조화를 이룰 때 이용 효과가 높다고 하겠다. 해당되는 종류로는 너도밤나무*European Beech*, 피나무*Silver Linden*, 단풍나무*Japanese Maple*, 고무나무*Indian Laurel Fig* 등이 있다.

피라미드나 원추형은 원뿔과 같은 모양을 이룬 것으로서 하단부에서부터 상단부로 갈수록 폭이 좁아진다. 특히 피라미드형은 폭이 좁은 상단부가 쉽게 눈에 띄며, 윤곽선이 분명하기 때문에 낮은 원형의 조경요소와 대비되면 시각적 강조의 효과를 높일 수 있다. 이러한 이유로 인해 지형차가 없는 대지나 수평적인 지형에서 이 형태의 수종을 사용할 경우에는 유의해야 하며, 다소 경직된 것처럼 보이는 기하학적 형태나 정형적인 건축물에는 조화를 이루기가 용이하다. 대표적인 수종으로는 가문비나무, 풍나무*Sweet gum*, 계수나무*Katsura tree* 등을 꼽을 수 있다.

수지형은 하향으로 원호를 그리는 가지들을 가지고 있는 수종으로서 자연적으로 물이 있는 주면지역에서 쉽게 볼 수 있다. 이 형태는 시선을 지면으로 끌어 내리며, 예를 들어 호수가의 수양버들과 같이 곡선형의 물이 있는 지역에 사용됨으로서 기복 있는 형태를 반영하거나 수면 자체의 흐름을 상징화한다. 이러한 수지형의 식재효과를 높이기 위해서는 플랜터의 테두리 경계 너머로 늘어질 수 있도록 하는 것이 좋다. 대표적으로 해당되는 종류로는 수양버들*Weeping Willow*, 너도밤나무*Weeping Beech*, 개야광나무*Cranberry Cotoneaster* 등을 꼽을 수 있다.

▸ 수지형은 벽에 근접시켜 벽의 높이가 낮아 보이게 하거나 시선을 지면을 끌어내리는 기능

3-3 조경의 질감

• 부드러운 질감

조경의 질감은 개별적으로나 또는 집단으로서 시각적인 거칠음이나 부드러움을 나타내는 경우라 하겠다. 조경재료의 질감으로는 거친 질감, 중간질감, 고운질감 등 세 가지를 들 수 있다. 이러한 질감 결정에 영향을 주는 것은 잎의 크기, 가지의 크기, 수피의 형상, 전체적인 생육습성, 관찰하는 거리 등이다.

특히 관찰거리에 있어서 가까운 거리에서는 각 잎의 크기,

•거친 질감
▸조경구성에 의한 텍스처

• 거친 질감*Coarse Texture*

• 중간질감*Medium Texture*

• 고운질감*Fine Texture*
▸조경의 질감 유형 *(가지의 밀도)*

형태, 표면상태, 가지에 달린 배열 등이 질감에 직접적인 영향을 주는 뚜렷한 요인이며, 가지의 밀도나 생육습성은 간접적인 측면에서 질감에 관여하는 변수이다.

이러한 거리에 따른 변화 외에도 낙엽성의 경우에는 계절에 따라서도 변화가 있는데, 예를 들면 여름에는 곱고 가벼운 편이지만, 겨울에는 개방성을 띠게 되며 거친 질감을 갖게 되는 경우이다.

거친 질감은 큰 잎이나 두텁고 작은 가지가 없는 굵은 가지 또는 개방된 생육습성 등에 의해 나타난다. 이 질감의 효과는 눈에 잘 띄고, 윤곽이 굵으며, 진취적이며, 시선을 끌기 위한 초점 또는 강한 느낌의 분위기를 주기 위한 용도로 쓰인다. 따라서 다른 강조요소와 마찬가지로 배치에 유의해야 하고, 너무 많은 강조와 구성으로 인해 초점을 분산시키지 않도록 적당히 사용되어야 한다는 점이 특성이다. 대표적인 종류로는 버즘나무*Plane Tree*, 소나무*Austrian Pine*, 용설란*Agave*, 목련*Saucer Magnolia*, 진달래*Rhododendron* 등이 있다.

중간 질감은 알맞은 정도의 잎의 크기나 가지, 적당한 밀도의 생육습성에 의해 나타난다. 거친 질감과 비교할 때 윤곽이 강하지 못하며 대부분의 수종이 해당되기 때문에 가장 많은 비율을 차지하는 질감의 유형이다. 특히 이 질감은 색채에 있어서 중간 밝기의 녹색과 마찬가지로 거친 질감과 고운 질감을 이어주는 전이요소로서의 역할을 한다. 즉 부분적으로 구성된 수종에 따른 조경질감들을 통일성 있게 연결할 수 있는 요소로 활용할 수 있다는 것이다.

고운 질감은 많은 수의 작은 잎, 작고 얇은 가지 또는 밀도 있는 생육습성 등에 의해 나타난다. 거친 질감과는 반대되는 특성이 있는데, 질감은 외관이 섬세하고 부드러우며, 경관 내에서의 인식 정도가 두드러지지 않은 편이다. 또한 다양한 질감에 따른 수종으로 구성된 조경구성 내에서 가장 늦게 지각되는 유형이며, 관찰자의 거리가 커짐에 따라 시각적으로 가장 먼저 소멸되는 질감이다. 따라서 두드러지는 질감에 대해 중립적인 배경으로서의 역할을 하거나, 부드러운 표면을 구성

• 거친 질감

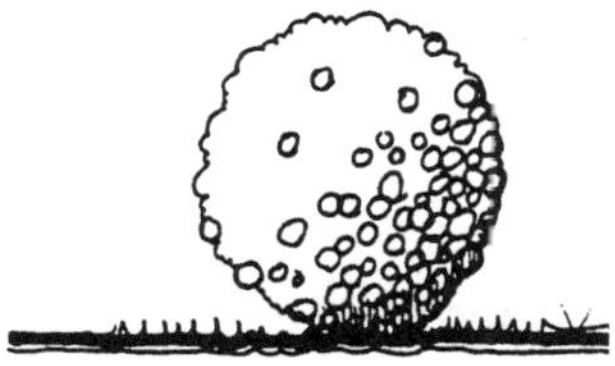

• 중간 질감

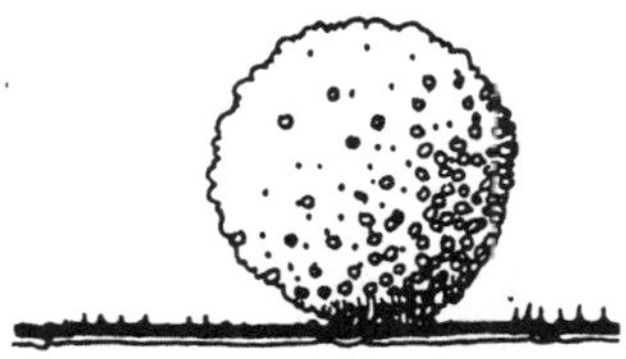

• 고운 질감

▸ 조경의 질감 유형(잎의 밀도)

▸ 고운 질감은 멀어져 가는 듯이 보이는 데 비해 거친 질감은 접근하는 것처럼 느껴진다.

한다든지, 또는 거친 질감과 중간 질감에 보완되어 시각적 다양성을 더해주는 등의 기능에 적합하다. 고운 질감재료가 사용된 외부공간은 실제보다 커 보이는 착각을 느끼게 함으로써 지각할 수 있는 경계가 확대될 필요가 있는 좁은 공간일 경우에 이용하는 것이 효과적이다. 또한 작은 잎들과 가지의 높은 밀도 때문에 명확한 윤곽선과 전체적으로 유연한 형상의 표면을 갖는다. 이에 따라 단정하고 정형적 특성을 나타내고자 하는 조경구성에 사용하는 것이 적합하다고 하겠다.

이러한 질감에 해당되는 대표적인 종류로 주엽나무*Honey Locust*, 단풍나무*Japanese Maple*, 잣나무*White Pine*, 개야광나무*Cranberry Cotoneaster*, 실거리나무*Red Bird Of Paradise*, 조팝나무*Vanhoutte Spirea* 등을 꼽을 수 있다.

3-4 조경의 위계(품격)

어떠한 사물을 품평한다는 것은 그 사물의 가치의 위계를 평하는 것을 말한다. 여기에서 말하는 조경요소의 품격은 중국에서부터 유래된 것으로서 다양한 조경요소들을 그 자체로 받아들이는 것이 아니라 그것에 품격을 매겨 가치의 차이를 평가하는 것을 의미한다.

중국이나 우리나라에서 조경수종에 품격을 부여하는 경우를 볼 수 있는데, 먼저 중국의 경우는 증단백의 십우*十友*, 장민숙의 화십이객*花十二客* 등이 있다. 우리나라의 경우는 강희안의 화목구품, 화안의 28우*友*, 박세당의 화삼십객, 화암의 화목구등품이 있고, 정영방의 5우*友* 등 기타 여러 선인들이 나름대로 조경수종에 품격을 부여하고 있음을 볼 수 있다. 그러나 우리나라의 경우 문헌상에 나타난 조경수종의 품격에 관해서는 강희안의 정한 화목 9품과 화암이 설정한 화목 9등품이 가장 잘 알려져 있다.

먼저 강희안의 화목구품을 살펴보면, 1품으로 소나무·대나무·국화·매화·연꽃 등을 꼽고 있으며, 2품으로는 모란이 해당된다. 또한 3품은 사계화·월계화·외철쭉·영산홍·진송 등이 해당되며, 4품에 해당되는 작약·서향화·노송·단풍·수양·동백나무 등을 꼽고 있다. 그리고 5품은 치자·해당·장미·홍도·벽도·삼색도 등, 6품으로는 백일홍·홍철쭉·홍두견·두충 등을 설정하였다. 이외로 7품으로는 이화·향화·보장화·정향·목련나무, 8품에 해당되는 조경수종으로 촉규화·산단화·옥매 등을 분류하고 있음을 볼 수 있다. 9품으로는 옥잠화·불등화·연교화·초국화·무궁화·석죽화·앵속화·봉선화·계관화 등을 꼽고 있다.

화암의 화목 9등품에 따른 조경수종들의 의미와 위계를 정리하면 1등품은 높고 뛰어난 운치를 취하는 조경으로서 소나무·대나무·연·국화·매화가 해당된다. 2등품은 부귀를 나타내는 것으로 모란·작약·외홍·해류·파초 등이 해당되며, 3등품은 운치를 취하는 종류로서 주로 치자·동백·사계·종려·만년송 등의 조경들이 해당된다. 또한 4등품도 운치를 나타내는 것으로 화리·소철·서향화·포도·유자나무 등이, 5등품은 번화한 것을 의미하는 것으로 석류·도화·해당·장미·수양나무 등을 꼽고 있다. 6등품도 번화한 것을 취하는 것으로서 이에 해당되는 조경요소로 두견·행화·백일홍·감·오동나무 등이 포함된다. 이외로 7등품은 그 나름의 장점을 취하는 것으로서 배·정향·목련·앵두·단풍나무를, 8등품 또한 그 나름의 장점을 의미하는 것으로서 목근·석죽·옥잠화·봉선화·두충나무 등이, 9등품으로는 규화·전추라·금전화·화양목 등이 이에 해당된다.